# PL/SQL pour Oracle 12c

**Dans la collection *Les guides de formation Tsoft***

R. Bizoï. – **SQL pour Oracle 12c.**
N°14054, 2014, 412 pages.

R. Bizoï. – **Oracle 12c Administration.**
N°14056, 2014, 576 pages.

R. Bizoï. – **Oracle 12c – Sauvegarde et restauration.**
N°14057, 2014, 334 pages.

J.-F. Bouchaudy. – **Linux Administration. Tome 1 : les bases de l'administration système.**
N°14082, 3e édition, *à paraître en novembre 2014.*

J.-F. Bouchaudy. – **Linux Administration. Tome 2 : administration système avancée.**
N°12882, 2e édition, 2010, 480 pages.

J.-F. Bouchaudy. – **Linux Administration. Tome 3 : sécuriser un serveur Linux.**
N°13462, 2e édition, 2012, 520 pages.

J.-F. Bouchaudy. – **Linux Administration. Tome 4 : Installer et configurer des serveurs Web, mail et FTP.**
N°13790, 2e édition, 2013, 420 pages.

**Autres ouvrages**

C. Soutou, O. Teste. – **SQL pour Oracle.**
N°13673, 6e édition, 2013, 642 pages.

C. Soutou , F. Brouard , N. Souquet. – **SQL Server 2014.**
G13592, 2014, 800 pages.

C. Soutou. – **UML 2 pour les bases de données.**
N°13413, 2e édition, 2012, 322 pages.

C. Soutou. – **Programmer avec MySQL.**
*SQL – Transactions – PHP – Java – Optimisations – Avec 40 exercices corrigés.*
N°13719, 3e édition, 2013, 520 pages.

P. Borghino, O. Dasini, A. Gadal. – **Audit et optimisation MySQL 5.**
*Bonnes pratiques pour l'administrateur.*
N°12634, 2010, 266 pages.

R. Bruchez. – **Les bases de données NoSQL.**
N°13560, 2013, 300 pages.

# PL/SQL pour Oracle 12*c*

**Razvan Bizoï**

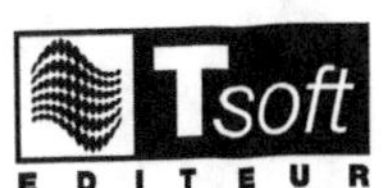

EYROLLES

TSOFT
10, rue du Colisée
75008 Paris
www.tsoft.fr

ÉDITIONS EYROLLES
61, bd Saint-Germain
75240 Paris Cedex 05
www.editions-eyrolles.com

À la mémoire de mon père




À ma mère, Carmen et Radu

# Remerciements

Merci également à mon ami Pierre qui m'a aidé à concrétiser bien des projets.
Sans lui ce guide n'aurait sûrement jamais vu le jour.

# Avant-propos

Oracle est le système de base de données le plus utilisé au monde. Il fonctionne de façon relativement identique sur tout type d'ordinateur, ce qui fait que les connaissances acquises sur une plate-forme sont utilisables sur une autre et que les utilisateurs et développeurs Oracle expérimentés constituent une ressource très demandée.

L'objectif de ce livre est de vous aider à apprendre et maîtriser le langage PL/SQL que vous pratiquerez avec les bases de données Oracle, dans sa version gratuite mise à disposition par Oracle. L'ouvrage présente aussi l'ensemble des concepts et des mécanismes nécessaires au développement et à l'administration d'applications dans le contexte d'Oracle 12c.

Pour une bonne compréhension de l'ouvrage, il est souhaitable que le lecteur ait une connaissance suffisante du modèle relationnel et qu'il maîtrise un langage de programmation.

Un autre ouvrage du même auteur traite du langage SQL, ces deux ouvrages vous permettront de préparer les examens de certification Oracle :

« **1Z0-161** » : Oracle Database 12c : SQL Fundamentals

« **1Z0-151** » : Oracle Database 11g : SQL Fundamentals

« **1Z0-047** » : Oracle Database SQL Expert

« **1Z0-147** » : Program with PL/SQL

« **1Z0-144** » : Oracle Database 11g : Program with PL/SQL

« **1Z0-146** » : Oracle 11g Advanced PL/SQL

L'auteur vise surtout à être plus clair et plus agréable à lire que les documentations techniques, exhaustives et nécessaires mais ingrates, dans lesquelles vous pourrez toujours vous plonger ultérieurement. Par ailleurs, l'auteur a aussi voulu éviter de ne fournir qu'une collection supplémentaire de « trucs et astuces », mais plutôt expliquer les concepts et les mécanismes avant d'indiquer les procédures pratiques.

# Table des matières

# *Préambule*

Ce guide de formation a pour but de vous permettre d'acquérir une bonne connaissance du langage PL/SQL.

Vous pourrez ensuite tirer profit d'un autre ouvrage du même auteur *SQL pour Oracle 12c*. Ces deux ouvrages vous permettront de préparer les examens de certification Oracle suivants :

Oracle Advanced PL/SQL Developer Certified Professional

« 1Z0-161 » : Oracle Database 12c : SQL Fundamentals

« 1Z0-151 » : Oracle Database 11g : SQL Fundamentals

« 1Z0-047 » : Oracle Database SQL Expert

« 1Z0-147 » : Program with PL/SQL

« 1Z0-144 » : Oracle Database 11g: Program with PL/SQL

« 1Z0-146 » : Oracle 11g Advanced PL/SQL

## Support de formation

Ce guide de formation est idéal pour être utilisé comme support élève dans une formation se déroulant avec un animateur dans une salle de formation, car il permet à l'élève de suivre la progression pédagogique de l'animateur sans avoir à prendre beaucoup de notes.

L'animateur, quant à lui, appuie ses explications sur des diapositives servant de fil conducteur à l'ouvrage. Les diapositives peuvent être commandées à l'éditeur Tsoft sous la référence TS0104D.

Cet ouvrage peut aussi servir de manuel d'autoformation car il est rédigé à la façon d'un livre, il est complet comme un livre, il va beaucoup plus loin qu'un simple support de cours. De plus, il inclut quantité d'ateliers conçus pour vous faire acquérir une bonne pratique d'administration de la base de données.

## Ateliers

Le livre vise à donner la possibilité à chacun de manipuler et mettre en œuvre les fonctionnalités de ces deux langages sans pour autant avoir besoin d'un serveur Oracle complet qui nécessite des ressources, des droits (distribués avec parcimonie par les DBA) et surtout une licence (qui n'est pas accessible gratuitement).

Le choix de présenter l'installation et l'ensemble des ateliers avec Oracle Database Express Edition, qui offre une compatibilité totale avec les produits de la famille Oracle Database, s'est imposé de lui-même, pour permettre de démarrer petit mais de voir grand.

Le lecteur pourra travailler avec la version 11g d'Oracle Database Express Edition, car sa version 12c n'est pas encore disponible à la sortie de cet ouvrage, puis utiliser cette version 12c dès qu'Oracle la mettra à disposition.

# Progression pédagogique

Ce cours comprend 12 chapitres, il est prévu pour durer cinq jours avec un animateur pour des personnes n'ayant aucune connaissance préalable du sujet.

Suivant l'expérience des stagiaires et le but poursuivi, l'instructeur passera plus ou moins de temps sur chaque module.

Attention : l'apprentissage « par cœur » des chapitres n'est d'aucune utilité pour passer les examens. Une bonne pratique et beaucoup de réflexion seront réellement utiles ainsi que la lecture des aides en ligne. C'est pourquoi ce livre présente des ateliers pratiques en fin de chaque chapitre.

## Bases du langage PL/SQL

Ce module présente l'environnement de développement et l'intégration du PL/SQL, dans Oracle ainsi que SQL Developer.

## Les variables

Dans ce module, vous pouvez découvrir les différents types de données utilisables, ainsi que les façons de les nommer, la création et l'utilisation de types utilisateur, la durée de vie des variables et l'affectation des valeurs.

## Les ordres SQL dans PL/SQL

Nous allons traiter dans ce module les différences entre la syntaxe SQL et PL/SQL pour l'ordre SELECT, la mise à jour des données dans la base à l'aide des ordres LMD dans PL/SQL ainsi que les informations concernant les enregistrements traités dans la base

Ce module présente également comment traiter le code SQL dynamiquement et utiliser les ordres LDD dans PL/SQL.

## Les structures de contrôle

Les structures qui permettent de contrôler le flux d'exécution sont essentielles dans n'importe quel langage de programmation. Le langage PL/SQL offre les structures de contrôle, conditionnelles et itératives, présentes dans tous les langages de programmation.

## Les curseurs

L'une des plus importantes caractéristiques du PL/SQL est la possibilité de manipuler les curseurs, qui sont un mécanisme permettant de nommer un ordre SQL et de manipuler les données qu'il contient ligne par ligne.

Dans ce module nous allons traiter les curseurs : la durée de vie d'un curseur, les boucles FOR avec curseurs, les mises à jour avec curseurs et la possibilité d'écrire des requêtes dynamiques avec curseurs.

## Les exceptions

La technique des exceptions permet aux programmes de traiter ces événements inattendus sans que le programmeur ait à tester leurs occurrences à chaque étape du programme.

Ce module explique comment définir, déclencher et traiter les exceptions en PL/SQL.

## Les sous-programmes

Le langage PL/SQL est un langage algorithmique complet ; il bénéficie de la possibilité de structuration du code, avec un procédé de décomposition de gros blocs de code en plus petits modules qui peuvent être appelés par d'autres modules.

## Les packages

Un package est une structure PL/SQL qui permet de stocker ensemble des objets logiquement associés et comprend deux parties distinctes : la spécification et le corps, qui sont stockés séparément dans le dictionnaire de données.

## Les déclencheurs

Les déclencheurs sont des blocs PL/SQL nommés comprenant des sections déclaratives, exécutables et de gestion des exceptions et ils doivent être stockés dans la base de données sous forme d'objets autonomes.

## L'approche objet

Ce module explique une approche de la programmation orientée objet, comment les concepts objet sont pris en compte par PL/SQL, ainsi qu'un bref aperçu des caractéristiques et des composants d'un objet.

Nous examinerons tout particulièrement la mise en œuvre des types objet et comment les instancier, déclarer des méthodes pour trier et comparer des types objet, créer des types objets hérités et surcharger leurs méthodes ainsi que les stocker dans la base de données.

## Les packages intégrés

Les bases de données Oracle sont livrées avec des packages spécifiques qui les aident à construire des applications. Ils permettent d'afficher ou de transmettre des informations entre les programmes, de réaliser des opérations telles que soumettre des travaux, lire et écrire dans des fichiers du système d'exploitation ou encore créer des tables ou des utilisateurs de vos bases de données.

Dans ce module, nous examinerons comment envoyer des informations entre les blocs de la même session, créer, lire et écrire des fichiers physiques, lancer des travaux pour une exécution répétitive ou récupérer les descriptions des objets de la base en SQL ou XML.

# Conventions utilisées dans l'ouvrage

| | |
|---|---|
| « **MAJUSCULES** » | Les ordres SQL ou tout identifiant ou mot clé. Utilisé pour les mots-clés, les noms des tables, les noms des champs, les noms des blocs, etc. |
| **[ ]** | L'information qui se trouve entre les crochets est facultative. |
| **[,...]** | L'argument précédent peut être répété plusieurs fois. |
| **{ }** | Liste de choix exclusive. |
| **\|** | Séparateur dans une liste de choix. |
| **...** | La suite est non significative pour le sujet traité. |

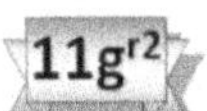 La définition est valable à partir de la version Oracle 11g release 1.

 La définition est valable à partir de la version Oracle 11g release 2.

 La définition est valable à partir de la version Oracle 12c.

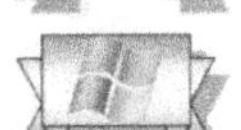 La définition est uniquement valable pour l'environnement de travail UNIX/Linux.

La définition est uniquement valable pour l'environnement de travail Windows.

 Ce sigle introduit un exemple de code avec la description complète telle qu'elle est présente à l'écran dans l'outil de commande.

 Une note qui présente des informations intéressantes en rapport avec le sujet traité.

 Un encadré qui met en évidence des problèmes potentiels et vous aide à les éviter. Il peut être également un appel à l'attention, une mise en garde ou une définition critique.

 Un conseil, une démarche impérative à suivre pour pouvoir résoudre le problème.

- *SQL*Plus*
- *AUTOTRACE*
- *SPOOL*
- *SQL Developer*

**1**

# L'outil SQL*Plus

## Objectifs

À la fin de ce module, vous serez à même d'effectuer les tâches suivantes :

- Décrire les interfaces de base de données mises à la disposition d'administrateurs SQL et PL/SQL.
- Utiliser l'environnement SQL*Plus.
- Générer des rapports formatés.
- Exécuter des requêtes interactives.
- Utiliser l'environnement SQL Developer

## Contenu

# Le langage SQL

Les **SGBD** (systèmes de gestion de bases de données) proposent un langage de requête dénommé **SQL** (structured query language) pour la création et l'administration des objets de la base, pour l'interrogation et les manipulations des informations stockées. Présenté pour la première fois en 1973 par une équipe de chercheurs d'IBM, ce langage a rapidement été adopté comme standard potentiel, et pris en charge par les organismes de normalisation ANSI et ISO.

| LMD | | LDD | |
|---|---|---|---|
| **LID** | | **LCD** | |
| SELECT | INSERT | GRANT | CREATE |
| | UPDATE | REVOKE | ALTER |
| | DELETE | | TRUNCATE |
| | MERGE | | DROP |
| | | | RENAME |

Une instruction SQL constitue une **requête**, c'est-à-dire la description d'une opération que le SGBD doit exécuter. Une requête peut être introduite au terminal, auquel cas le résultat éventuel (par exemple dans le cas d'une consultation de données) de l'exécution de la requête apparaît à l'écran. Cette requête peut également être envoyée par un programme (écrit en Pascal, C, COBOL, Basic ou Java) au SGBD. Nous développerons plus particulièrement la formulation interactive des requêtes SQL.

Les instructions SQL peuvent être regroupées en deux catégories principales :

- Le Langage de Manipulation de Données et de modules, ou LMD (en anglais DML), pour déclarer les procédures d'exploitation et les appels à utiliser dans les programmes. On peut également ajouter une composante pour l'interrogation de la base : Langage d'Interrogation de Données.

- Le Langage de Définition de Données ou LDD (en anglais DDL), à utiliser pour déclarer les structures logiques de données et leurs contraintes d'intégrité ; on peut également ajouter une composante pour la gestion des accès aux données : Langage de Contrôle de Données (en anglais DCL).

## Langage de manipulation de données

Le LMD permet d'insérer, de modifier, de supprimer et de sélectionner des données dans la base. Comme son nom l'indique, il permet de travailler avec les informations contenues dans les structures d'accueil de la base de données.

Les instructions de base LMD sont :

| | |
|---|---|
| `INSERT` | Ajoute des lignes de données dans une table |
| `DELETE` | Supprime des lignes de données d'une table |
| `UPDATE` | Modifie des données dans une table |
| `SELECT` | Extrait des lignes de données directement à partir d'une table ou au moyen d'une vue |
| `COMMIT` | Applique des changements qui deviennent permanents pour les transactions en cours |
| `ROLLBACK` | Annule les changements apportés depuis la dernière validation « `COMMIT` » |

## Langage de définition de données

Le LDD permet d'accomplir les tâches suivantes :

- créer un objet de base de données ;
- supprimer un objet de base de données ;
- modifier un objet de base de données ;
- accorder des privilèges sur un objet de base de données ;
- retirer des privilèges sur un objet de base de données.

Il est important de comprendre qu'Oracle valide une transaction en cours, avant ou après chaque instruction LDD. Ainsi, si vous étiez en train d'insérer des enregistrements dans la base de données et qu'une instruction LDD comme CREATE TABLE était émise, les données insérées seraient validées et écrites dans la base.

### *Note*

Les instructions qui proviennent du langage de définition de données sont dites « AUTOCOMMIT ». C'est-à-dire que les changements apportés dans la base ne peuvent plus être défaits (à moins d'une suppression pure et simple), ce que confirme d'ailleurs le message de réussite lorsqu'une opération est exécutée.

Les instructions de base LDD sont :

| | |
|---|---|
| ALTER PROCEDURE | Recompile une procédure stockée |
| ALTER TABLE | Ajoute une colonne, redéfinit une colonne, modifie une allocation d'espace |
| ANALYZE | Recueille des statistiques de performances pour les objets de base de données qui doivent alimenter l'optimiseur statistique |
| CREATE TABLE | Crée une table |
| CREATE INDEX | Crée un index |
| DROP INDEX | Supprime un index |
| DROP TABLE | Supprime une table |
| GRANT | Accorde des privilèges ou des rôles à un utilisateur ou à un autre rôle |
| TRUNCATE | Supprime toutes les lignes d'une table |
| REVOKE | Supprime les privilèges d'un utilisateur ou d'un rôle |

Les limites de SQL peuvent être regroupées en deux catégories principales :

## Langage non procédural

SQL est un langage non procédural. Vous l'utilisez pour indiquer au système quelles données rechercher ou modifier sans lui indiquer comment réaliser ce travail.

SQL ne dispose pas d'instructions pour contrôler le flux d'exécution du programme, pour définir une fonction ou exécuter une boucle, ni d'expressions conditionnelles du type if ... then ... else. Toutefois, comme vous pourrez le constater par la suite dans ce module, le système Oracle fournit un langage procédural appelé PL/SQL qui constitue une extension au langage SQL.

SQL dispose d'un ensemble fixe de types de données ; vous ne pouvez pas en définir de nouveaux.

## Une portabilité limitée

Lorsqu'une application utilise une base de données, sa portabilité concerne les domaines suivants :

- portabilité des données vers des matériels différents, où leur représentation est différente ;

- portabilité de l'architecture physique de la base ;

- portabilité des requêtes d'accès au SGBD avec, sous-jacent, le problème des types de données ;

- portabilité des permissions administratives d'accès.

C'est le concept de modèle tabulaire de données, où l'on peut accéder aux informations par le contenu, qui a la portabilité la plus importante dans SQL. Dans une moindre mesure, la manipulation simple de données est portable. Dans une mesure encore moindre, la définition des données est réutilisable d'un SGBDR à l'autre. Mais en pratique le portage demandera encore beaucoup d'attention et d'efforts, du fait des différences entre les différents SGBDR commercialisés par les éditeurs.

# Le langage PL/SQL

Le langage PL/SQL (Procedural Language/SQL), comme son nom l'indique, est une extension du langage SQL. Il vous permet à la fois d'insérer, de supprimer, de mettre à jour des données Oracle et d'utiliser également des techniques de programmation propres aux langages procéduraux tels que des boucles ou des branchements.

Ainsi, le langage PL/SQL combine la puissance de manipulation des données du SQL avec la puissance de traitement d'un langage procédural.

De plus, PL/SQL vous permet de grouper de manière logique un ensemble d'instructions et de les envoyer vers le noyau Oracle sous la forme d'un seul bloc. Cette caractéristique permet de réduire fortement les temps de communication entre l'application et le noyau Oracle.

PL/SQL, langage de programmation éprouvé, offre de nombreux avantages :

- intégration parfaite du SQL ;

- support de la programmation orientée objet ;

- très bonnes performances ;

- portabilité ;

- facilité de programmation ;

- parfaite intégration à Oracle et à Java.

## Intégration parfaite du SQL

SQL est devenu le langage d'accès par excellence aux bases de données parce qu'il est standard, puissant et simple d'apprentissage. De très nombreux outils en ont popularisé l'utilisation. PL/SQL permet de réaliser des traitements complexes sur les données contenues dans une base Oracle de façon simple, performante et sécurisée.

## Support de la programmation orientée objet

Les types objet proposent une approche aisée et puissante de la programmation objet. En encapsulant les données avec les traitements, ils offrent au PL/SQL une programmation qui s'appuie sur des méthodes. Dans la programmation objet, l'implémentation des méthodes est indépendante de leur appel, ce qui constitue un avantage. On peut ainsi modifier des méthodes sans affecter l'application cliente.

## Très bonnes performances

Ce ne sont plus des ordres SQL qui sont transmis un à un au moteur de base de données Oracle, mais un bloc de programmation. Le traitement des données est donc interne à la base, ce qui réduit considérablement le trafic entre celle-ci et l'application. Cela, combiné à l'optimisation du moteur PL/SQL, diminue les échanges réseau et augmente les performances globales de vos applications.

### Portabilité

Toutes les bases de données Oracle comportent un moteur d'exécution PL/SQL. Comme Oracle est présent sur un très grand nombre de plates-formes matérielles, le PL/SQL permet une grande portabilité de vos applications.

### Facilité de programmation

PL/SQL est un langage simple d'apprentissage et de mise en œuvre. Sa syntaxe claire offre une grande lisibilité en phase de maintenance de vos applications. De nombreux outils de développement, en dehors de ceux d'Oracle, autorisent la programmation en PL/SQL dans la base de données.

### Parfaite intégration à Oracle et à Java

PL/SQL, le langage L3G évolué, est étroitement intégré au serveur Oracle. On peut aussi utiliser Java à la place de PL/SQL. Partout où PL/SQL peut être employé, Java peut l'être aussi.

### Application Express utilise le langage PL/SQL

Application Express est une solution de développement d'applications Web à contenu dynamique. L'interface de développement et l'application utilisent des pages Web écrites en langage HTML. Elle cible les applications Internet à développement rapide et à déploiement simplifié. Dans son fonctionnement interne, Application Express utilise massivement le langage PL/SQL et Java.

### *Note*

Le langage PL/SQL ne comporte pas d'instructions du Langage de Définition de Données « **ALTER** », « **CREATE** », « **RENAME** » et d'instructions de contrôle comme « **GRANT** » et « **REVOKE** ».

# Qu'est-ce que SQL*Plus ?

**SQL*Plus** est une interface interactive en mode caractère qui permet de manipuler la base de données au moyen de commandes simples se basant sur le langage **SQL**.

L'outil SQL*Plus vous permet de réaliser les fonctions suivantes au sein d'**ORACLE** :

- entrer, éditer, sauvegarder et exécuter des commandes SQL et des blocs PL/SQL ;
- sauvegarder, effectuer des calculs et mettre en forme le résultat des requêtes ;
- lister les définitions des colonnes de chaque table ;
- exécuter des requêtes interactives.

Vous pouvez écrire des rapports tout en travaillant de manière interactive avec **SQL*Plus**. Cela veut dire que si vous saisissez vos commandes de définition de titres de pages, de titres de colonnes, de mise en forme de texte, de sauts de pages, de totaux, etc. et si vous exécutez ensuite une requête **SQL**, **SQL*Plus** produit immédiatement le rapport formaté selon vos indications.

Malheureusement, lorsque vous quittez cet outil, il ne conserve aucune des instructions que vous lui avez données. Si vous deviez l'employer uniquement de façon interactive, vous auriez à recréer un rapport chaque fois que vous en auriez besoin.

La solution est très simple. Il suffit de saisir les commandes dans un fichier. **SQL*Plus** peut ensuite lire le fichier comme s'il s'agissait d'un script et exécuter vos commandes comme si vous les saisissiez. Pour créer ce fichier, utilisez n'importe quel éditeur disponible. Vous pouvez travailler avec l'éditeur et **SQL*Plus** en parallèle. Lorsque vous êtes dans **SQL*Plus**, basculez dans l'éditeur pour créer ou modifier votre programme de génération de rapport, puis retournez dans **SQL*Plus** à l'endroit où vous l'avez laissé et exécutez le fichier.

**SQL*Plus** est un outil généraliste, livré depuis des années avec toutes les versions d'Oracle. Il a l'avantage d'exister sur toutes les plates-formes portant Oracle. Il présente l'inconvénient d'une ergonomie en mode caractère, qui peut faire préférer pour certains usages des outils graphiques parfois moins performants mais plus agréables d'utilisation.

L'outil en mode caractère est indispensable à l'automatisation d'exécution des fichiers scripts de commande pour l'administration du serveur **ORACLE**.

En conclusion, **SQL*Plus** est un outil **ORACLE** qui reconnaît le langage **SQL** et soumet les instructions **SQL** au serveur **ORACLE** pour l'exécution. Cet outil comporte son propre langage de commande.

Comparaison entre les instructions **SQL** et les commandes de **SQL*Plus** :

| SQL | SQL*Plus |
|---|---|
| Un langage | Un environnement |
| Conforme au standard ANSI | Propriétaire d'ORACLE |
| Les mots-clés ne peuvent pas être abrégés | Les mots clés peuvent être abrégés |
| Les instructions manipulent des données et des définitions de tables dans la base de données | Les commandes ne peuvent pas manipuler les données dans la base de données |
| Les instructions sont entrées dans le tampon mémoire sur une ou plusieurs lignes | Les instructions sont entrées sur une ligne à la fois ; elles ne sont pas stockées dans le tampon mémoire |

**SQL*Plus** peut être utilisé en mode ligne de commande ou en environnement mode caractère dans une fenêtre Windows, les deux environnements étant identiques du point de vue de leur utilisation. Avant de pouvoir émettre des instructions SQL dans **SQL*Plus**, vous devez tout d'abord établir une connexion avec le serveur.

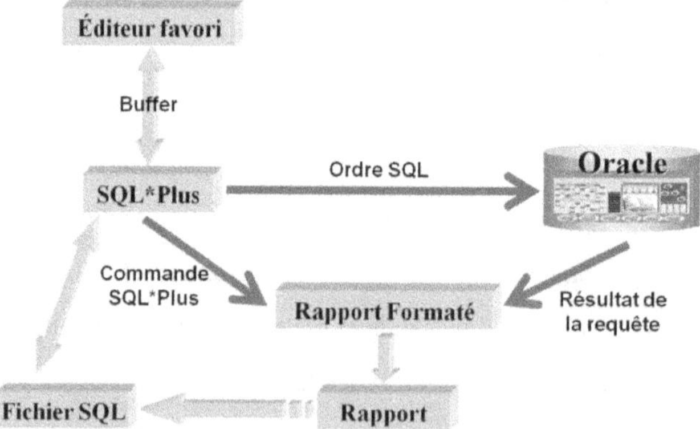


## Connexion SQL*Plus en mode ligne de commande

A partir d'une fenêtre, utilisez la commande suivante pour lancer SQL*Plus :

```
SQLPLUS « nom »/« mot de passe »@« chaîne de connexion »
```

La syntaxe exacte de commande **SQL*Plus** est décrite plus loin dans ce module.

Lors de la connexion à la base Oracle, le fichier « `glogin.sql` » est exécuté. Ce fichier, situé dans le répertoire « `ORACLE_HOME\SQLPLUS\ADMIN` » sur la machine qui héberge le code exécutable de SQL*Plus, peut contenir toutes sortes d'ordres **SQL** et **SQL*Plus**. Attention, les modifications apportées au fichier sont valables pour toutes les sessions.

Il est également possible d'avoir dans le répertoire courant un fichier « `login.sql` » qui sera exécuté automatiquement au démarrage de **SQL*Plus**. Ainsi, vous pouvez configurer votre environnement comme vous le souhaitez à l'aide des informations de formatage présentes plus loin dans ce module.

# Commandes SQL*Plus

**SQL*Plus** possède également ses propres commandes et règles :

- les instructions sont entrées une ligne à la fois et elles ne sont pas stockées dans le tampon mémoire ;

- le «-» est un caractère de continuation pour saisir une commande sur plusieurs lignes ;

- les mots-clés peuvent être abrégés ;

- ne nécessite pas de caractère de terminaison, les commandes sont exécutées immédiatement.

## SQLPLUS

Lors de la connexion, il est possible de spécifier le nom d'utilisateur, le mot de passe et le nom d'une base de données, ainsi que de lancer un fichier de commande spécifié.

```
SQLPLUS [logon] [@chaîne] @fichier[.ext] [arg]
```

| | |
|---|---|
| `logon` | « utilisateur »[/« mot_de_passe »]<br>Si le nom d'utilisateur et/ou le mot_de_passe ne sont pas saisis, **ORACLE** les demande après le lancement. |
| `@chaîne` | le nom du service pour la connexion Oracle **Net**. Si aucun nom de base n'est spécifié, c'est la base par défaut qui est prise en compte. |
| `@fichier[.ext]` | un fichier de commande contenant des ordres **SQL**, des commandes **SQL*Plus** et **PL/SQL**. L'extension .SQL est facultative. On peut lancer **SQLPLUS @fichier** a condition que la première ligne de ce fichier corresponde à un nom d'utilisateur suivi d'un '/' et du mot de passe. |
| `[arg...]` | les arguments |

Pour accéder à l'aide décrivant l'ensemble des syntaxes accessibles lors du lancement de **SQL*Plus**, il faut exécuter « `SQLPLUS -H` ».

### *Note*

Notez la différence entre les deux exemples suivants :

– Se connecter à la base de données cible.

```
SQLPLUS utilisateur/mot_de_password@base_cible
```

– Exécuter automatiquement le fichier de commande cité sur la base par défaut.

```
SQLPLUS utilisateur/mot_de_password@fichier.sql
```

Une autre modalité de travail avec **SQL*Plus** consiste à ouvrir l'application sans aucune connexion à la base et, suivant les besoins, à effectuer les connexions par la suite.

```
SQLPLUS /NOLOG
```

# CONNECT

L'instruction **CONNECT** vous permet de réaliser une nouvelle connexion après le lancement de **SQL*Plus**.

```
CONN[ECT]   « utilisateur »[/« mot_de_passe »] [@chaîne]
```

Si le mot de passe n'est pas fourni, Oracle effectue une demande de saisie.

```
C:\>sqlplus /nolog
SQL> connect scott/tiger
Connected.
SQL> connect scott/tiger@dba
Connected.
SQL> connect scott
Enter password:
Connected.
```

Comme on l'a vu précédemment, on peut ouvrir SQL*Plus et ne pas se connecter à une base de données. La connexion peut être réalisée par la suite. Parallèlement, on peut ouvrir SQL*Plus et lancer un fichier de commande qui lui-même effectue la connexion, exécute une ou plusieurs opérations et quitte l'application.

```
C:\>type select_cat.sql
connect scott/tiger@dba
select * from cat;
exit;

C:\>sqlplus /nolog @select_cat.sql
...
Connecté.

TABLE_NAME                          TABLE_TYPE
----------------------------------- -----------
DEPT                                TABLE
EMP                                 TABLE
BONUS                               TABLE
SALGRADE                            TABLE
```

# DISCONNECT

L'instruction « **DISCONNECT** » permet à l'utilisateur de se déconnecter de la base de données.

```
DISC[ONNECT]
```

Après cette instruction, l'utilisateur ne peut plus exécuter de commandes **SQL** ou **PL/SQL**.

# LIST

La commande « **LIST** » affiche le contenu du tampon mémoire.

```
        L[IST]
```

```
C:\>sqlplus stagiaire/pwd@rubis
SQL> select * from cat;

TABLE_NAME                          TABLE_TYPE
----------------------------------- -----------
CATEGORIES                          TABLE
CLIENTS                             TABLE
...
```

  

```
SQL> l
  1* select * from cat
```

## RUN

La commande « **RUN** » ou « **/** » affiche le contenu du tampon mémoire et exécute l'instruction stockée dans le tampon mémoire.

**R[UN] ou « / »**

```
C:\>sqlplus stagiaire/pwd@rubis
SQL> select * from cat;

TABLE_NAME                       TABLE_TYPE
-------------------------------- -----------
CATEGORIES                       TABLE
CLIENTS                          TABLE
...

SQL> r
  1* select * from cat

TABLE_NAME                       TABLE_TYPE
-------------------------------- -----------
CATEGORIES                       TABLE
...
```

## EDIT

La commande « **EDIT** » est utilisée pour ouvrir un fichier de nom `fichier.sql` sous l'éditeur associé. L'éditeur appelé est défini par la variable « **_EDITOR** », affecté comme dans l'exemple suivant.

**ED[IT] fichier[.ext]**

L'extension par défaut du fichier est « **.SQL** ». Si aucun nom de fichier n'est spécifié **SQL*Plus** crée le fichier « **AFIEDT.BUF** » dans le répertoire courant.

```
SQL> DEF _EDITOR=notepad++

SQL> l
  1* select * from cat

SQL> ED
```

## SAVE

La commande « **SAVE** » mémorise le contenu du tampon dans un fichier. L'extension « **.SQL** » est ajoutée automatiquement au nom du fichier.

**SAV[E] fichier[.ext] [CREATE | REPLACE | APPEND]**

## GET

La commande « **GET** » est utilisée pour faire l'opération inverse, c'est-à-dire copier le contenu d'un fichier dans le tampon :

**GET fichier[.ext] [LIST | NOLIST]**

Le contenu du fichier est alors copié dans le tampon et affiché à l'écran, mais il n'est pas exécuté. L'exécution du contenu du tampon se fait par la commande « **RUN** ».

## EXIT

L'instruction « **EXIT** » ou « **QUIT** » permet à l'utilisateur de quitter l'outil **SQL*Plus** et de se déconnecter de la base de données.

```
EXIT [SUCCESS | FAILURE | WARNING] [COMMIT | ROLLBACK]
```

Cette instruction permet de communiquer au système d'exploitation un code de retour sur l'exécution de la session.

### *Attention*

L'instruction « **EXIT** » valide la transaction, elle est équivalente à « **COMMIT** », par laquelle on se déconnecte et quitte l'outil **SQL*Plus**.

Il est très dangereux d'utiliser « **EXIT** » à la fin des scripts qui utilisent des instructions de type **LMD**. Il faudrait de préférence utiliser « **EXIT ROLLBACK** » et prendre soin de valider les modifications faisant suite aux transactions.

## HOST

Envoie toute commande au système d'exploitation hôte.

```
HO[ST] [commande]
```

Un premier exemple est une demande d'afficher le répertoire courant et de lister les fichiers de ce répertoire dans un environnement linux. En environnement Linux vous avez le raccourci « **!** » pour la commande « **HOST** ».

```
oracle@napoca:~> sqlplus /nolog
SQL> host pwd
/home/oracle

SQL> ! ls -al
total 36
drwxr-xr-x  4 oracle root         280 2005-05-02 21:53 .
drwxr-xr-x  4 root   root          96 2005-03-13 23:49 ..
-rw-------  1 oracle oinstall    1483 2005-05-09 17:48 .bash_history
-rw-r--r--  1 oracle oinstall     764 2005-04-05 14:04 .bash_profile
-rw-r--r--  1 oracle oinstall   11075 2005-05-02 21:53 env_all
-rwxr-xr-x  1 oracle oinstall     449 2005-04-05 19:16 start_all
```

Le deuxième exemple liste le contenu d'un fichier script, dans un environnement Windows. Le raccourci pour l'environnement Windows est « **$** ».

```
C:\>sqlplus /nolog
SQL> $ type select_cat.sql
connect scott/tiger@dba
select * from cat;
exit;
```

## START

Indique à **SQL*Plus** d'exécuter les instructions enregistrées dans un fichier. Attention ; le fichier est recherché dans le répertoire courant si vous n'avez pas précisé le chemin absolu.

```
STA[RT] fichier[.ext] [arg ...]
```

L'extension « **.SQL** » est facultative.

La commande **@** : est équivalente à **START**

```
@ fichier[.ext] [arg ...]
```

# @@

Indique à **SQL*Plus** d'exécuter les instructions enregistrées dans un fichier ; utilisé dans un autre script, permet de rechercher le fichier dans le même répertoire que le script d'origine.

```
@@ fichier[.ext] [arg ...]
```

## SPOOL

La commande « **SPOOL** » est utilisée pour stocker le résultat d'une requête dans un fichier. Par défaut, le résultat de toute requête est affiché à l'écran et il ne reste aucune trace de ce résultat. La commande « **SPOOL** » suivie par le nom du fichier récepteur mémorise ce résultat.

```
SPO[OL] fichier[.ext]
     [[CRE[ATE]  | REP[LACE]  | APP[END]]  | OFF | OUT]
```

| | |
|---|---|
| **CREATE** | Le fichier est créé, mais attention : s'il existe déjà, la commande ne peut pas aboutir. |
| **REPLACE** | Le fichier est créé s'il n'existe pas ; autrement, **SQL*Plus** remplace le contenu du fichier. C'est l'argument par défaut. |
| **APPEND** | Le fichier est créé s'il n'existe pas ; autrement, **SQL*Plus** ajoute les informations à la fin du fichier. |

À partir du moment où cette commande est exécutée, tout ce qui apparaît à l'écran est mémorisé dans le fichier jusqu'à l'exécution d'une autre commande « **SPOOL** » avec l'option « **OFF** » ou « **OUT** ». L'option « **OUT** » permet d'imprimer le contenu du fichier, cette option n'est pas disponible sur certains systèmes d'exploitation.

Rappelez-vous qu'une ou plusieurs commandes SQL peuvent être exécutées ; leur résultat est formaté et enregistré dans un fichier. Ainsi **SQL*Plus** peut exécuter ce fichier résultat comme un fichier script.

```
C:\>sqlplus scott/tiger@agate
SQL> spool c:\count_lines_tables.sql
SQL> select 'select count(*) '||table_name||' from '
  2           ||table_name||' ;' "--Chaîne formaté" from cat;

--Chaîne formaté
----------------------------------------------------------
select count(*) DEPT from DEPT ;
select count(*) EMP from EMP ;
select count(*) BONUS from BONUS ;
select count(*) SALGRADE from SALGRADE ;

SQL> spool off
SQL> @c:\count_lines_tables.sql
SP2-0734: commande inconnue au début de "SQL> selec..." - le reste de la
ligne est ignoré.

      DEPT
----------
         4


       EMP
----------
        12


     BONUS
----------
```

```
           0

   SALGRADE
----------
           5


SP2-0734: commande inconnue au début de "SQL> spool..." - le reste de la
ligne est ignoré.
SQL> host type c:\count_lines_tables.sql
SQL> select 'select count(*) '||table_name||' from '
  2          ||table_name||' ;' "--Chaîne formaté" from cat;


--Chaîne formaté
--------------------------------------------------------------
select count(*) DEPT from DEPT ;
select count(*) EMP from EMP ;
select count(*) BONUS from BONUS ;
select count(*) SALGRADE from SALGRADE ;


SQL> spool off
```

Dans cet exemple, on commence par l'ouverture du SQL*Plus avec une connexion à la base de données « **dba** » comme l'utilisateur « **scott** ». Ensuite, on démarre l'enregistrement dans le fichier spool de l'ensemble des commandes et de leurs résultats.

La commande SQL suivante formate les interrogations résultat, qui seront stockées dans le fichier « **c:\count_lines_tables.sql** ».

```
SQL> select 'select count(*) '||table_name||' from '
  2    ||table_name||' ;' "--Chaîne formaté" from cat;
```

Le fichier ainsi obtenu est exécuté. Il y a pourtant des erreurs dues au comportement du spool qui enregistre dans le fichier toutes les informations apparues à l'écran, même les échos des commandes comme on peut le voir dans le listing du fichier.

## DESCRIBE

La commande « **DESCRIBE** » est utilisée pour connaître la structure d'une table, d'une vue ou d'un synonyme.

**DESC[RIBE] {[schema.]object [@connect_identifier]}**

**[@connect_identifier]** indique un lien de base de données distante.

| | |
|---|---|
| **Name** | Indique le nom de la colonne. |
| **Null ?** | Indique si la colonne doit contenir des données. « **NOT NULL** » rend obligatoire la présence de données. |
| **Type** | Affiche le type de données d'une colonne. |

```
SQL> DESC CATEGORIES
Nom                                              NULL ?    Type
------------------------------------------------ -------- ---------------
 CODE_CATEGORIE                                  NOT NULL NUMBER(6)
 NOM_CATEGORIE                                   NOT NULL VARCHAR2(25)
 DESCRIPTION                                     NOT NULL VARCHAR2(100)
```

Cette instruction peut être utilisée avec d'autres objets :

**DESC[RIBE] nom_table | nom_vue | nom_synonyme**

**| nom_procedure | nom_fonction | nom_package | nom_type_objet**

## REMARK

Indique à **SQL*Plus** que les mots qui suivent doivent être traités comme étant un commentaire.

```
REM[ARK]
```

## --

Marque le début d'un commentaire en ligne dans une entrée **SQL**. Traite tout ce qui suit cette marque jusqu'à la fin de la ligne comme étant un commentaire. Analogue à « **REMARK** ».

## /*...*/

Marque le début et la fin d'un commentaire dans une entrée **SQL**. Analogue à « **REMARK** ».

## USER

La commande « **SHOW USER** » affiche l'utilisateur connecté.

```
SQL> SHOW USER
USER est "STAG"


SQL> SELECT USER FROM DUAL;

USER
------------------------------
STAG
```

## LINESIZE

La commande « **SET LINESIZE** » définit le nombre maximal de caractères autorisés dans chaque ligne.

```
SQL> SET LINESIZE 50

SQL> SELECT DESCRIPTION FROM CATEGORIES WHERE CODE_CATEGORIE = 1

DESCRIPTION
--------------------------------------------------
Boissons, cafés, thés, bières

SQL> SET LINESIZE 10
SQL> SELECT DESCRIPTION FROM CATEGORIES WHERE CODE_CATEGORIE = 1

DESCRIPTIO
----------
Boissons,
cafés, thé
s, bières
```

## PAGESIZE

La commande « **SET PAGESIZE** » définit le nombre maximal de lignes dans chaque page ; le calcul est effectué en tenant compte des lignes d'en-tête et bas de page. Lorsque vous créez un fichier de données, vous pouvez configurer la variable « **PAGESIZE** » avec la valeur 0.

```
SET PAGESIZE VALEUR
```

```
SQL> SET PAGESIZE 10
SQL> SELECT NOM, PRENOM FROM EMPLOYES

NOM                     PRENOM
```

```
-------------------- ----------
Callahan             Laura
Buchanan             Steven
Peacock              Margaret
Leverling            Janet
Davolio              Nancy
Dodsworth            Anne
King                 Robert


NOM                  PRENOM
-------------------- ----------
Suyama               Michael
Fuller               Andrew

9 ligne(s) sélectionnée(s).
```

## COLUMN

La commande « **SET COLUMN** » permet de formater les données de colonnes. Dans le cas de caractères, cette clause détermine la largeur du champ et la façon dont les données qui dépassent doivent être gérées : elles peuvent être soit tronquées, soit reportées sur la ligne suivante. Dans le cas de nombres, cette clause permet de contrôler la quantité de chiffres à afficher et leur format.

```
SQL> COLUMN USER TRUNC FORMAT A3
SQL> COLUMN UTIL FORMAT A3
SQL> COLUMN UID FORMAT 999
SQL> COLUMN SYSDATE FORMAT A8
SQL> SELECT USER, USER UTIL, UID, SYSDATE FROM DUAL;

USE UTI  UID SYSDATE
--- --- ---- --------
STA STA   64 23/07/06
    GIA
    IRE
```

## SQLPROMPT

La commande « **SQLPROMPT** » permet de configurer l'invite de SQL*Plus. Vous pouvez afficher le nom de l'utilisateur connecté « **_USER** », la date du jour « **_DATE** », le nom de l'instance « **_CONNECT_IDENTIFIER** » et les privilèges de connexion « **_PRIVILEGE** ».

```
SET SQLPROMPT "_USER'@'_CONNECT_IDENTIFIER _PRIVILEGE >"
```

```
SQL> SET SQLPROMPT "_USER'@'_CONNECT_IDENTIFIER >"
SYS@diamant >SET SQLPROMPT "_USER'@'_CONNECT_IDENTIFIER _PRIVILEGE>"
SYS@diamant AS SYSDBA>SET SQLPROMPT "_USER'@'_CONNECT_IDENTIFIER --"
SYS@diamant --SET SQLPROMPT "_USER'@'_CONNECT_IDENTIFIER ##"
SYS@diamant ##SET SQLPROMPT "_USER'@'_CONNECT_IDENTIFIER >"
SYS@diamant >SET SQLPROMPT "_DATE' '_USER'@'_CONNECT_IDENTIFIER >"
09/02/2011 SYS@diamant >
```

## TERMOUT

Lorsqu'une instruction **SQL** retourne de nombreuses lignes de données, il peut être utile de désactiver leur affichage à l'écran. Pour cela, utilisez la commande « **SET TERMOUT OFF** ». À l'issue de l'instruction, n'oubliez pas de rétablir l'affichage des résultats au moyen de la commande « **SET TERMOUT ON** ».

## HEADING

Désactive ou active l'affichage des en-têtes de colonnes, ce qui peut être utile lors de la création d'un fichier de données.

```
SET HEADING {ON | OFF}
```

## TRIMSPOOL

Supprime ou non les blancs situés à la fin des lignes envoyées vers un fichier.

```
SET TRIMSPOOL {ON | OFF}
```

## FEEDBACK

Affiche ou non le nombre de lignes extraites. `SET FEEDBACK {ON | OFF}`

## ECHO

Affiche ou non l'instruction lorsqu'elle est exécutée. `SET ECHO {ON | OFF}`

## CLEAR

Efface l'affichage ou le contenu du tampon. `CLEAR {SQL | SCREEN}`

## TIMING

Affiche le temps d'exécution d'une instruction lorsqu'elle est exécutée.

```
SET TIMING {ON | OFF}
```

# Variables de substitution

**SQL*Plus** prévoit les variables de substitution qui vous seront utiles pour recevoir les entrées utilisateur et stocker des informations à travers plusieurs exécutions successives.

Dans une instruction **SQL**, les variables de substitution sont introduites par le caractère « **&** » (si vous le souhaitez, vous changerez ce caractère en vous servant de la commande « **SET DEFINE** »). Avant l'envoi de l'instruction **SQL** au serveur, **SQL*Plus** effectuera une substitution textuelle complète de la variable.

Il est à remarquer qu'aucune mémoire n'est effectivement allouée aux variables de substitution.

La procédure de remplacement de la variable de substitution par la valeur entrée est accomplie par **SQL*Plus** avant l'envoi du bloc pour exécution à la base de données.

La définition des variables de substitution peut-être réalisée de trois manières :

- en préfixant une variable par un simple « & »

- en préfixant une variable par un double « && »

- en utilisant les commandes « **DEFINE** » et « **ACCEPT** »

### L'utilisation des variables de substitution & et &&

Il existe deux types de variables :

- « **&** »: pour une variable temporaire, doit être introduite à chaque utilisation.

- « && »: pour une variable permanente, n'est introduite que lors de la première utilisation.

```
SQL> SELECT NOM_PRODUIT, NO_FOURNISSEUR, CODE_CATEGORIE FROM PRODUITS
  2  WHERE NO_FOURNISSEUR = &var_no_fournisseur and
  3      CODE_CATEGORIE = &&var_code_categorie;
```

```
Entrez une valeur pour var_no_fournisseur : 1
ancien   3 : WHERE NO_FOURNISSEUR = &var_no_fournisseur and
nouveau  3 : WHERE NO_FOURNISSEUR = 1 and
Entrez une valeur pour var_code_categorie : 1
ancien   4 :       CODE_CATEGORIE = &&var_code_categorie
nouveau  4 :       CODE_CATEGORIE = 1

NOM_PRODUIT                              NO_FOURNISSEUR CODE_CATEGORIE
------------------------------------     -------------- --------------
Chai                                                  1              1
Chang                                                 1              1

SQL> SELECT NOM_PRODUIT, NO_FOURNISSEUR, CODE_CATEGORIE FROM PRODUITS
  2   WHERE NO_FOURNISSEUR = &var_no_fournisseur and
  3        CODE_CATEGORIE = &&var_code_categorie;
Entrez une valeur pour var_no_fournisseur : 7
ancien   3 : WHERE NO_FOURNISSEUR = &var_no_fournisseur and
nouveau  3 : WHERE NO_FOURNISSEUR = 7 and
ancien   4 :       CODE_CATEGORIE = &&var_code_categorie
nouveau  4 :       CODE_CATEGORIE = 1

NOM_PRODUIT                              NO_FOURNISSEUR CODE_CATEGORIE
------------------------------------     -------------- --------------
Outback Lager                                         7              1
```

Dans l'exemple précédent, la variable temporaire **&var_no_fournisseur** doit être renseignée à chaque utilisation ; par contre la variable permanente **&&var_code_categorie** n'est renseignée que lors de la première utilisation.

```
SQL> SELECT NOM_PRODUIT, NO_FOURNISSEUR, CODE_CATEGORIE FROM PRODUITS
  2   &var_substitution;
Entrez une valeur pour var_substitution : WHERE NO_FOURNISSEUR = 1
ancien   3 : &var_substitution
nouveau  3 : WHERE NO_FOURNISSEUR = 1

NOM_PRODUIT                              NO_FOURNISSEUR CODE_CATEGORIE
------------------------------------     -------------- --------------
Chai                                                  1              1
Chang                                                 1              1
Aniseed Syrup                                         1              2
```

Dans l'exemple précédent, vous pouvez remarquer que la variable de substitution porte bien son nom ; elle peut remplacer toute une partie de l'ordre **SQL**.

Pour éviter l'affichage de vérification de substitution, l'utilisateur peut activer ou désactiver cette option par la commande suivante : **SET VERIFY [ON | OFF]**

```
SQL> SET VERIFY OFF
SQL> SELECT NOM_PRODUIT, NO_FOURNISSEUR, CODE_CATEGORIE FROM PRODUITS
  2   WHERE NO_FOURNISSEUR = &var_no_fournisseur and
  3        CODE_CATEGORIE = &var_code_categorie;
Entrez une valeur pour var_no_fournisseur : 1
Entrez une valeur pour var_code_categorie : 2

NOM_PRODUIT                              NO_FOURNISSEUR CODE_CATEGORIE
------------------------------------     -------------- --------------
Aniseed Syrup                                         1              2
```

### La définition des variables de substitution avec ACCEPT

La commande « **ACCEPT** » permet de lire une valeur entrée par un utilisateur et de stocker la valeur saisie dans une variable à l'aide de la syntaxe suivante :

`ACC[EPT] nom_variable {NUM[BER]|CHAR|DATE}[PROMPT "Invite :" [HIDE]]`

| | |
|---|---|
| `nom_variable` | Nom de la variable dans laquelle vous souhaitez stocker une valeur. |
| `NUM[BER]` | Le type de variable de substitution est un numérique |
| `CHAR` | Le type de variable de substitution est une chaîne de caractères. Longueur maximale 240 bytes. |
| `DATE` | Le type de variable de substitution est une date. |
| `PROMPT` | Texte affiché à l'écran avant de saisir la valeur de la variable. |
| `HIDE` | L'option permet de supprimer la visualisation sur l'écran quand l'utilisateur tape sur son clavier ; elle est généralement utilisée pour saisir un mot de passe. |

```
SQL> SET VERIFY OFF
SQL> ACCEPT var_no_four NUMBER PROMPT "Numéro du fournisseur :"
Numéro du fournisseur :1
SQL> ACC    var_code_cat NUM    PROMPT "Numéro de la catégorie :"
Numéro de la catégorie :2
SQL> SELECT NOM_PRODUIT, NO_FOURNISSEUR, CODE_CATEGORIE FROM PRODUITS
  2  WHERE NO_FOURNISSEUR = &var_no_four and
  3        CODE_CATEGORIE = &var_code_cat;


NOM_PRODUIT                          NO_FOURNISSEUR CODE_CATEGORIE
------------------------------------ -------------- --------------
Aniseed Syrup                                     1              2
```

Sont initialisées d'abord dans l'exemple précédent, les variables **var_no_four** et **var_code_cat** à l'aide la commande **SQL*Plus** « **ACCEPT** ». À l'exécution de la requête, les variables sont déjà renseignées et sont remplacées automatiquement.

### La définition des variables de substitution avec DEFINE

La création d'une variable à l'aide de la commande « **DEFINE** » s'effectue à l'aide de la syntaxe suivante : `DEF[INE] nom_variable = "valeur_texte"`

| | |
|---|---|
| `nom_variable` | Nom de la variable dans laquelle vous souhaitez stocker une valeur. |
| `valeur_texte` | Valeur de type « **CHAR** » affectée à la variable. La variable créée est obligatoirement de type texte. |

Pour annuler la déclaration d'une variable, vous pouvez quitter **SQL*Plus** ou utiliser la commande « **UNDEFINE** » avec la syntaxe :

`DEF[INE] nom_variable = "valeur_texte"`

```
SQL> SET VERIFY OFF
SQL> DEFINE var_no_fournisseur=1
SQL> DEFINE var_code_categorie=1
SQL> SELECT NOM_PRODUIT, NO_FOURNISSEUR, CODE_CATEGORIE FROM PRODUITS
  2  WHERE NO_FOURNISSEUR = &var_no_fournisseur and
  3        CODE_CATEGORIE = &var_code_categorie;

NOM_PRODUIT                          NO_FOURNISSEUR CODE_CATEGORIE
------------------------------------ -------------- --------------
```

```
Chai                                                   1          1
Chang                                                  1          1


SQL> UNDEFINE var_no_fournisseur
SQL>
SQL> SELECT NOM_PRODUIT, NO_FOURNISSEUR, CODE_CATEGORIE FROM PRODUITS
  2  WHERE NO_FOURNISSEUR = &var_no_fournisseur and
  3        CODE_CATEGORIE = &var_code_categorie;
Entrez une valeur pour var_no_fournisseur : 2


aucune ligne sélectionnée
```

Sont initialisées d'abord dans l'exemple précédent, les variables **var_no_fournisseur** et **var_code_categorie** à l'aide la commande **SQL*Plus** « **DEFINE** ». À l'exécution de la première requête, les variables sont déjà renseignées et sont remplacées automatiquement ; par contre, dans la deuxième requête, après la suppression de la variable **var_no_fournisseur,** SQL*Plus demande la valeur pour cette variable.

Il est possible d'alimenter une variable de substitution à l'aide d'une requête SQL. Vous devez d'abord corréler la variable avec la colonne qui permet d'alimenter la variable comme suit :

**COLUMN nom_colonne NEW_VALUE nom_variable**

Il faut cibler l'enregistrement car la variable ne recevra que la dernière ligne retournée par la requête.

```
SQL> COL TABLE_NAME NEW_VALUE NOM_TABLE
SQL> SELECT * FROM CAT WHERE ROWNUM < 2;


TABLE_NAME                          TABLE_TYPE
------------------------------- -----------
CATEGORIES                          TABLE


SQL> SELECT * FROM &NOM_TABLE;
ancien   1 : SELECT * FROM &NOM_TABLE
nouveau  1 : SELECT * FROM CATEGORIES


CODE_CATEGORIE NOM_CATEGORIE               DESCRIPTION
-------------- ------------------------ -------------------------------
             1 Boissons                    Boissons, cafés, thés, bières
...
```

## Conseil

Pour définir une variable valide à chaque ouverture de session, il est préférable d'insérer sa définition dans le fichier :

**LOGIN.SQL** ou **GLOGIN.SQL** (valable pour toutes les sessions).

```
C:\>type login.sql
SET LINESIZE 1500
SET PAGESIZE 1500
SET SQLPROMPT "_USER'@'_CONNECT_IDENTIFIER>"
DEFINE _EDITOR = "notepad++"
CLEAR SCREEN
C:\>sqlplus stag/pwd@rubis
STAG@rubis>
```

# La commande AUTOTRACE

La commande « **AUTOTRACE** » fournit un grand nombre d'informations : le nombre d'appels récursifs, le nombre total d'entrées-sorties logiques pour l'instruction **SQL**, les entrées-sorties physiques, le volume de journaux générés, les informations concernant le trafic de **SQL*Net**, les statistiques de tri et le nombre de lignes renvoyées.

Une requête SQL s'exécute en trois étapes distinctes : « **PARSE** » est la constitution du plan d'exécution, « **EXECUTE** » est l'exécution de la requête sur le serveur et la dernière étape est le « **FETCH** » qui permet de récupérer les enregistrements.

La syntaxe de « **AUTOTRACE** » permet de cibler les étapes d'exécution de la requête et l'affichage des informations suivant l'avancement de la requête comme suit :

**SET AUTOT[RACE] {OFF | ON | TRACE[ONLY]} [EXP[LAIN]] [STAT[ISTICS]]**

| | |
|---|---|
| **TRACE[ONLY]** | Permet d'afficher uniquement les informations concernant le plan d'exécution et/ou les statistiques de la requête. La requête est exécutée sur le serveur uniquement si vous demandez les statistiques de la requête. Autrement, vous n'avez que le plan d'exécution. |
| **EXP[LAIN]** | Affichage des informations concernant le plan d'exécution. |
| **STAT[ISTICS]** | Affichage des informations concernant les statistiques de l'exécution de la requête. |
| **ON** | La requête est exécutée, les résultats sont affichés ainsi que les informations concernant le plan d'exécution et/ou les statistiques. |
| **OFF** | Arrête les traces des requêtes dans l'environnement SQL*Plus. |

```
SQL>SET AUTOT ON
SQL>SELECT CODE_CATEGORIE, NOM_CATEGORIE FROM CATEGORIES;

CODE_CATEGORIE NOM_CATEGORIE
-------------- ---------------------------
             1 Boissons
             2 Condiments
             3 Desserts
             4 Produits laitiers
             5 Pâtes et céréales
             6 Viandes
             7 Produits secs
             8 Poissons et fruits de mer
             9 Conserves
            10 Viande en conserve

10 ligne(s) sélectionnée(s).

Plan d'exécution
----------------------------------------------------------
Plan hash value: 3111952028

---------------------------------------------------------------------------------
| Id | Operation         | Name       | Rows | Bytes | Cost (%CPU)| Time     |
---------------------------------------------------------------------------------
|  0 | SELECT STATEMENT  |            |   10 |   180 |    3   (0)| 00:00:01 |
|  1 | TABLE ACCESS FULL| CATEGORIES |   10 |   180 |    3   (0)| 00:00:01 |
---------------------------------------------------------------------------------
```

```
Statistiques
----------------------------------------------------------------
          1  recursive calls
          0  db block gets
          8  consistent gets
          0  physical reads
          0  redo size
        655  bytes sent via SQL*Net to client
        363  bytes received via SQL*Net from client
          2  SQL*Net roundtrips to/from client
          0  sorts (memory)
          0  sorts (disk)
         10  rows processed

STAG@agate>SET AUTOT TRACE STAT
STAG@agate>SELECT CODE_CATEGORIE, NOM_CATEGORIE FROM CATEGORIES;

10 ligne(s) sélectionnée(s).

Statistiques
----------------------------------------------------------------
          0  recursive calls
          0  db block gets
          8  consistent gets
...

STAG@agate>SET AUTOT TRACE EXP
STAG@agate>SELECT CODE_CATEGORIE, NOM_CATEGORIE FROM CATEGORIES;

Plan d'exécution
----------------------------------------------------------------
Plan hash value: 3111952028

-------------------------------------------------------------------------------
| Id  | Operation          | Name       | Rows  | Bytes | Cost (%CPU)| Time     |
-------------------------------------------------------------------------------
|   0 | SELECT STATEMENT   |            |    10 |   180 |     3   (0)| 00:00:01 |
|   1 | TABLE ACCESS FULL  | CATEGORIES |    10 |   180 |     3   (0)| 00:00:01 |
-------------------------------------------------------------------------------
```

# Oracle SQL Developer

Il y a plusieurs outils qui permettent le développement et le débogage d'une application PL/SQL, chacun étant diversement doté d'avantages et d'inconvénients.

Oracle SQL Developer est un environnement de développement livré gratuitement par Oracle. Vous pouvez télécharger le produit à l'adresse suivante :

http://www.oracle.com/technetwork/developer-tools/sql-developer/downloads/index.html

SQL Developer est doté des fonctionnalités suivantes :

- l'auto-formatage des instructions PL/SQL et SQL ;
- un débogueur PL/SQL ;

- un navigateur de base de données ;

- le support des types d'objets d'Oracle;

- des modèles de code.

## Connexion à la base de données

SQL Developer peut supporter plusieurs connexions de base de données simultanées. Lorsque vous le lancerez pour la première fois, vous établirez une connexion à partir des menus *Fichier* et *Nouveau*.

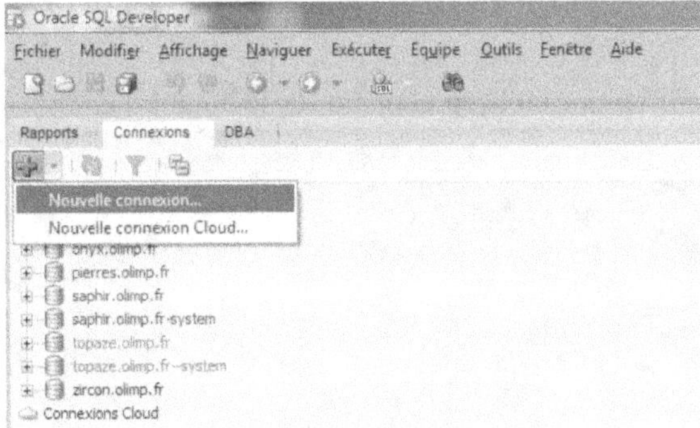

Dès qu'elle est établie, une connexion demeure active jusqu'à ce que vous la fermiez explicitement en sélectionnant *Fichier* et *Fermer*.

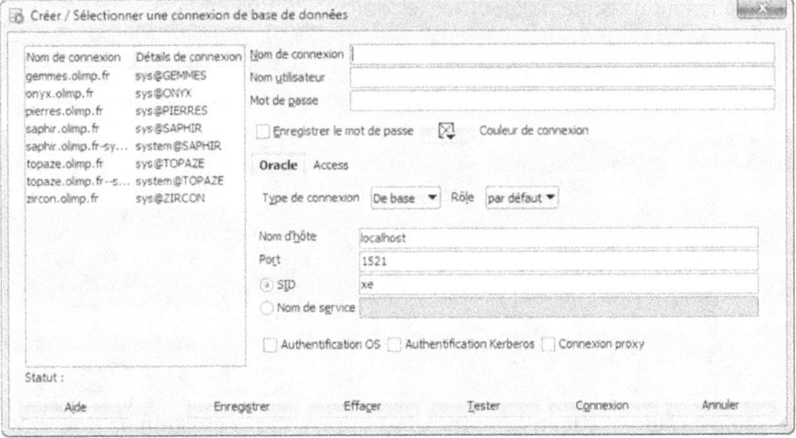

Une invite de connexion à la base de données sert à mettre en mémoire différents profils de connexion en y stockant l'identifiant utilisateur et les informations de connexion.

Les profils de connexion sont automatiquement mémorisés pour un usage ultérieur ; il est possible d'avoir en simultané des connexions multiples à différentes bases de données.

Vous utiliserez la fenêtre du navigateur d'objets pour visualiser les informations concernant les objets de base de données. Vous pourrez, si vous le souhaitez, ouvrir plusieurs fenêtres SQL*Plus pour chaque connexion.

Vous pouvez également fermer un éditeur SQL*Plus ou un autre éditeur comme tout document dans un environnement multi-document.

## Navigation parmi les objets de base de données

SQL Developer vous permet de naviguer parmi les objets types d'Oracle tels que les tables, les vues, les procédures, les packages etc. La sélection des types d'objets dans le tableau situé à gauche, déclenche leur affichage dans le panneau de droite qui affiche le détail.

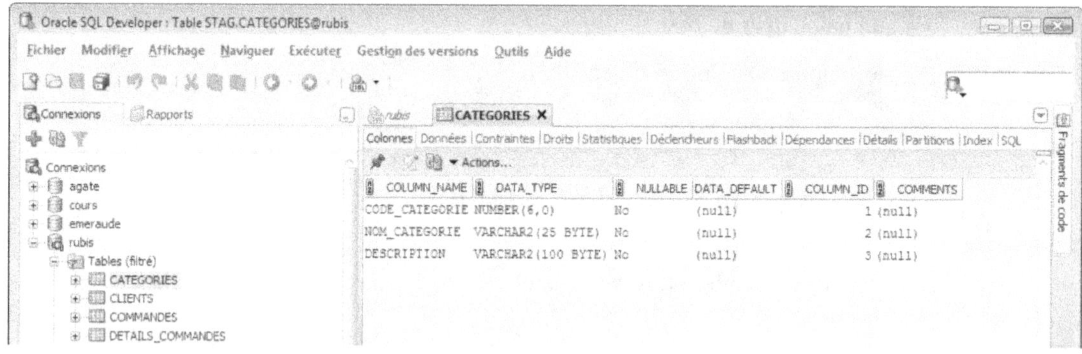

Vous pouvez modifier une table en cliquant sur le bouton :

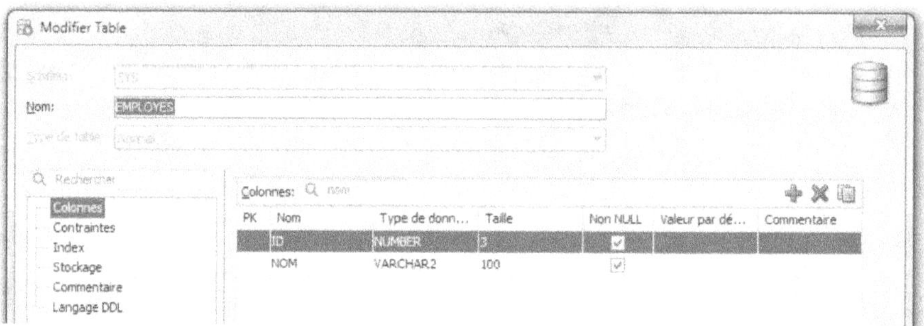

Il est également possible de modifier les données d'une table.

```
Colonnes  Données  Contraintes  Droits  Statistiques  Déclencheurs  Flashback  Dépendances  Détails  Partitions  Index  SQL

      CODE_CATEGORIE   NOM_CATEGORIE                        DESCRIPTION
 1          1  Boissons                        Boissons, cafés, thés, bières
 2          2  Condiments                      Sauces, assaisonnements et épices
 3          3  Desserts                        Desserts et friandises
 4          4  Produits laitiers               Fromages
 5          5  Pâtes et céréales               Pains, biscuits, pâtes et céréales
 6          6  Viandes                         Viandes préparées
 7          7  Produits secs                   Fruits secs, raisins, autres
 8          8  Poissons et fruits de mer       Poissons, fruits de mer, escargots
 9          9  Conserves                       Fruits, légumes en conserve et confitures
10         10  Viande en conserve              Viande en conserve
```

Vous pouvez aussi récupérer l'ordre **LDD** qui permet la création de l'objet.

```
 1
 2  REM STAGIAIRE EMPLOYES
 3
 4    CREATE TABLE "STAGIAIRE"."EMPLOYES"
 5     (  "NO_EMPLOYE" NUMBER(6,0) NOT NULL ENABLE,
 6        "REND_COMPTE" NUMBER(6,0),
 7        "NOM" NVARCHAR2(40) NOT NULL ENABLE,
 8        "PRENOM" NVARCHAR2(30) NOT NULL ENABLE,
 9        "FONCTION" VARCHAR2(30 BYTE) NOT NULL ENABLE,
10        "TITRE" VARCHAR2(5 BYTE) NOT NULL ENABLE,
11        "DATE_NAISSANCE" DATE NOT NULL ENABLE,
12        "DATE_EMBAUCHE" DATE DEFAULT SYSDATE NOT NULL ENABLE,
13        "SALAIRE" NUMBER(8,2) NOT NULL ENABLE,
14        "COMMISSION" NUMBER(8,2),
15         CONSTRAINT "PK_EMPLOYES" PRIMARY KEY ("NO_EMPLOYE") ENABLE,
16         CONSTRAINT "FK_EMPLOYES_EMPLOYES" FOREIGN KEY ("REND_COMPTE")
17          REFERENCES "STAGIAIRE"."EMPLOYES" ("NO_EMPLOYE") ENABLE
18     ) ;
```

SQL Developer vous permet d'ouvrir plusieurs *SQL*Worksheet*, des fenêtres d'édition permettant de concevoir et d'exécuter des commandes SQL et PL/SQL.

Un assistant de code *Fragments de code,* accessible via le menu *Visualiser*, met à votre disposition une bibliothèque de structures SQL et PL/SQL d'utilisation courante. Lorsque vous sélectionnez une structure particulière, vous pouvez la faire glisser dans la fenêtre d'édition disponible.

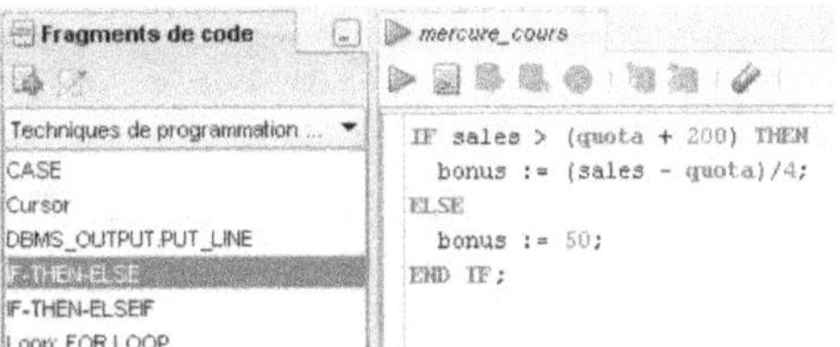

De la même manière, vous pouvez insérer le nom d'une colonne ou la requête complète d'interrogation d'une table dans la fenêtre d'édition disponible.

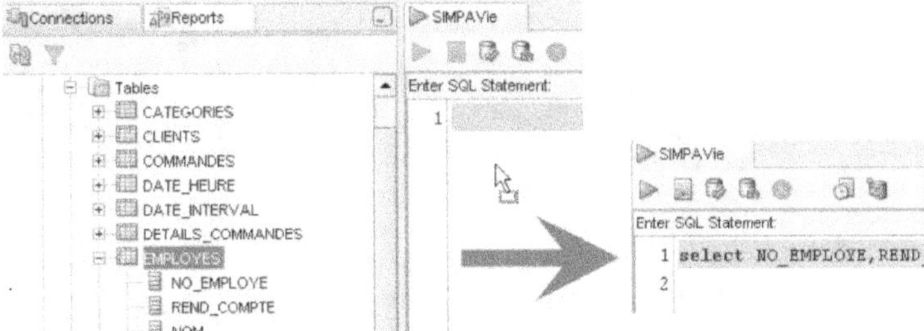

L'environnement de travail est un éditeur contextuel qui vous permet d'avoir des aides contextuelles pour l'écriture du code.

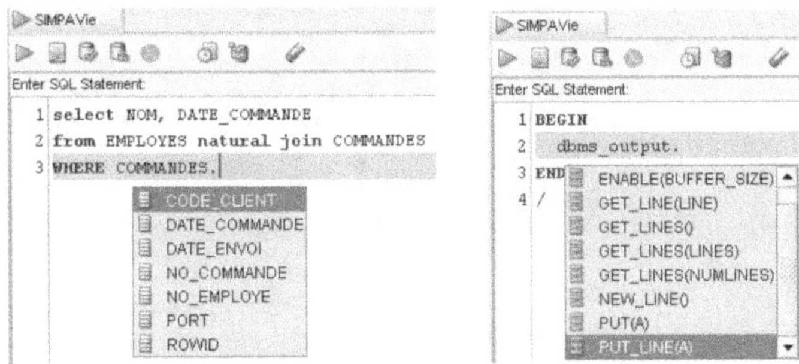

Vous pouvez exécuter un script SQL globalement ou tout simplement une partie de ce script en sélectionnant cette partie.

# 2

# Présentation du PL/SQL

## Objectifs

À la fin de ce module, vous serez à même d'effectuer les tâches suivantes :

- Décrire la syntaxe PL/SQL.

- Écrire un bloc PL/SQL.

- Afficher les informations de débogage.

- Utiliser Oracle SQL Developer pour écrire des programmes SQL et PL/SQL.

- Présentation du PL/SQL.

## Contenu

# Pourquoi PL/SQL

Le langage SQL est un langage "ensembliste", c'est-à-dire qu'il ne manipule qu'un ensemble de données satisfaisant des critères de recherche. PL/SQL est un langage "procédural", il permet de traiter de manière conditionnelle les données retournées par un ordre SQL.

Le langage PL/SQL, abréviation de "Procedural Language extensions to SQL", comme son nom l'indique, étend SQL en lui ajoutant des éléments, tels que :

- Les variables et les types.

- Les structures de contrôle et les boucles.

- Les procédures et les fonctions.

- Les types d'objets et les méthodes.

Ce ne sont plus des ordres SQL qui sont transmis un à un au moteur de base de données Oracle, mais un bloc de programmation. Le traitement des données est donc interne à la base, ce qui réduit considérablement le trafic entre celle-ci et l'application. Combiné à l'optimisation du moteur PL/SQL, cela diminue les échanges réseau et augmente les performances globales de vos applications.

Toutes les bases de données Oracle comportent un moteur d'exécution PL/SQL. Comme Oracle est présent sur un très grand nombre de plates-formes matérielles, le PL/SQL permet une grande portabilité de vos applications.

Le langage PL/SQL est simple d'apprentissage et de mise en œuvre. Sa syntaxe claire offre une grande lisibilité en phase de maintenance de vos applications. De nombreux outils de développement, en dehors de ceux d'Oracle, autorisent la programmation en PL/SQL dans la base de données.

Ce chapitre présente l'environnement de développement et l'intégration du PL/SQL dans Oracle.

# Architecture PL/SQL

Le moteur de base de données, Oracle, coordonne tous les appels en direction de la base. Le SQL et le PL/SQL comportent chacun un "moteur d'exécution" associé, respectivement le SQL STATEMENT EXECUTOR et le PROCEDURAL STATEMENT EXECUTOR.

Lorsque le serveur reçoit un appel pour exécuter un programme PL/SQL, la version compilée du programme est chargée en mémoire puis exécutée par les moteurs PL/SQL et SQL. Le moteur PL/SQL gère les structures mémoire et le flux logique du programme, tandis que le moteur SQL transmet à la base les requêtes de données.

Le PL/SQL est utilisé dans de nombreux produits Oracle, parmi lesquels :

- Oracle Forms et Oracle Reports ;

- Oracle Application Express ;

- Oracle Warehouse Builder.

Les programmes PL/SQL peuvent être appelés à partir des environnements de développement Oracle suivants :

- SQL*Plus ;

- Oracle Enterprise Manager ;

- les précompilateurs Oracle (tels que Pro*C, Pro*COBOL, etc.) ;

- Oracle Call Interface (OCI) ;

- Server Manager ;

- Java Virtual Machine (JVM).

Un bloc PL/SQL peut être traité dans un outil de développement Oracle (SQL*Plus, Oracle Forms, Oracle Reports). Dans ce cas, seules les instructions sont traitées par le moteur PL/SQL embarqué dans l'outil de développement, les ordres SQL incorporés dans les blocs PL/SQL sont toujours traités par la base de données.

# La syntaxe PL/SQL

Tout langage de programmation possède une syntaxe, un vocabulaire et un jeu de caractères. Cette section présente les caractères valides en PL/SQL ainsi que les opérateurs arithmétiques et relationnels qu'il accepte.

Un programme PL/SQL est une série de déclarations, chacune composée d'une ou plusieurs lignes de texte. Une ligne de texte est faite de combinaisons des caractères décrits ci-après :

- Les lettres majuscules et minuscules : **A÷Z** et **a÷z**

- Les chiffres entre **0** et **9**

- Les symboles suivants :
  ( ) + - * / < > = ! ~ ; : . @ % " ' # ^ & _ | { } ? [ ]

| | Les mots réservés |
|---|---|
| **A** | ALL, ALTER, AND, ANY, ARRAY, ARROW, AS, ASC, AT |
| **B** | BEGIN, BETWEEN, BY |
| **C** | CASE, CHECK, CLUSTERS, CLUSTER, COLAUTH, COLUMNS, COMPRESS, CONNECT, CRASH, CREATE, CURRENT |
| **D** | DECIMAL, DECLARE, DEFAULT, DELETE, DESC, DISTINCT, DROP |
| **E** | ELSE, END, EXCEPTION, EXCLUSIVE, EXISTS |
| **F** | FETCH, FORM, FOR, FROM |
| **G** | GOTO, GRANT, GROUP |
| **H** | HAVING |
| **I** | IDENTIFIED, IF, IN, INDEXES, INDEX, INSERT, INTERSECT, INTO, IS |
| **L** | LIKE, LOCK |
| **M** | MINUS, MODE |
| **N** | NOCOMPRESS, NOT, NOWAIT, NULL |
| **O** | OFF, ON, OPTION, OR, ORDER, OVERLAPS |
| **P** | PRIOR, PROCEDURE, PUBLIC |
| **R** | RANGE, RECORD, RESOURCE, REVOKE |
| **S** | SELECT, SHARE, SIZE, SQL, START, SUBTYPE |
| **T** | TABAUTH, TABLE, THEN, TO, TYPE |
| **U** | UNION, UNIQUE, UPDATE, USE |
| **V** | VALUES, VIEW, VIEWS |
| **W** | WHEN, WHERE, WITH |

## Note

Dans le langage PL/SQL comme dans SQL, les majuscules sont traitées de la même manière que les minuscules, excepté lorsqu'elles représentent la valeur d'une variable ou une constante de type chaîne de caractères.

Certains de ces caractères, qu'ils soient seuls ou combinés à d'autres, ont une signification spéciale en PL/SQL.

Le langage PL/SQL propose deux types de commentaires :

Un commentaire mono-ligne commence par deux tirets « -- » et prend fin par la fin de la ligne.

```
SQL> SELECT NOM_CATEGORIE -- Commentaire mono-ligne FROM CATEGORIES;

NOM_CATEGORIE
-------------------------
Boissons
Condiments
...
```

Un commentaire multi-lignes commence par « /* » et finit par « */ ». Tous les caractères compris entre ces deux symboles sont ignorés par le compilateur.

```
SQL> SELECT NOM_CATEGORIE /*
  2                                Commentaire muti-lignes
  3                                suite commentaire */
  4  FROM CATEGORIES;

NOM_CATEGORIE
-------------------------
Boissons
Condiments
...
```

## Attention

Le langage PL/SQL est une série de déclarations et instructions. Chaque instruction se termine par « ; » elle peut être répartie sur plusieurs lignes, afin de la rendre plus lisible.

Il est préférable de ne pas avoir plus d'une instruction ou déclaration par ligne.

# Structure de bloc

Le **PL/SQL** est un langage structuré. Chaque élément de base de votre application est une entité cohérente. Le bloc **PL/SQL** vous permet de refléter cette structure logique dans la conception physique de vos programmes.

Les programmes **PL/SQL** sont écrits sous forme de blocs de code définissant plusieurs sections comme la déclaration de variables, le code exécutable et la gestion d'exceptions (erreurs). Le code PL/SQL peut être stocké dans la base sous forme d'un sous-programme doté d'un nom ou il peut être codé directement dans SQL*Plus en tant que "bloc de code anonyme", c'est-à-dire sans nom. Lorsqu'il est stocké dans la base, le sous-programme inclut une section d'en-tête dans laquelle il est nommé, mais qui contient également la déclaration de son type et la définition d'arguments optionnels.

La structure type d'un bloc PL/SQL est la suivante :

```
[DECLARE]      ...

BEGIN          ...

  [EXCEPTION]  ...

END ;
```

| | |
|---|---|
| **DECLARE** | La section « **DECLARE** » contient la définition et l'initialisation des structures et des variables utilisées dans le bloc. Elle est facultative si le programme n'a aucune variable. |
| **BEGIN** | La section corps du bloc contient les instructions du programme et la section de traitement des erreurs. Cette section est obligatoire et elle se termine par le mot-clé « **END** ». |
| **EXCEPTION** | La section « **EXCEPTION** » contient l'instruction de gestion des erreurs. Elle est facultative. |

Lorsque vous exécutez une instruction SQL dans SQL*Plus, elle se termine par un point-virgule. Il ne s'agit que de la terminaison de l'instruction, non d'un élément qui en est constitutif. À la lecture du point-virgule, SQL*Plus est informé que l'instruction est complète et l'envoie à la base de données.

Dans un bloc PL/SQL, tout au contraire, le point-virgule n'est pas un simple indicateur de terminaison, mais fait partie de la syntaxe même du bloc. Lorsque vous spécifiez le mot-clé « **DECLARE** » ou « **BEGIN** », SQL*Plus détecte qu'il s'agit d'un bloc PL/SQL et non d'une instruction SQL. Il doit cependant savoir quand se termine le bloc. La barre oblique « **/** », raccourci de la commande SQL*Plus « **RUN** », lui en fournit l'indication.

L'instruction « **NULL** » précise qu'aucune action ne doit être entreprise et que l'exécution du programme se poursuit normalement. C'est un moyen de réserver la place pour un ensemble de traitements futurs.

```
SQL> begin
  2     null;
  3   end;
  4   /


Procédure PL/SQL terminée avec succès.
```

Dans l'exemple précédent, le bloc PL/SQL n'effectue aucune opération.

```
SQL> begin
  2      DELETE DETAILS_COMMANDES WHERE NO_COMMANDE > 11070;
  3      INSERT INTO CATEGORIES VALUES
  4                  ( 9,'Cosmétiques','Produits beautés' );
  5      COMMIT;
  6   end;
  7   /


Procédure PL/SQL terminée avec succès.
```

## Attention

Le langage PL/SQL peut contenir les instructions SQL de type **L**angage de **M**anipulation de **D**onnées, mais il ne peut comporter aucune instruction du **L**angage de **D**éfinition de **D**onnées.

De plus, la gestion de la transaction est identique qu'on travaille en SQL ou en PL/SQL.

La commande « **EXECUTE** » avec sa forme raccourcie « **EXEC** » permet d'exécuter une ou plusieurs instructions en les incluant implicitement dans un bloc **PL/SQL**. Ainsi, toutes les instructions écrites sur une même ligne sont automatiquement incluses dans un bloc entre « **BEGIN** » et « **END** » ; cette démarche exclut la déclaration des variables. Pour continuer la suite des instructions sur plusieurs lignes, utilisez le caractère « **-** » en fin de ligne.

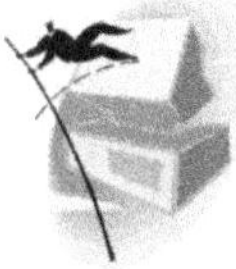

```
STAG03@topaze>EXECUTE script...
BEGIN script...; END;
     *
ERREUR à la ligne 1 :
ORA-06550: Ligne 1, colonne 7 :
```

```
PLS-00201: l'identificateur 'SCRIPT' doit être déclaré
ORA-06550: Ligne 1, colonne 7 :
PL/SQL: Statement ignored

SQL> EXECUTE -
>    INSERT INTO CATEGORIES VALUES -
>         ( 22,'Cosmétiques','Produits beautés' ); -
>    COMMIT;


Procédure PL/SQL terminée avec succès.

SQL> SELECT CODE_CATEGORIE, NOM_CATEGORIE
  2  FROM CATEGORIES WHERE CODE_CATEGORIE = 22;


CODE_CATEGORIE NOM_CATEGORIE
-------------- -------------------------
            22 Cosmétiques
```

## Le mot-clé PRAGMA

Le mot-clé « **PRAGMA** » signifie que le reste de l'ordre PL/SQL est une directive de compilation. Les pragmas sont évaluées lors de la compilation, elles ne sont pas exécutables.

Une `pragma` est une instruction spéciale pour le compilateur. Également appelée pseudo-instruction, la `pragma` ne change pas la sémantique d'un programme. Elle ne fait que donner une information au compilateur.

Le langage PL/SQL contient les pragmas suivantes :

« **EXCEPTION_INIT** » indique au compilateur que l'on souhaite associer une exception déclarée dans un programme à un code d'erreur spécifique.

« **RESTRICT_REFERENCES** » indique au compilateur un certain degré de pureté pour pouvoir exécuter une fonction stockée complexe directement dans un ordre SQL.

« **SERIALLY_REUSABLE** » indique au moteur PL/SQL que les données de niveau package ne sont pas persistantes.

« **AUTONOMOUS_TRANSACTION** » indique au compilateur que le bloc s'exécute dans une transaction indépendante, une instruction « **COMMIT** » ou « **ROLLBACK** » exécutée dans le bloc n'impacte pas les autres transactions.

L'exemple suivant montre l'utilisation du bloc PL/SQL qui s'exécute dans une transaction indépendante. La première commande SQL efface les enregistrements de la table DETAILS_COMMANDES pour les numéros de commandes supérieurs à 11070. Le bloc PL/SQL insère un enregistrement dans la table CATEGORIES ; l'insertion effectuée dans une transaction indépendante est ensuite validée.

L'annulation de l'effacement des enregistrements de la table DETAILS_COMMANDES peut encore être effectuée.

```
SQL> DELETE DETAILS_COMMANDES WHERE NO_COMMANDE > 11070;

40 ligne(s) supprimée(s).

SQL> declare
  2      pragma autonomous_transaction;
  3  begin
  4    INSERT INTO CATEGORIES VALUES( 9,'Cosmétiques','Produits beautés' );
  5    COMMIT;
  6  end;
  7  /
```

```
Procédure PL/SQL terminée avec succès.

SQL> ROLLBACK;

Annulation (ROLLBACK) effectuée.

SQL> SELECT COUNT(*) FROM DETAILS_COMMANDES WHERE NO_COMMANDE > 11070;

  COUNT(*)
----------
        40
```

# Bloc imbriqué

Le PL/SQL permet d'imbriquer ou d'encapsuler des blocs anonymes dans d'autres blocs PL/SQL. On peut également imbriquer des blocs anonymes dans d'autres blocs anonymes à plusieurs niveaux.

Un bloc PL/SQL imbriqué à l'intérieur d'un autre bloc PL/SQL peut être appelé :

- Bloc imbriqué
- Bloc secondaire
- Bloc enfant
- Sous-bloc

Un bloc PL/SQL qui appelle un autre bloc PL/SQL peut être appelé bloc principal ou bien bloc parent.

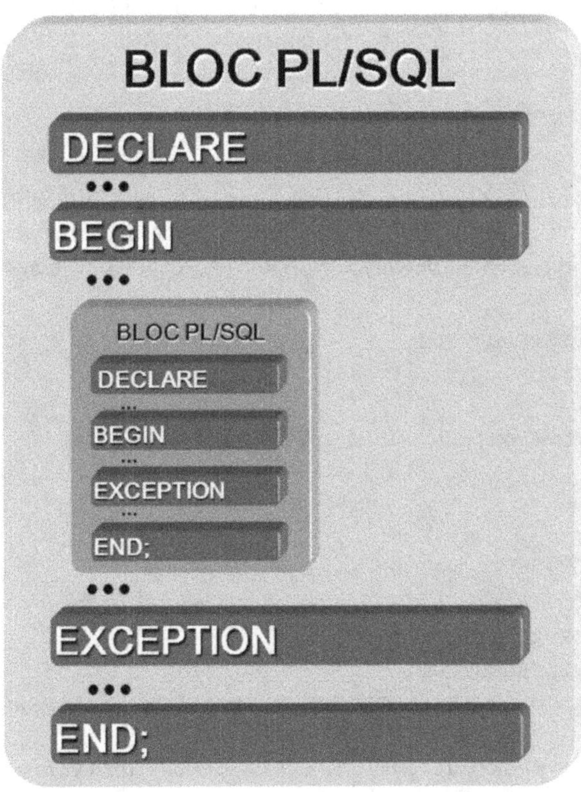


Le principal avantage, et l'une des raisons de l'utiliser, du bloc imbriqué est qu'il fournit une portée à tous les objets et à toutes les commandes de ce bloc. Vous pouvez utiliser cette portée pour améliorer le contrôle que vous avez sur les actions effectuées par votre programme.

# Sortie à l'écran

Le langage PL/SQL ne dispose d'aucune gestion intégrée des entrées/sorties. Il s'agit en fait d'un choix de conception, car l'affichage des valeurs de variables ou de structures de données n'est pas une fonction utile à la manipulation des données stockées dans la base.

La possibilité de gérer les sorties a toutefois été introduite, sous la forme d'une application intégrée « **DBMS_OUTPUT** » ; elle est décrite en détail dans le chapitre concernant les applications standards Oracle.

L'application « **DBMS_OUTPUT** » permet d'envoyer des messages depuis un bloc PL/SQL. La procédure « **PUT_LINE** » de cette application permet de placer des informations dans un tampon qui pourra être lu par un autre bloc PL/SQL. Le principal intérêt de ce package est de faciliter la mise au point des programmes.

SQL*Plus, possède le paramètre « **SERVEROUTPUT** » qu'il faut activer pour connaître les informations qui ont été écrites dans le tampon, à l'aide de la commande :

```
SET SERVEROUTPUT {ON|OFF} [size {taille|UNLIMITED}]
        [ FOR[MAT]{ WRA[PPED]|WOR[D_WRAPPED]|TRU[NCATED] } ]
```

| | |
|---|---|
| **taille** | La taille du tampon ; elle doit être prévue entre 2 000 et 1 000 000. |
| **WRA[PPED]** | La ligne d'affichage est coupée à la longueur définie par le paramètre « **LINESIZE** » et la suite est écrite sur la ligne suivante. |
| **WOR[D_WRAPPED]** | La ligne d'affichage est coupée à la longueur définie par le paramètre « **LINESIZE** » mais sans couper des mots et la suite est écrite sur la ligne suivante. |
| **TRU[NCATED]** | La ligne d'affichage est tronquée à la longueur définie par le paramètre « **LINESIZE** ». |

Dans l'exemple suivant, vous pouvez remarquer que, dans le bloc PL/SQL, il y a quatre ordres qui se terminent par un point virgule. La procédure « **PUT_LINE** » accepte comme argument, soit une expression de type chaîne de caractères, soit une expression numérique ou une expression de type date.

```
SQL> SHOW SERVEROUTPUT
serveroutput OFF
SQL> begin
  2        dbms_output.put_line( 'Bonjour');
  3  end;
  4  /

Procédure PL/SQL terminée avec succès.

SQL> SET SERVEROUTPUT ON
SQL> SHOW SERVEROUTPUT
serveroutput ON SIZE UNLIMITED FORMAT WORD_WRAPPED
SQL> begin
  2        dbms_output.put_line( 'Bonjour utilisateur '||user||
  3            ' aujourd''hui est le '||
  4              to_char(sysdate,'dd month yyyy'));
  5        dbms_output.put_line( uid);
  6        dbms_output.put_line( user);
```

```
  7         dbms_output.put_line( sysdate);
  8  end;
  9  /
Bonjour utilisateur STAGIAIRE aujourd'hui est le 29 mai 2006
64
STAGIAIRE
29/05/06

Procédure PL/SQL terminée avec succès.

SQL> SET SERVEROUTPUT ON FORMAT WRAPPED
SQL> begin
  2         dbms_output.put_line( 'Bonjour utilisateur '||user||
  3                  ' aujourd''hui est le '||
  4                    to_char(sysdate,'dd month yyyy'));
  5  end;
  6  /
Bonjour utilisa
teur STAGIAIRE
aujourd'hui est
 le 13 août
  2011

Procédure PL/SQL terminée avec succès.

SQL> SET SERVEROUTPUT ON FORMAT WORD_WRAPPED
SQL> /
Bonjour
utilisateur
STAGIAIRE
aujourd'hui est
le 13 août
2011

Procédure PL/SQL terminée avec succès.

SQL> SET SERVEROUTPUT ON FORMAT TRUNCATED
SQL> /
Bonjour utilisa

Procédure PL/SQL terminée avec succès.
```

## *Attention*

Vous pouvez visualiser le paramètre « **SERVEROUTPUT** » par la commande SQL*Plus
« **SHOW** ». Ce paramètre est positionné par défaut à « **OFF** ».

Attention, si les informations contenues dans le tampon dépassent la taille du tampon, le bloc va être
rejeté avec un message d'erreur.

- *Les enregistrements*

- *Les tableaux associatifs*

- *La visibilité des variables*

- *Les variables de liaison*

# Les variables

## Objectifs

À la fin de ce module, vous serez à même d'effectuer les tâches suivantes :

- Décrire les types de données.
- Déclarer des variables PL/SQL.
- Gérer la visibilité des variables.
- Affecter des variables.

## Contenu

# Noms de variables

Ce chapitre décrit les différents types de données utilisables, ainsi que les façons de les nommer.

Dans un programme **PL/SQL**, vous avez besoin de manipuler des chaînes de texte, nombres, valeurs booléennes, enregistrements, tableaux, dates, etc. La manipulation est possible grâce à des conteneurs pour ces valeurs de travail, ces conteneurs sont des variables.

Les variables ont des utilisations diverses : elles peuvent servir à stocker des données récupérées dans les colonnes de tables, ou à conserver des résultats de calculs internes au programme. Elles peuvent être scalaires (une valeur simple) ou composées (de valeurs ou composants divers).

La variable est une zone mémoire nommée permettant de stocker une valeur. Elle est définie par son nom, son type et sa valeur.

Le nom d'une variable **PL/SQL** (également appelé son identifiant) doit respecter les conditions suivantes :

- La longueur ne doit pas dépasser trente caractères.
- Il est composé des lettres **A+Z** et **a+z**, chiffres **0+9**, « **$** », « **_** » ou « **#** ».
- Il doit commencer par une lettre, mais peut être suivi par un des caractères autorisés.
- Il n'est pas un mot réservé.

## *Attention*

Les variables doivent être obligatoirement déclarées avant leur utilisation.

En effet, la section de déclaration « **DECLARE** » d'un bloc **PL/SQL** est optionnelle. Toutefois, vous devez déclarer toutes les variables et les constantes auxquelles se réfèrent les instructions.

Comme pour toutes les instructions, chaque déclaration de variable et de constante doit se terminer par un point-virgule « **;** ».

Voici une série de noms de variable autorisés :

```
Nom_employe
prénom
num#
var01
```

## *Conseil*

Vous pouvez utiliser les caractères accentués mais il faut savoir que tous les environnements SQL*Plus ne les acceptent pas.

Ainsi, il est préférable de ne pas les utiliser pour pouvoir avoir des scripts compatibles à tous les environnements.

Voici une série de noms de variable non autorisés :

```
#Nom_employe
nom-prénom
num var01
01nom
oui/non
```

### Types de données

Toute constante, toute variable utilisée dans un programme possède un type. Le type de donnée définit le format de stockage, les restrictions d'utilisation de la variable et les valeurs qu'elle peut prendre.

Le programmeur PL/SQL dispose de l'ensemble des types utilisables dans la définition des colonnes des tables dans le but de faciliter les échanges de données entre les tables et les blocs de code.

Le langage PL/SQL est structuré en quatre catégories de types de données :

| | |
|---|---|
| `Scalaires` | Un type scalaire est atomique; il n'est pas composé d'autres types de données ; c'est un des types de colonne des tables. |
| `Composés` | Un type composé comprend plus d'un élément ou composant, un groupe d'éléments ; pour chacun une valeur propre est allouée. |
| `Références` | Un type qui contient une valeur référençant un autre programme. Le type référence ou pointeur n'est pas détaillé dans ce module. |
| `Grands objets` | Un type de données qui spécifie la localisation des grands objets. |

# Types de données scalaires

Le langage PL/SQL offre un ensemble de types de données prédéfinis scalaires, identiques au langage SQL, pour l'échange de données entre les objets de la base de données et les blocs PL/SQL. Il dispose également d'un ensemble de types propres, principalement pour gérer les données numériques avec une plus grande précision.

### Types numériques

`NUMBER (P,S)`

Une variable acceptant la valeur zéro ainsi que des nombres négatifs et positifs. La précision maximum de « `NUMBER` », est de 38 chiffres, valeur de $10^{-130} \div 10^{126}$.

| *Valeur d'affectation* | *Déclaration* | *Valeur stockée dans la table* |
|---|---|---|
| `7456123.89` | `NUMBER` | `7456123.89` |
| `7456123.89` | `NUMBER(9)` | `7456124` |
| `7456123.89` | `NUMBER(9,2)` | `7456123.89` |
| `7456123.89` | `NUMBER(9,1)` | `7456123.9` |
| `7456123.89` | `NUMBER(6)` | `précision trop élevée` |
| `7456123.89` | `NUMBER(7,-2)` | `7456100` |
| `7456123.89` | `NUMBER(7,2)` | `précision trop élevée` |
| `.01234` | `NUMBER(4,5)` | `.01234` |
| `.00012` | `NUMBER(4,5)` | `.00012` |
| `.000127` | `NUMBER(4,5)` | `.00013` |

| .0000012 | NUMBER(2,7) | .0000012 |
|---|---|---|
| .00000123 | NUMBER(2,7) | .0000012 |

### BINARY_FLOAT

Nombre réel à virgule flottante encodé sur 32 bits.

### BINARY_DOUBLE

Nombre réel à virgule flottante encodé sur 64 bits.

| | *BINARY_DOUBLE* | *BINARY_FLOAT* |
|---|---|---|
| L'entier maximum | 1.79e308 | 3.4e38 |
| L'entier minimum | -1.79e308 | -3.4c38 |
| La plus petite valeur positive | 2.3e-308 | 1.2e-38 |
| La plus petite valeur négative | -2.3e-308 | -1.2e-38 |

Pour traiter les valeurs numériques à virgule flottante, Oracle fournit un ensemble de constantes.

| *Constante* | *Description* |
|---|---|
| BINARY_FLOAT_NAN | Pas un numérique |
| BINARY_FLOAT_INFINITY | Infini |
| BINARY_FLOAT_MAX_NORMAL | 3.40282347e+38 |
| BINARY_FLOAT_MIN_NORMAL | 1.17549435e-038 |
| BINARY_FLOAT_MAX_SUBNORMAL | 1.17549421e-038 |
| BINARY_FLOAT_MIN_SUBNORMAL | 1.40129846e-045 |
| BINARY_DOUBLE_NAN | Pas un numérique |
| BINARY_DOUBLE_INFINITY | Infini |
| BINARY_DOUBLE_MAX_NORMAL | 1.7976931348623157E+308 |
| BINARY_DOUBLE_MIN_NORMAL | 2.2250738585072014E-308 |
| BINARY_DOUBLE_MAX_SUBNORMAL | 2.2250738585072009E-308 |
| BINARY_DOUBLE_MIN_SUBNORMAL | 4.9406564584124654E-324 |

### BINARY_INTEGER

Nombre entier signé compris entre -2 147 483 647 et +2 147 483 647.

Il y a plusieurs types dérivés qui possèdent le même format de stockage que « **BINARY_INTEGER** », mais n'autorisent qu'un sous-ensemble des valeurs.

| *Type dérivés* | *Valeurs autorisées* |
|---|---|
| NATURAL | 0 ÷ 2 147 483 647 |
| NATURALN | 0 ÷ 2 147 483 647 NOT NULL |
| POSITIVE | 1 ÷ 2 147 483 647 |
| POSITIVEN | 1 ÷ 2 147 483 647 NOT NULL |
| SIGNTYPE | -1 , 0 ,1 |

**PLS_INTEGER**

Nombre entier compris entre -2 147 483 647 et +2 147 483 647.

**SIMPLE_INTEGER**

Est un sous-type dérivé du « **PLS_INTEGER** » avec une contrainte de type « **NOT NULL** ». Il permet le dépassement de la précision en positif ou en négatif sans lever une exception.

**SIMPLE_FLOAT**

Est un sous-type dérivé du « **BINARY_FLOAT** » avec une contrainte de type « **NOT NULL** ».

**SIMPLE_DOUBLE**

Est un sous-type dérivé du « **BINARY_DOUBLE** » avec une contrainte de type « **NOT NULL** ».

## Types caractères

À partir de la version Oracle 9i, il est possible d'utiliser dans la déclaration d'une variable de type chaîne de caractères l'argument « **BYTE** » ou l'argument « **CHAR** ». Pour des jeux de caractères où le codage d'un caractère correspond à un byte, il n'y a aucune différence. En revanche, pour des jeux de caractères où le codage est supérieur à un byte, il faut utiliser l'argument « **CHAR** ». Il vous permet de définir le nombre de caractères que vous voulez stocker et Oracle ajuste automatiquement la taille suivant le jeu de caractères national.

L'argument « **BYTE** » est utilisé uniquement dans le cas où vous utilisez un jeu de caractères classiques et pour la compatibilité. Par contre, c'est l'argument par défaut.

**VARCHAR2(L [CHAR | BYTE])**

Chaîne de caractères de longueur variable comprenant au maximum 4000 bytes. L représente la longueur maximale de la variable. CHAR ou BYTE spécifie respectivement si L est mesuré en caractères ou en bytes.

**CHAR(L [CHAR | BYTE])**

Chaîne de caractères de longueur fixe avec L comprenant au maximum 2000 bytes. Si aucune taille maximale n'est précisée, alors la valeur utilisée par défaut est 1. L'option « **BYTE** » est identique à celle de « **VARCHAR2** ».

**NCHAR(L [CHAR | BYTE])**

Chaîne de caractères de longueur fixe pour des jeux de caractères multi octets pouvant atteindre 4000 bytes selon le jeu de caractères national.

**NVARCHAR2(L [CHAR | BYTE])**

Chaîne de caractères de longueur variable pour des jeux de caractères multi octets pouvant atteindre 4000 bytes selon le jeu de caractères national.

À partir de la version Oracle 12c, il est possible d'avoir une taille étendue pour les variables de type « **VARCHAR2** », « **NVARCHAR2** » ; ainsi vous pouvez stocker dans une variable de ce type jusqu'à 32767 bytes.

### Grand objets

**BLOB**

Binary Large Object (grand objet binaire), données binaires non structurées avec une longueur maximale d'enregistrement pouvant atteindre (4Gb – 1) * (la taille du bloc).

**CLOB**

Character Large Object (grand objet caractère), chaîne de caractères avec une longueur maximale d'enregistrement pouvant atteindre (4Gb – 1) * (la taille du bloc).

**NCLOB**

Type de donnée « **CLOB** » pour des jeux de caractères multi-octets avec une longueur maximale d'enregistrement pouvant atteindre (4Gb – 1) * (la taille du bloc).

**BFILE**

Fichier binaire externe dont la taille maximale d'un enregistrement peut atteindre 4Gb. Il est stocké dans des fichiers extérieurs à la base de données.

**LONG**

Champ de longueur variable pouvant atteindre 2 Gb.

**LONG RAW**

Champ de longueur variable utilisé pour stocker des données binaires et pouvant atteindre 2 Gb.

### Attention

Les types de données « **LONG** » et « **LONG RAW** » étaient utilisés auparavant pour les données non structurées, telles que les images binaires, les documents ou les informations géographiques, et sont principalement fournis à des fins de compatibilité descendante.

### Types date/heure

**DATE**

Une variable de longueur fixe de **7** octets utilisée pour stocker n'importe quelle date, incluant l'heure.

**INTERVAL DAY TO SECOND**

Intervalle de temps fixé à 11 octets et exprimé en jours, heures, minutes et secondes. Un littéral entier entre 0 et 9 doit être utilisé pour spécifier le nombre de chiffres acceptés pour représenter les jours et les secondes (2 et 6 étant respectivement les valeurs par défaut).

**INTERVAL YEAR TO MONTH**

Intervalle de temps fixé à 5 octets et exprimé en années et en mois. Un littéral entier entre 0 et 4 doit être utilisé pour spécifier le nombre de chiffres acceptés pour représenter les années (2 étant la valeur par défaut).

**TIMESTAMP[(P)]**

Valeur de 7 à 11 octets représentant une date et une heure, incluant des fractions de seconde, et se fondant sur la valeur d'horloge du système d'exploitation. Une valeur de précision **P** un entier de 0 à 9 (6 étant la précision par défaut) permet de choisir le nombre de chiffres voulus dans la partie décimale des secondes.

**TIMESTAMP[(P)] WITH TIME ZONE**

Valeur fixée à 13 octets représentant une date et une heure, avec un paramètre de zone horaire associé. La zone horaire peut être exprimée sous la forme d'un décalage par rapport à l'heure universelle (UTC), tel que "-5:0", ou d'un nom de zone, tel que "US/Pacific".

**TIMESTAMP[(P)] WITH LOCAL TIME**

Valeur de 7 à 11 octets semblable à TIMESTAMP WITH TIME ZONE, sauf que la date est ajustée par rapport à la zone horaire de la base de données lorsqu'elle est stockée, puis adaptée à celle du client lorsqu'elle est extraite.

### Type booléen

**BOOLEAN**

Stocke des valeurs logiques « **TRUE** », « **FALSE** » ou la valeur « **NULL** ».

### Types ROWID

**ROWID**

Le type « **ROWID** » est une chaîne de caractères encodés en base 64 généralement utilisée pour représenter un identifiant de ligne. Le « **ROWID** » désigne également une pseudocolonne qui contient l'adresse physique de chaque enregistrement.

Les données de type « **ROWID** » s'affichent en utilisant un schéma d'encodage en base 64 qui se décompose comme suit :

| | |
|---|---|
| **SSSSSS** | Indique les six positions pour le numéro du segment. |
| **FFF** | Indique les trois positions pour le numéro de fichier relatif du tablespace. |
| **BBBBBB** | Indique les six positions pour le numéro de bloc dans le fichier de données. Le numéro du bloc est relatif au fichier de données et pas au tablespace. |
| **RRR** | Indique le déplacement dans le bloc sur trois positions. |

Ce schéma utilise les caractères « **A÷Z** », « **a÷z** », « **0÷9** », « **+** » et « **/** », soit un total de 64 caractères.

**UROWID [(P)]**

Le type Universal Rowids « **UROWID** » est une chaîne de caractères encodés en base 64 pouvant atteindre 4000 bytes, utilisée pour adresser des données. Il supporte des « **ROWID** » logiques et physiques, ainsi que des « **ROWID** » de tables étrangères accessibles via une passerelle. Il est également utilisé pour les tables organisées en index.

# Déclaration de variables

Les variables sont déclarées dans la section DECLARE du bloc PL/SQL à l'aide de la syntaxe suivante :

```
Nom_Variable [CONSTANT] TYPE [NOT NULL] [{DEFAULT | :=} VALEUR] ;
```

| | |
|---|---|
| **Nom_Variable** | Nom de la variable ; il doit être unique dans le bloc. |
| **TYPE** | Le type de la variable qui peut être un des types scalaires décrits auparavant ou un type composite. |
| **CONSTANT** | La variable est une constante ; sa valeur ne change plus dans le bloc. |

| | |
|---|---|
| **NOT NULL** | La variable doit être automatiquement renseignée, sinon une erreur est affichée à la compilation du bloc. |
| **:= VALUE** | La variable est initialisée avec VALEUR. Il faut respecter le type et la précision de la variable. |

```
SQL> declare
  2     utilisateur_id number          := UID;
  3     utilisateur    varchar2(12) := USER;
  4     date_du_jour   date           DEFAULT SYSDATE;
  5  begin
  6     dbms_output.put_line( ' L''identifiant de l''utilisateur : '
  7                           ||uid||' Utilisateur : '||utilisateur);
  8     dbms_output.put_line( ' Aujourd''hui : '||date_du_jour);
  9     utilisateur        := 'Razvan BIZOI';
 10     dbms_output.put_line( ' Utilisateur : '||utilisateur);
 11  end;
 12  /
L'identifiant de l'utilisateur : 64 Utilisateur : STAGIAIRE
Aujourd'hui : 29/05/06
Utilisateur : Razvan BIZOI


Procédure PL/SQL terminée avec succès.
```

Dans l'exemple précédent, vous pouvez voir la déclaration des trois variables de type numérique, chaîne de caractères et date. Les variables ont été initialisées directement dans la commande de déclaration. La première ligne affichée est une concaténation de l'ensemble des trois variables avec plusieurs constantes de chaînes de caractères.

La nouvelle valeur est affectée à la variable utilisateur ; vous pouvez remarquer que l'opérateur d'affectation est « **:=** ».

```
SQL> declare
  2     utilisateur CONSTANT varchar2(12) DEFAULT 'Razvan BIZOI';
  3  begin
  4     utilisateur := USER;
  5     dbms_output.put_line( ' Utilisateur : '||utilisateur);
  6  end;
  7  /
   utilisateur := USER;
   *
ERREUR à la ligne 4 :
ORA-06550: Ligne 4, colonne 3 :
PLS-00363: expression 'UTILISATEUR' ne peut être utilisée comme cible
d'affectation
ORA-06550: Ligne 4, colonne 3 :
PL/SQL: Statement ignored
```

Dans l'exemple précédent, la variable utilisateur est « **CONSTANT** » ; elle ne peut pas être modifiée.

```
SQL> declare
  2     utilisateur_id number NOT NULL := UID;
  3     utilisateur    varchar2(12);
  4  begin
  5     utilisateur        := 'Razvan BIZOI';
  6     utilisateur_id     := NULL;
  7     dbms_output.put_line( ' Utilisateur : '
  8                           ||utilisateur||utilisateur_id);
  9  end;
```

```
 10  /
   utilisateur_id     := NULL;
                        *
ERREUR à la ligne 6 :
ORA-06550: Ligne 6, colonne 23 :
PLS-00382: expression du mauvais type
ORA-06550: Ligne 6, colonne 3 :
PL/SQL: Statement ignored
```

Dans l'exemple précédent, la variable utilisateur_id qui comporte l'option « **NOT NULL** » dans sa déclaration ne peut pas être mise à « **NULL** ».

```
SQL> declare
  2     utilisateur_id number NOT NULL;
  3  begin
  4     utilisateur_id    := 13;
  5     dbms_output.put_line( ' Utilisateur : '||utilisateur_id);
  6  end;
  7  /
   utilisateur_id number NOT NULL;
                    *
ERREUR à la ligne 2 :
ORA-06550: Ligne 2, colonne 18 :
PLS-00218: une variable déclarée NOT NULL doit avoir une affectation
d'initialisation
```

L'option « **NOT NULL** » implique automatiquement, pour une variable, l'affectation dans sa déclaration.

```
SQL> declare
  2     var1 varchar2(10) := var2;
  3     var2 varchar2(10) := 'Valeur variable';
  4  begin
  5     dbms_output.put_line( var1||var2);
  6  end;
  7  /
   var1 varchar2(10) := var2;
                          *
ERREUR à la ligne 2 :
ORA-06550: Ligne 2, colonne 24 :
PLS-00320: déclaration de type de cette expression est incomplète ou mal
structurée
ORA-06550: Ligne 2, colonne 8 :
PL/SQL: Item ignored
ORA-06550: Ligne 5, colonne 25 :
PLS-00320: déclaration de type de cette expression est incomplète ou mal
structurée
ORA-06550: Ligne 5, colonne 3 :
PL/SQL: Statement ignored
```

L'utilisation d'une variable dans une expression nécessite la déclaration préalable de cette variable.

```
SQL> declare
  2     var1, var2, var3 varchar2(10);
  4  begin  dbms_output.put_line( var1||var2); end;
  5  /
   var1, var2, var3 varchar2(10);
        *
ERREUR à la ligne 2 :
```

```
ORA-06550: Ligne 2, colonne 7 :
PLS-00103: Symbole "," rencontré à la place d'un des symboles suivants :
...
```

Le langage PL/SQL ne permet pas la déclaration de plusieurs variables à la fois ; chaque variable doit avoir sa propre déclaration.

```
SQL> declare v1 varchar2(1):='A'; begin v1:=v1||'A'; end;
  2  /
declare v1 varchar2(1):='A'; begin v1:=v1||'A'; end;
*
ERREUR à la ligne 1 :
ORA-06502: PL/SQL : erreur numérique ou erreur sur une valeur: tampon de
chaîne de caractères trop petit

SQL> declare v1 number(1):=9; begin v1:=v1+1; end;
  2  /
declare v1 number(1):=9; begin v1:=v1+1; end;
*
ERREUR à la ligne 1 :
ORA-06502: PL/SQL : erreur numérique ou erreur sur une valeur: précision de
NUMBER trop élevée

SQL> declare v1 PLS_INTEGER := 2147483647;begin v1:=v1+1; end;
  2  /
declare v1 PLS_INTEGER := 2147483647;begin v1:=v1+1; end;
*
ERREUR à la ligne 1 :
ORA-01426: dépassement numérique
```

Il faut également faire attention aux précisions des variables. Dans les deux premiers blocs PL/SQL, la précision spécifiée pendant la déclaration des variables n'est pas respectée pour la chaîne de caractères et pour la valeur numérique. Dans le troisième bloc, la variable de type « **PLS_INTEGER** » provoque une exception pour le dépassement de sa précision de stockage.

Dans le cas d'une variable de type « **SIMPLE_INTEGER** », cette exception n'est plus levée en cas de dépassement en positif ou en négatif de la précision, mais il faut remarquer les valeurs de ces variables lorsqu'elles ont dépassé la précision.

```
SQL> declare
  2    v1 SIMPLE_INTEGER := 2147483647;
  3    v2 SIMPLE_INTEGER := -2147483647;
  4  begin
  5    v1:=v1+1; v2:=v2-1;
  6    dbms_output.put_line( 'v1 = '||v1||' v2 = '||v2);
  7    v1:=v1+1; v2:=v2-1;
  8    dbms_output.put_line( 'v1 = '||v1||' v2 = '||v2);
  9    v1:=v1-2; v2:=v2+2;
 10    dbms_output.put_line( 'v1 = '||v1||' v2 = '||v2);
 11  end;
 12  /
v1 = -2147483648 v2 = -2147483648
v1 = -2147483647 v2 = 2147483647
v1 = 2147483647 v2 = -2147483647

Procédure PL/SQL terminée avec succès.
```

### Attention

Attention aux trois types de variables introduites à partir de la version Oracle 11g :
« **SIMPLE_INTEGER** », « **SIMPLE_FLOAT** » et « **SIMPLE_DOUBLE** » ont une contrainte
de type « **NOT NULL** ».

Ces variables doivent être automatiquement renseignées, sinon une erreur est affichée à la
compilation du bloc.

```
SQL> declare v1 SIMPLE_FLOAT; begin null; end;
  2  /
declare v1 SIMPLE_FLOAT; begin null; end;
            *
ERREUR à la ligne 1 :
ORA-06550: Ligne 1, colonne 12 :
PLS-00218: une variable déclarée NOT NULL doit avoir une affectation
d'initialisation
```

À partir de la version Oracle 11g, il est possible d'affecter directement la valeur d'une séquence à une
variable.

```
SQL> CREATE SEQUENCE S01 START WITH 1;

Séquence créée.

SQL> declare v1 SIMPLE_INTEGER:=s01.nextval;
  3  begin dbms_output.put_line( 'v1 = '||v1); end;
  6  /
v1 = 1

Procédure PL/SQL terminée avec succès.
```

# Variables de liaison

SQL*Plus prévoit deux types de variables : les variables de substitution et les variables de liaison, qui
vous seront utiles pour recevoir les entrées utilisateur et stocker des informations à travers plusieurs
exécutions successives.

Comme on l'a déjà vu précédemment, aucune mémoire n'est allouée aux variables de substitution.
SQL*Plus peut néanmoins allouer un espace mémoire sous forme d'une variable de liaison, dont le
contenu est utilisable à l'intérieur d'un bloc PL/SQL ou d'une instruction SQL. Étant donné que
l'espace alloué est extérieur au bloc, son contenu peut être utilisé successivement par plusieurs blocs
ou instructions et faire l'objet d'un affichage en fin de traitement.

```
SQL> SELECT NOM, FONCTION FROM EMPLOYES WHERE NOM LIKE &var_subst;
Entrez une valeur pour var_subst : 'D%'
ancien   3 : WHERE NOM LIKE &var_subst
nouveau  3 : WHERE NOM LIKE 'D%'


NOM                                          FONCTION
-------------------------------------------- --------------------
Davolio                                      Représentant(e)
Dodsworth                                    Représentant(e)


SQL> /
Entrez une valeur pour var_subst : '%' AND FONCTION LIKE 'Rep%'
ancien   3 : WHERE NOM LIKE &var_subst
```

```
nouveau   3 : WHERE NOM LIKE '%' AND FONCTION LIKE 'Rep%'


NOM                                      FONCTION
---------------------------------------- ----------------------
Peacock                                  Représentant(e)
Leverling                                Représentant(e)
Davolio                                  Représentant(e)
Dodsworth                                Représentant(e)
King                                     Représentant(e)
Suyama                                   Représentant(e)
```

Dans l'exemple précédent, vous pouvez voir l'utilisation d'une variable de substitution. À la première exécution, on remplace la variable par la chaîne `'D%'` ce qui retrouve tous les employés qui ont un nom commençant par la lettre D. Dans la deuxième exécution de la même requête, on remplace la variable par la chaîne `'%' AND FONCTION LIKE 'Rep%'` qui retourne tous les employés qui sont des `'Représentant(e)'`.

## *Attention*

En effet, vous pouvez remarquer que les variables de substitution vous permettent de leur substituer une chaîne de caractères aussi complexe que nécessaire, mais il ne s'agit en aucun cas d'une variable.

L'allocation d'une variable de liaison est réalisée au moyen de la commande « **VARIABLE** » de SQL*Plus. Sachez que celle-ci n'est valide qu'à partir de l'invite de commande de SQL*Plus et pas à l'intérieur d'un bloc PL/SQL. À l'intérieur d'un tel bloc, la variable de liaison est introduite par le signe « **:** ». La commande « **PRINT** » affiche la valeur de la variable après exécution du bloc.

```
SQL> VARIABLE utilisateur varchar2(12)
SQL> begin
  2     :utilisateur := user;
  3     dbms_output.put_line(:utilisateur);
  4  end;
  5  /


Procédure PL/SQL terminée avec succès.


SQL> PRINT utilisateur


UTILISATEUR
---------------------------------
STAGIAIRE
```

Dans l'exemple précédent, vous pouvez remarquer que la variable de liaison `utilisateur` bénéficie d'une allocation mémoire dans laquelle on peut stocker une valeur du même type que la variable, en occurrence le nom de l'utilisateur SQL.

```
SQL> VAR v_liaison VARCHAR2(20)
SQL> declare
  2      v_plsql VARCHAR2(20) := 'Tintin';
  3  begin
  4  :v_liaison        := v_plsql;
  5  &&v_substitution := USER;
  6  dbms_output.put_line( 'v_plsql         = '||
  7                          v_plsql);
  8  dbms_output.put_line( 'v_liaison       = '||
  9                          :v_liaison);
 10  dbms_output.put_line( '&&v_substitution = '||
 11                          &&v_substitution);
```

```
 12  end;
 13  /
Entrez une valeur pour v_substitution : v_plsql
ancien    5 : &&v_substitution := USER;
nouveau   5 : v_plsql := USER;
ancien   10 : dbms_output.put_line( '&&v_substitution = '||
nouveau  10 : dbms_output.put_line( 'v_plsql = '||
ancien   11 :                        &&v_substitution);
nouveau  11 :                        v_plsql);
v_plsql          = STAGIAIRE
v_liaison        = Tintin
v_plsql = STAGIAIRE

Procédure PL/SQL terminée avec succès.
```

L'exemple précédent montre la différence entre une variable de liaison et une variable de substitution, à savoir qu'une variable de substitution n'a pas d'allocation mémoire. La variable de liaison est initialisée avec la valeur de la pseudocolonne USER. À l'exécution du bloc PL/SQL, l'environnement ne demande la valeur que pour la variable de substitution. La variable de substitution v_substitution est une variable globale ; toute occurrence de cette variable dans le bloc est remplacée par la chaîne de substitution v_plsql. Vous pouvez remarquer que même l'occurrence positionnée dans la chaîne de caractère de la troisième opération d'affichage put_line est remplacée. En conclusion, une variable de substitution est un moyen simple de remplacer des parties du code par une saisie utilisateur.

```
SQL> VAR V_REND_COMPTE NUMBER
SQL> VAR V_PAYS VARCHAR2(30)
SQL> EXEC :V_REND_COMPTE:=86; :V_PAYS:='France';

Procédure PL/SQL terminée avec succès.

SQL> SELECT NOM, REND_COMPTE, PAYS FROM EMPLOYES
  2   WHERE REND_COMPTE = :V_REND_COMPTE
  3     AND PAYS        = :V_PAYS;

NOM            REND_COMPTE PAYS
-----------    ----------- --------------------
Regner                  86 France
Teixeira                86 France
Frederic                86 France
Gregoire                86 France
```

Les variables de liaison peuvent être utilisées pour transférer des informations entre plusieurs blocs **PL/SQL,** mais peuvent également être utilisées dans les requêtes **SQL**.

# Visibilité des variables

La portée d'une variable est la partie du programme dans laquelle vous pouvez y faire référence et où celle-ci est résolue par le compilateur. Une variable est visible dans un programme lorsqu'elle peut être référencée en utilisant son nom.

La visibilité d'une variable porte sur le bloc où elle a été déclarée et dans tous les blocs imbriqués si le nom n'a pas été réutilisé pour une déclaration.

```
SQL> VAR utilisateur varchar2(50)
SQL> declare
  2     utilisateur varchar2(50) := 'Bloc principal :'||USER;
  3  begin
  4     :utilisateur := 'Variable de liaison :'||USER;
  5     declare
  6        utilisateur varchar2(50) := 'Premier Bloc imbriqué :'
  7                                    ||USER;
  8     begin
  9        declare
 10           utilisateur varchar2(50) := 'Deuxième Bloc imbriqué :'
 11                                       ||USER;
 12        begin
 13           dbms_output.put_line(  utilisateur);
 14           dbms_output.put_line( :utilisateur);
 15        end;
 16        dbms_output.put_line(  utilisateur);
 17     end;
 18     dbms_output.put_line(  utilisateur);
 19  end;
 20  /
Deuxième Bloc imbriqué :STAGIAIRE
Variable de liaison :STAGIAIRE
Premier Bloc imbriqué :STAGIAIRE
Bloc principal :STAGIAIRE

Procédure PL/SQL terminée avec succès.
```

Dans l'exemple précédent, vous pouvez voir la création des trois blocs imbriqués. Dans chaque bloc, il y a une déclaration et un affichage de la variable utilisateur. La variable utilisateur affichée dans chaque bloc est la variable qui y est définie. Vous pouvez voir également que la variable de liaison peut être utilisée même dans les blocs imbriqués.

```
SQL> declare
  2     date_du_jour date;
  3  begin
  4     begin
  5        date_du_jour := SYSDATE;
  6     end;
  7     dbms_output.put_line( date_du_jour);
  8  end;
  9  /
30/05/06

Procédure PL/SQL terminée avec succès.
```

Dans l'exemple précédent, la variable `date_du_jour` est définie dans le bloc principal et elle peut être référencée dans le bloc secondaire.

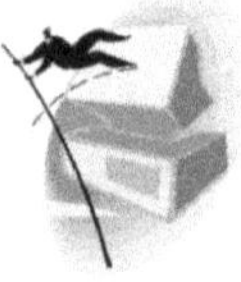

```
SQL> declare
  2      salaire NUMBER(8,2) := 2500;
  3  begin
  4     UPDATE EMPLOYES SET SALAIRE = salaire WHERE  NO_EMPLOYE = 8;
  5  end;
  6  /

Procédure PL/SQL terminée avec succès.

SQL> SELECT NO_EMPLOYE, NOM, SALAIRE FROM EMPLOYES WHERE NO_EMPLOYE = 8;
```

  

```
NO_EMPLOYE NOM                                                  SALAIRE
---------- ---------------------------------------------- ----------
         8 Callahan                                           2000
```

Lors des exécutions des ordres SQL comme « **SELECT** », « **INSERT** », « **UPDATE** » ou « **DELETE** », les noms des colonnes de la table sont prioritaires au détriment des variables du même nom.

# Types définis par l'utilisateur

Dans le langage PL/SQL, il est possible de définir des types de données dérivés des types prédéfinis. Un type dérivé est une déclinaison d'un type original, qui en reprend les règles mais peut en restreindre le domaine de valeurs.

Il y a deux catégories de types dérivés :

- Les types bornés.

- Les types non bornés.

Un type dérivé borné restreint le domaine des valeurs autorisées par le type original, « **POSITIVE** » est un type dérivé borné de « **BINARY_INTEGER** ».

Un type dérivé non borné ne restreint pas le domaine des valeurs possibles du type original ; « **FLOAT** » est un exemple de type dérivé de « **NUMBER** » non borné. En clair, un type dérivé non borné est un alias ou un synonyme du type de données original.

**SUBTYPE NOM_SUBTYPE IS**

**TYPE_BASE[(CONSTRAINT)] [NOT NULL];**

```
SQL> declare
  2       SUBTYPE Numeral IS NUMBER(1,0);
  3       x_axis Numeral;
  4  BEGIN
  5       x_axis := 10;
  6  END;
  7  /
declare
*
ERREUR à la ligne 1 :
ORA-06502: PL/SQL : erreur numérique ou erreur sur une valeur: précision de
NUMBER trop élevée
ORA-06512: à ligne 5
```

Dans l'exemple précédent, vous pouvez remarquer que le type dérivé Numeral ne peut contenir que des valeurs entre -9 et 9 ; l'affectation déclenche une erreur.

```
SQL> declare
  2       SUBTYPE var_num_notnull IS NUMBER(3) NOT NULL;
  3       SUBTYPE var_date        IS TIMESTAMP;
  4       l_num   var_num_notnull := 10;
  5       l_date1 var_date        := SYSTIMESTAMP;
  6       l_date2 var_date ;
  7  BEGIN
  8       dbms_output.put_line('Variable l_num   : '||l_num   );
  9       dbms_output.put_line('Variable l_date1 : '||l_date1 );
 10       dbms_output.put_line('Variable l_date2 : '||l_date2 );
 11  END;
 12  /
```

```
Variable l_num   : 10
Variable l_date1 : 30/05/06 08:38:45,517000
Variable l_date2 :
```

Vous pouvez définir un type de données dérivé « **NOT NULL** » ; ainsi, toutes les variables de ce type sont obligatoirement « **NOT NULL** ».

# Les enregistrements

Le langage PL/SQL connaît deux types composés : TABLE et RECORD. Leur utilisation est particulière. Ils doivent tout d'abord faire l'objet d'une déclaration préalable de type de données. Ensuite seulement, une table ou un record PL/SQL peuvent être déclarés comme correspondant au type en question.

Les enregistrements utilisés dans les programmes PL/SQL sont largement semblables, en termes de concept et de structure, aux lignes d'une table de la base de données. Un enregistrement est une structure de données composée, ce qui signifie qu'il comprend plus d'un élément ou composant, avec chacun une valeur propre. L'enregistrement lui-même n'a pas de valeur propre ; il permet de stocker des données et d'y accéder en tant que groupe.

La structure de données de type enregistrement offre des possibilités de haut niveau en termes d'adressage et de manipulation de données dans les programmes. Cette approche offre les avantages suivants :

- **Abstraction de données**. Au lieu de travailler avec les attributs individuels d'une entité ou d'un objet, on référence et on manipule cette entité comme "un élément en soi".

- **Regroupement des opérations**. On peut exécuter des opérations qui s'appliquent à toutes les colonnes d'un enregistrement.

- **Un code plus propre et plus léger**. On peut écrire moins de code et rendre ce que l'on écrit plus compréhensible.

Pour déclarer un enregistrement, on doit passer par deux étapes distinctes :

1.    Déclarer ou définir un « **TYPE** » d'enregistrement comprenant la structure voulue pour l'enregistrement.

2.    Utiliser ce « **TYPE** » d'enregistrement comme base de déclaration des enregistrements de même structure.

### Déclaration du type d'enregistrement utilisateur

On déclare le type d'un enregistrement avec l'ordre « **TYPE** » qui définit le nom de la nouvelle structure d'enregistrement et les éléments ou zones qui le composent.

La syntaxe générale de déclaration d'un TYPE d'enregistrement est :

```
TYPE NOM_TYPE IS RECORD (
        NOM_CHAMP1 TYPE [NOT NULL] [:= EXPRESSION1], [,...]);
```

| | |
|---|---|
| **NOM_TYPE** | Nom du type d'enregistrement. |
| **NOM_CHAMP** | Le nom de chaque champ de l'enregistrement. |
| **TYPE** | Le type d'un champ peut être un type implicite Oracle, un type implicite ANSI ou un type explicite. |
| **NOT NULL** | Le champ correspondant est obligatoire. |
| **EXPRESSION1** | Permet de définir une valeur par défaut pour le champ. |

　　　　

### Utilisation du type d'enregistrement

Une fois que l'on a créé ses propres types d'enregistrement, on peut les utiliser pour déclarer des enregistrements spécifiques. La déclaration de l'enregistrement réel possède le format suivant :

**NOM_ENREGISTEMENT TYPE_ENREGISTEMENT;**

Les champs d'une variable de type enregistrement peuvent être référencés à l'aide de l'opérateur point (**.**).

```
SQL> declare
  2      TYPE adresse IS RECORD (  ADRESSE       VARCHAR2(60),
  3                                VILLE         VARCHAR2(15),
  4                                CODE_POSTAL VARCHAR2(10));
  5      TYPE employe IS RECORD (  NOM           VARCHAR2(20),
  6                                PRENOM        VARCHAR2(10),
  7                                adr_emp       adresse      );
  8      mon_employe  employe;
  9  begin
 10      mon_employe.NOM                    := 'FABER';
 11      mon_employe.PRENOM                 := 'Pierre';
 12      mon_employe.adr_emp.ADRESSE        := '44, rue Paul Claudel';
 13      mon_employe.adr_emp.VILLE          := 'STRASBOURG';
 14      mon_employe.adr_emp.CODE_POSTAL  := '67000';
 15      dbms_output.put_line( mon_employe.NOM                 ||' '||
 16                            mon_employe.PRENOM               ||' '||
 17                            mon_employe.adr_emp.ADRESSE      ||' '||
 18                            mon_employe.adr_emp.CODE_POSTAL||' '||
 19                            mon_employe.adr_emp.VILLE           );
 20  end;
 21  /
FABER Pierre 44, rue Paul Claudel 67000 STRASBOURG

Procédure PL/SQL terminée avec succès.
```

L'exemple précédent montre la création d'un enregistrement `adresse` qui, à son tour, est utilisé comme type de base pour un des champs du deuxième enregistrement `employés`.

```
SQL> declare
  2      TYPE adresse IS RECORD (  ADRESSE       VARCHAR2(60)
  3                                  := '44, rue Paul Claudel',
  4                                VILLE         VARCHAR2(15)
  5                                  := 'STRASBOURG',
  6                                CODE_POSTAL VARCHAR2(10)
  7                                  := '67000');
  8      mon_adresse  adresse;
  9      autre_adresse  adresse;
 10  begin
 11      dbms_output.put_line( mon_adresse.ADRESSE       ||' '||
 12                            mon_adresse.CODE_POSTAL   ||' '||
 13                            mon_adresse.VILLE          );
 14      mon_adresse.ADRESSE      := '104, rue Mélanie';
 15      mon_adresse.VILLE        := 'STRASBOURG';
 16      mon_adresse.CODE_POSTAL  := '67200';
 17      autre_adresse            :=   mon_adresse;
 18      dbms_output.put_line( autre_adresse.ADRESSE       ||' '||
 19                            autre_adresse.CODE_POSTAL   ||' '||
 20                            autre_adresse.VILLE          );
 21  end;
```

```
 22  /
44, rue Paul Claudel 67000 STRASBOURG
104, rue Mélanie 67200 STRASBOURG

Procédure PL/SQL terminée avec succès.
```

Dans cet exemple, vous pouvez voir l'affectation par défaut pour l'enregistrement `adresse`. Il est possible également d'affecter un enregistrement à un autre.

De la même manière, vous pouvez affecter des valeurs « **NULL** » à toutes les zones d'un enregistrement à condition qu'il n'ait pas été déclaré avec une contrainte de type « **NOT NULL** ».

```
SQL> declare
  2    TYPE adresse IS RECORD (
  3      ADRESSE        VARCHAR2(60) := '44, rue Paul Claudel',
  4      VILLE          VARCHAR2(15) := 'STRASBOURG',
  5      CODE_POSTAL VARCHAR2(10) := '67000');
  6    mon_adresse  adresse;
  7  begin
  8    dbms_output.put_line( '01 : '||mon_adresse.ADRESSE||' '||
  9      mon_adresse.CODE_POSTAL||' '||mon_adresse.VILLE);
 10    mon_adresse := NULL;
 11    dbms_output.put_line( '02 : '||mon_adresse.ADRESSE||' '||
 12      mon_adresse.CODE_POSTAL||' '||mon_adresse.VILLE);
 13  end;
 14  /
01 : 44, rue Paul Claudel 67000 STRASBOURG
02 :

Procédure PL/SQL terminée avec succès.
```

## *Attention*

Attention, il n'est pas possible de tester si toutes les zones d'un enregistrement sont « **NULL** », en utilisant la fonction « **IS NULL** » ou « **IS NOT NULL** ».

Il va falloir contrôler zone par zone pour l'enregistrement entier, en utilisant « **IS NULL** » ou « **IS NOT NULL** » si l'on souhaite déterminer si l'enregistrement est ou non « **NULL** ».

## Les objets en tant qu'enregistrements

Les enregistrements ne peuvent pas être spécifiés comme types personnalisés, mais vous pouvez utiliser un objet avec la même structure. Les objets sont traités dans un module spécifique, Pour l'instant, nous utiliserons uniquement leur description, l'enregistrement des attributs de l'objet.

La syntaxe de création d'un objet dans cette optique est très proche de celle d'un enregistrement comme suit :

```
CREATE OR REPLACE nom_objet { AS | IS } OBJET (

        NOM_CHAMP1 TYPE [NOT NULL] [:= EXPRESSION1] [,...]);
```

```
SQL> CREATE OR REPLACE TYPE type_adresse
  2  IS OBJECT (
  3    NORUE            VARCHAR2(60),
  4    VILLE            VARCHAR2(15),
  5    CODE_POSTAL      VARCHAR2(10),
  6    PAYS             VARCHAR2(15))
  7  /
```

```
Type créé.

SQL> CREATE OR REPLACE TYPE type_personne
  2  AS OBJECT
  3  (
  4      NOM                 VARCHAR2(20),
  5      PRENOM              VARCHAR2(10),
  6      DATE_NAISSANCE      DATE,
  9      adresse             type_adresse)
  7  /

Type créé.

SQL> CREATE TABLE EMPLOYES(
  2      NO_EMPLOYE          NUMBER(6)     ,
  3      EMPLOYE             type_personne,
  4      FONCTION            VARCHAR2(30) ,
  5      DATE_EMBAUCHE       DATE          ,
  6      SALAIRE             NUMBER(8, 2) )
  7  /

Table créée.

SQL> INSERT INTO EMPLOYES
  2  VALUES ( 1, TYPE_PERSONNE( 'BIZOÏ','Razvan','10/12/1964',
  3  TYPE_ADRESSE('44,rue Mélanie','STRASBOURG', '67000','FRANCE')),
  4        'Consultant Oracle', SYSDATE, 2000);

1 ligne créée.
```

Vous pouvez utiliser la vue « **USER_TYPES** » pour retrouver tous les types personnalisés qui ont été créés pour l'utilisateur courant. Il est également possible d'interroger la vue « **USER_SOURCE** » pour récupérer la syntaxe de création de ces objets.

```
SQL> DESC USER_TYPES
 Nom                                       NULL ?   Type
 ----------------------------------------- -------- --------------
 TYPE_NAME                                 NOT NULL VARCHAR2(30)
 TYPE_OID                                  NOT NULL RAW(16)
 TYPECODE                                           VARCHAR2(30)
 ATTRIBUTES                                         NUMBER
 METHODS                                            NUMBER
 PREDEFINED                                         VARCHAR2(3)
 INCOMPLETE                                         VARCHAR2(3)
 FINAL                                              VARCHAR2(3)
 INSTANTIABLE                                       VARCHAR2(3)
 SUPERTYPE_OWNER                                    VARCHAR2(30)
 SUPERTYPE_NAME                                     VARCHAR2(30)
 LOCAL_ATTRIBUTES                                   NUMBER
 LOCAL_METHODS                                      NUMBER
 TYPEID                                             RAW(16)

SQL> SELECT TYPE_NAME, ATTRIBUTES FROM USER_TYPES
  2  WHERE TYPE_NAME LIKE 'TYPE%';

TYPE_NAME                          ATTRIBUTES
```

```
----------------------------------- ----------
TYPE_ADRESSE                             4
TYPE_PERSONNE                            4

SQL> SELECT NAME, TEXT FROM USER_SOURCE WHERE NAME LIKE 'TYPE%';

NAME            TEXT
--------------- ----------------------------------------
TYPE_ADRESSE    TYPE type_adresse AS OBJECT (
TYPE_ADRESSE           NORUE                 VARCHAR2(60),
TYPE_ADRESSE           VILLE                 VARCHAR2(15),
TYPE_ADRESSE           CODE_POSTAL           VARCHAR2(10),
TYPE_ADRESSE           PAYS                  VARCHAR2(15))
TYPE_PERSONNE   TYPE type_personne AS OBJECT(
TYPE_PERSONNE          NOM                   VARCHAR2(20),
TYPE_PERSONNE          PRENOM                VARCHAR2(10),
TYPE_PERSONNE          DATE_NAISSANCE        DATE,
TYPE_PERSONNE          adresse               type_adresse)
```

Vous pouvez utiliser la commande « **DROP** » pour effacer un type personnalisé que vous avez initialisé dans la base de données. Cette opération n'aboutit pas si le type est utilisé dans la description d'un autre type ou utilisé comme type pour la colonne d'une table.

```
SQL> DROP TYPE type_adresse;
DROP TYPE type_adresse
*
ERREUR à la ligne 1 :
ORA-02303: impossible de supprimer ou de remplacer un type dont dépendent
des types ou des tables

SQL> DROP TABLE EMPLOYES PURGE;

Table supprimée.

SQL> DROP TYPE type_personne;

Type abandonné.

SQL> DROP TYPE type_adresse;

Type abandonné.
```

# Les collections

Les collections comme les enregistrements ont pour but de faciliter la programmation en PL/SQL.

Une collection est un type de données qui permet de stocker des tableaux à une dimension dans du PL/SQL. Il est possible d'utiliser les collections pour créer des listes d'informations liées, que ce soit dans vos programmes PL/SQL ou dans une colonne de la base.

Il est bien souvent commode dans un programme PL/SQL de manipuler en une seule unité un grand nombre de variables.

Oracle permet trois types de collections. On peut se représenter chacun de ces types de collections comme un type d'objet ayant des attributs et des méthodes.

Les trois types de collections sont :

**Les tableaux associatifs** sont des collections, sans une limite prédéfinie et non linéaires, d'éléments homogènes, uniquement disponibles en PL/SQL.

**Les tableaux imbriqués** sont des collections non ordonnées et qui ne sont pas limitées en taille. Ils sont disponibles en PL/SQL et ils peuvent également être stockés dans les tables de base de données, donc manipulés directement à l'aide de SQL.

**Les tableaux pré-dimensionnés** « **VARRAY** » sont des collections semblables aux tableaux associatifs par leur mode d'accès, mais ils sont cependant déclarés avec un nombre fixe d'éléments, tandis que les tableaux associatifs n'ont pas de limite supérieure déclarée. Contrairement aux tableaux imbriqués, lorsque l'on stocke et récupère un tableau pré-dimensionné « **VARRAY** », l'ordre de ses éléments est préservé.

# Les tableaux associatifs

Les tableaux associatifs sont uniquement disponibles en PL/SQL. Lorsque vous déclarez une collection de ce type, vous établissez, de manière explicite, qu'elle associe chaque élément du tableau à un indice qui permet de référer l'élément dans le tableau. Le fonctionnement est semblable à une table de base de données, avec deux colonnes : la clé et l'élément du tableau.

| Pays | Superficie | Démographie | Continent |
| --- | --- | --- | --- |
| Allemagne | | | |
| Argentine | | | |
| Autriche | | | |
| Belgique | | | |
| Brésil | | | |
| Canada | | | |
| Danemark | | | |
| Espagne | | | |
| Etats-Unis | | | |
| Finlande | | | |
| France | | | |
| Irlande | | | |

| Numéro | Employé | Salaire | Commission |
| --- | --- | --- | --- |
| 1 | | | |
| 2 | | | |
| 3 | | | |
| 4 | | | |
| 5 | | | |
| 6 | | | |
| 7 | | | |
| 8 | | | |
| 9 | | | |
| 10 | | | |
| 11 | | | |
| 12 | | | |

La déclaration d'une variable de type collection nécessite d'abord la déclaration préalable du type de collection. Ainsi la déclaration d'une variable doit passer par deux étapes distinctes :

1.   Déclarer ou définir un « **TYPE** » de collection.

2.   Utiliser ce « **TYPE** » de collection comme base de déclaration.

Vous pouvez déclarer un type de tableau associatif « **TABLE** » dans la partie déclarative d'un bloc, d'un sous-programme ou d'un package en utilisant la syntaxe suivante :

```
TYPE NOM_TYPE IS TABLE OF ELEMENT_TYPE [NOT NULL]
    INDEX BY { PLS_INTEGER | BINARY_INTEGER | VARCHAR2(TAILLE) } ;
```

| | |
| --- | --- |
| **NOM_TYPE** | Nom de la variable de type tableau associatif. |
| **ELEMENT_TYPE** | Le type de la variable qui peut être un des types scalaires ou un type composite ou une référence à un type via « **%TYPE** ». |
| **INDEX BY** | La clause « **INDEX BY** » est requise dans la définition du tableau associatif, elle détermine le type de la variable indice. |

| | |
|---|---|
| **PLS_INTEGER** | La variable indice est de type « **PLS_INTEGER** ». |
| **BINARY_INTEGER** | La variable indice est de type « **BINARY_INTEGER** ». |
| **VARCHAR2(TAILLE)** | La variable indice est de type « **VARCHAR2** » d'une taille égale au paramètre TAILLE. |

Le type et la variable étant déclarés, nous pouvons nous référer à un élément individuel dans le tableau associatif en utilisant la syntaxe suivante :

```
NOM_VARIABLE(INDICE)
```

| | |
|---|---|
| **NOM_VARIABLE** | Nom de la variable de type tableau associatif. |
| **INDICE** | L'indice est une variable de type « **BINARY_INTEGER** » ou « **PLS_INTEGER** », ou « **VARCHAR2(TAILLE)** ». |

```
SQL> declare
  2   TYPE TABLEAU_DATES IS TABLE OF DATE NOT NULL INDEX BY BINARY_INTEGER;
  3   T_DATES TABLEAU_DATES;
  4  begin
  5   T_DATES(1)   := sysdate;
  6   T_DATES(-10) := sysdate - 10;
  7   T_DATES(8)   := sysdate + 8;
  8   dbms_output.put_line(T_DATES(1)||' '||T_DATES(-10)||' '||T_DATES(8));
  9  end;
 10  /
14/07/2011 04/07/2011 22/07/2011

Procédure PL/SQL terminée avec succès.
```

Les clés utilisées pour tableau associatif n'ont pas à être séquentielles. Toute valeur ou expression « **BINARY_INTEGER** » ou « **PLS_INTEGER** » peut être utilisée pour un indice de table.

## Note

Un tableau associatif indexé par un indice de type « **BINARY_INTEGER** » ou « **PLS_INTEGER** » ne possède pas de limite de taille. De cette façon, le nombre d'éléments d'un tableau va croître dynamiquement.

La seule limite (autre que la mémoire disponible) au nombre de lignes est liée au fait que la clé est de type « **BINARY_INTEGER** » ou « **PLS_INTEGER** », donc limitée aux valeurs qui peuvent être représentées par ce type.

Les éléments d'un tableau associatif ne suivent pas nécessairement un ordre particulier. Puisqu'ils ne sont pas stockés de manière continue en mémoire comme un tableau, ils peuvent être insérés selon des clés arbitraires.

Il est également possible de définir que chaque élément de cette table est un enregistrement. Nous pouvons nous référer aux champs stockés dans cet enregistrement avec la syntaxe suivante :

```
NOM_VARIABLE(INDICE).CHAMP
```

```
SQL> declare
  2      TYPE EMPLOYE IS RECORD ( NOM       VARCHAR2(30),
  3                               PRENOM    VARCHAR2(30),
  4                               FONCTION  VARCHAR2(40));
  5      TYPE TABLEAU_EMPLOYES IS TABLE OF EMPLOYE NOT NULL
  6          INDEX BY BINARY_INTEGER;
  7      T_EMPLOYES TABLEAU_EMPLOYES;
  8  begin
  9      T_EMPLOYES(1).NOM    := 'BIZOÏ';
 10      T_EMPLOYES(1).PRENOM := 'Razvan';
```

```
11        T_EMPLOYES(1).PRENOM   := 'Formateur';
12        T_EMPLOYES(0).NOM      := 'FABER';
13        T_EMPLOYES(0).PRENOM   := 'Pierre';
14        T_EMPLOYES(0).PRENOM   := 'Directeur Technique';
15        T_EMPLOYES(10).NOM     := 'DULUC';
16        T_EMPLOYES(10).PRENOM  := 'Isabelle';
17        T_EMPLOYES(10).PRENOM  := 'Chercheur';
18        dbms_output.put_line( T_EMPLOYES(1).NOM||' '||
19                              T_EMPLOYES(1).PRENOM);
20        dbms_output.put_line( T_EMPLOYES(0).NOM||' '||
21                              T_EMPLOYES(1).PRENOM);
22        dbms_output.put_line( T_EMPLOYES(10).NOM||' '||
23                              T_EMPLOYES(1).PRENOM);
24  end;
25  /
BIZOÏ Formateur
FABER Formateur
DULUC Formateur


Procédure PL/SQL terminée avec succès.
```

Les collections peuvent contenir des variables de type scalaire ou de type composite, à condition d'être déclarées préalablement.

```
SQL> declare
2        TYPE PAYS     IS RECORD ( SUPERFICIE   NUMBER,
3                                  DEMOGRAPHIE NUMBER,
4                                  CONTINENT   VARCHAR2(20));
5        TYPE TABLEAU_PAYS IS TABLE OF PAYS NOT NULL
6            INDEX BY VARCHAR2(30);
7        T_PAYS TABLEAU_PAYS;
8  begin
9        T_PAYS('France').SUPERFICIE := 675417;
10       T_PAYS('France').DEMOGRAPHIE := 62799000;
11       T_PAYS('France').CONTINENT := 'Europe';
12       T_PAYS('Roumanie').SUPERFICIE := 238391;
13       T_PAYS('Roumanie').DEMOGRAPHIE := 22350000;
14       T_PAYS('Roumanie').CONTINENT := 'Europe';
15       dbms_output.put_line( 'France      Superficie : '||
16                             T_PAYS('France').SUPERFICIE
17                             ||' Démographie : '||
18                             T_PAYS('France').DEMOGRAPHIE||' '||
19                             T_PAYS('France').CONTINENT);
20       dbms_output.put_line( 'Roumanie    Superficie : '||
21                             T_PAYS('Roumanie').SUPERFICIE
22                             ||' Démographie : '||
23                             T_PAYS('Roumanie').DEMOGRAPHIE||' '||
24                             T_PAYS('Roumanie').CONTINENT);
25  end;
26  /
France      Superficie : 675417 Démographie : 62799000 Europe
Roumanie    Superficie : 238391 Démographie : 22350000 Europe


Procédure PL/SQL terminée avec succès.
```

Une variable de type tableau associatif peut être également utilisée pour 'associer' ou indexer le contenu en fonction de valeurs de type « **VARCHAR2** ».

```
SQL> declare
  2      TYPE EMPLOYE IS RECORD ( NOM           VARCHAR2(30),
  3                               PRENOM        VARCHAR2(30),
  4                               FONCTION      VARCHAR2(40));
  5      TYPE TABLEAU_EMPLOYES IS TABLE OF EMPLOYE NOT NULL
  6          INDEX BY BINARY_INTEGER;
  7      T_EMPLOYES TABLEAU_EMPLOYES;
  8  begin
  9      T_EMPLOYES(0).NOM       := 'FABER';
 10      T_EMPLOYES(0).PRENOM    := 'Pierre';
 11      T_EMPLOYES(0).PRENOM    := 'Directeur Technique';
 12      dbms_output.put_line( T_EMPLOYES(1).NOM||' '||
 13                            T_EMPLOYES(1).PRENOM);
 14  end;
 15  /
declare
*
ERREUR à la ligne 1 :
ORA-01403: aucune donnée trouvée
ORA-06512: à ligne 12
```

Une assignation à l'élément n dans un tableau associatif crée de fait l'élément n s'il n'existe pas déjà, tout comme le ferait une opération « **INSERT** » dans une table de base de données. Les références sur l'élément n sont, de la même façon, semblables à une opération « **SELECT...INTO...** », décrite plus loin dans cet ouvrage.

### *Attention*

Attention, si une instruction PL/SQL fait référence à l'élément n avant sa création, le moteur PL/SQL retournera une erreur, indiquant qu'aucune donnée n'a été trouvée, exactement comme une table de base de données.

# Les tableaux imbriqués

Les tableaux imbriqués sont des collections non ordonnées et qui ne sont pas limitées en taille. Ils sont disponibles en PL/SQL et ils peuvent également être stockés dans les tables de base de données donc manipulés directement à l'aide de SQL.

Vous pouvez déclarer un type de tableau associatif « **TABLE** » dans la partie déclarative d'un bloc, d'un sous-programme ou directement comme un nouveau type de la base de données en utilisant la syntaxe suivante :

```
[CREATE OR REPLACE]TYPE NOM_TYPE IS TABLE OF ELEMENT_TYPE[NOT NULL];
```

> **CREATE OR REPLACE** La déclaration d'un nouveau type ; cette syntaxe n'est pas accessible dans un bloc **PL/SQL**.

La seule différence syntaxique entre les tableaux associatifs et les tableaux imbriqués est la présence ou l'absence de clause « **INDEX BY ...** ». Si cette clause n'est pas présente, alors le type est un type de tableau imbriqué. Si cette clause est présente, alors le type est un tableau associatif.

Lorsqu'un tableau imbriqué est déclaré mais ne contient encore aucun élément, il est initialisé pour être automatiquement « **NULL** ». L'indexation est faite par défaut avec une variable de type « **BINARY_INTEGER** » et elle commence à 1 jusqu'à la valeur maximale du type.

## *Attention*

Il faut faire attention avec les tableaux imbriqués car le dimensionnement du tableau est effectué uniquement par l'affectation ou à l'aide de la méthode « **EXTEND** ».

L'affectation doit être faite à l'aide de la copie d'un autre tableau de même type ou simplement en utilisant le constructeur d'un tableau affectant tous les postes.

```
SQL> declare
  2         TYPE TABLEAU_NOMS IS TABLE OF VARCHAR2(30);
  3         T_NOMS TABLEAU_NOMS := TABLEAU_NOMS('BIZOÏ','FABER','DULUC');
  4  begin
  5    dbms_output.put_line( T_NOMS(1)||' '||T_NOMS(2) ||' '||T_NOMS(3));
  6  end;
  7  /
BIZOÏ FABER DULUC

Procédure PL/SQL terminée avec succès.

SQL> declare
  2         TYPE TABLEAU_NOMS IS TABLE OF VARCHAR2(30);
  3         T_NOMS TABLEAU_NOMS := TABLEAU_NOMS();
  4  begin
  5         T_NOMS(1) := 'BIZOÏ';
  6  end;
  7  /
declare
*
ERREUR à la ligne 1 :
ORA-06533: Valeur de l'indice trop grande
ORA-06512: à ligne 5
```

Il n'est pas possible d'ajouter un élément à un tableau, les éléments dans les tableaux imbriqués ne sont pas auto-instanciés. Pour instancier un élément, vous pouvez utiliser la méthode « **EXTEND** » décrite plus loin dans ce module.

```
SQL> declare
  2         TYPE TABLEAU_NOMS IS TABLE OF VARCHAR2(30);
  3         T_NOMS TABLEAU_NOMS := TABLEAU_NOMS();
  4  begin T_NOMS.EXTEND; T_NOMS(1):='BIZOÏ'; end;
  8  /

Procédure PL/SQL terminée avec succès.
```

Dans le cas de tableaux d'enregistrements, il faut d'abord initialiser les enregistrements et ensuite les affecter aux éléments du tableau.

```
SQL> SQL> declare
  2      TYPE EMPLOYE IS RECORD ( NOM          VARCHAR2(30),
  3                               PRENOM       VARCHAR2(30));
  4      TYPE TABLEAU_EMPLOYES IS TABLE OF EMPLOYE;
  5      T_EMPLOYES TABLEAU_EMPLOYES ;
  6      R_EMPLOYE EMPLOYE; P_EMPLOYE EMPLOYE; I_EMPLOYE EMPLOYE;
  7  begin
  8      R_EMPLOYE.NOM := 'BIZOÏ'; R_EMPLOYE.PRENOM := 'Razvan';
  9      P_EMPLOYE.NOM := 'FABER'; P_EMPLOYE.PRENOM := 'Pierre';
 10      I_EMPLOYE.NOM := 'DULUC'; I_EMPLOYE.PRENOM := 'Isabelle';
 11      T_EMPLOYES:=TABLEAU_EMPLOYES(R_EMPLOYE,P_EMPLOYE,I_EMPLOYE);
 12      dbms_output.put_line( T_EMPLOYES(1).NOM||' '||
```

```
13                              T_EMPLOYES(1).PRENOM);
14      dbms_output.put_line( T_EMPLOYES(2).NOM||' '||
15                              T_EMPLOYES(2).PRENOM);
16      dbms_output.put_line( T_EMPLOYES(3).NOM||' '||
17                              T_EMPLOYES(3).PRENOM);
18   end;
19   /
BIZOÏ Razvan
FABER Pierre
DULUC Isabelle


Procédure PL/SQL terminée avec succès.
```

Si vous utilisez deux fois de suite le constructeur du tableau avec un nombre d'arguments qui correspond à celui du constructeur des éléments du tableau, vous écrasez la liste des objets existante. Il faut donc tester si le tableau a été initialisé avant d'utiliser le constructeur dans un bloc PL/SQL.

```
SQL> CREATE OR REPLACE TYPE     T_ADRESSE
  2  IS OBJECT
  3  (      ADRESSE              NVARCHAR2(60),
  4         VILLE                VARCHAR2(30),
  5         CODE_POSTAL          VARCHAR2(10),
  6         PAYS                 VARCHAR2(15));
  7  /


Type créé.


SQL> DECLARE
  2      TYPE t_adreses IS TABLE OF T_ADRESSE;
  3      adreses t_adreses ;
  4  BEGIN
  5      adreses  := t_adreses (
  6      T_ADRESSE('44, rue Mélanie','Strasbourg',67200,'FRANCE'));
  7      adreses  := t_adreses (
  8      T_ADRESSE('14, rue Claudel','Strasbourg',67000,'FRANCE'));
  9      FOR indx IN adreses.FIRST .. adreses.LAST
 10      LOOP
 11          dbms_output.put_line ( adreses(indx).ADRESSE);
 12      END LOOP;
 13  END;
 14  /
14, rue Claudel


Procédure PL/SQL terminée avec succès.


SQL> DECLARE
  2      TYPE t_adreses IS TABLE OF T_ADRESSE;
  3      adreses t_adreses ;
  4  BEGIN
  5      adreses  := t_adreses (
  6      T_ADRESSE('44, rue Mélanie','Strasbourg',67200,'FRANCE'));
  7      if adreses IS NULL then
  8          adreses  := t_adreses ( T_ADRESSE('14, rue Claudel',
  9                          'Strasbourg',67000,'FRANCE'));
 10      else
 11          adreses.EXTEND;
```

```
12            adreses(adreses.LAST) := T_ADRESSE('14, rue Claudel',
13                               'Strasbourg',67000,'FRANCE');
14       end if;
15     FOR indx IN adreses.FIRST .. adreses.LAST
16     LOOP
17        dbms_output.put_line ( adreses(indx).ADRESSE);
18     END LOOP;
19  END;
20  /
44, rue Mélanie
14, rue Claudel


Procédure PL/SQL terminée avec succès.
```

Les tableaux imbriqués peuvent être déclarés comme des types personnalisés de la base de données et à ce titre ils peuvent être utilisés pour déclarer les colonnes dans les tables. Il faut d'abord déclarer les tableaux imbriqués à l'aide de l'argument « **CREATE OR REPLACE** » et dans ce cas il s'agit d'une déclaration **SQL**. Lorsque vous créez la table, vous pouvez utiliser le type précédemment créé comme type de colonne, mais en plus vous devez renseigner le nom de la table qui va stocker les éléments du tableau. Ainsi, dans ce cas, vous créez deux tables : la première est la table principale et la deuxième est celle du tableau imbriqué. La syntaxe pour la création de la table est la suivante :

```
CREATE TABLE (  ... nom_colonne  type_tableau, ... )
      NESTED TABLE nom_colonne STORE AS nom_table_tableau;
```

```
SQL> CREATE OR REPLACE TYPE TABLEAU_ADRESSES IS TABLE OF VARCHAR2(255);
  3  /

Type créé.


SQL> CREATE TABLE PERSONNES(
  2     NOM          NVARCHAR2(30),
  3     PRENOM       NVARCHAR2(20),
  4     ADRESSE      TABLEAU_ADRESSES)
  5  NESTED TABLE ADRESSE STORE AS TAB_ADRESSES;

Table créée.


SQL> DESC PERSONNES
Nom                                        NULL ?    Type
---------------------------------------    -------   -----------------
NOM                                                  NVARCHAR2(30)
PRENOM                                               NVARCHAR2(20)
ADRESSE                                              TABLEAU_ADRESSES


SQL> DESC TAB_ADRESSES
Nom                                        NULL ?    Type
---------------------------------------    -------   -----------------
COLUMN_VALUE                                         VARCHAR2(255)


SQL> INSERT INTO PERSONNES VALUES('BIZOÏ','Razvan',
  2  TABLEAU_ADRESSES('44, rue Paul Claudel STRASBOURG',
  3               '104, rue Mélanie STRASBOURG',
  4               '2A, rue St. Florent STRASBOURG'));


1 ligne créée.
```

```
SQL> SELECT * FROM PERSONNES;

NOM          PRENOM
------------ --------------------
ADRESSE
--------------------------------------------------------------------
BIZOÏ        Razvan
TABLEAU_ADRESSES('44, rue Paul Claudel STRASBOURG', '104, rue Mélani
e STRASBOURG', '2A, rue St. Florent STRASBOURG')
```

Il est également possible d'utiliser des objets personnalisés, pour les types des éléments dans un tableau imbriqué et ensuite vous pouvez utiliser ce tableau pour le stocker dans une table.

```
SQL> CREATE OR REPLACE TYPE r_adresse IS OBJECT
  2    ( SOCIETE      NVARCHAR2(40),
  3      ADRESSE      NVARCHAR2(80),
  4      VILLE        NVARCHAR2(35),
  5      CODE_POSTAL NVARCHAR2(10))
  6  /

Type créé.

SQL> CREATE OR REPLACE TYPE t_adresses IS TABLE OF r_adresse;
  2  /

Type créé.

SQL> CREATE TABLE PAYS( PAYS NVARCHAR2(15), ADRESSE t_adresses)
  2  NESTED TABLE ADRESSE STORE AS ADRESSES;

Table créée.
```

La fonction « **COLLECT** » permet de transformer les données d'une ou plusieurs colonnes d'une requête dans un tableau imbriqué. Attention, cette fonction a comme valeur de retour un type de tableau imbriqué ; ainsi, elle crée automatiquement un type personnalisé pour pouvoir assurer un retour typé. Il n'est pas possible de nommer le type ainsi créé. La syntaxe de cette fonction est :

**COLLECT ( { DISTINCT | UNIQUE } colonne [ ORDER BY expression ] )**

| | |
|---|---|
| `colonne` | La description d'une colonne ou du constructeur d'un type personnalisé qui utilise une ou plusieurs colonnes retournées par la requête. |
| `ORDER BY` | La description de l'ordre de tri qui permet d'ordonner les enregistrements de la collection. Dans le cas des objets, il faut avoir créé une méthode « **ORDER** » pour pouvoir bénéficier de cette posibilité. |

```
SQL> SELECT COLLECT( r_adresse(SOCIETE,ADRESSE,VILLE,CODE_POSTAL))
  2  FROM CLIENTS WHERE PAYS = 'Suède';
```

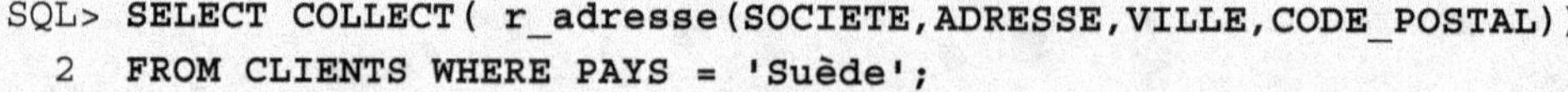

```
COLLECT(R_ADRESSE(SOCIETE,ADRESSE,VILLE,CODE_POSTAL))(SOCIETE, ADRES
--------------------------------------------------------------------
SYSTP2ZW+irO0SZWcprJBJmVwZQ==(R_ADRESSE('Folk och fä HB', 'Åkergatan
 24', 'Bräcke', 'S-844 67'), R_ADRESSE('Berglunds snabbköp', 'Berguv
svägen 8', 'Luleå', 'S-958 22'))

SQL> SELECT NAME, TEXT FROM USER_SOURCE
  2  WHERE NAME = 'SYSTP2ZW+irO0SZWcprJBJmVwZQ==';
```

```
NAME
------------------------------
TEXT
--------------------------------------------------------------------
SYSTP2ZW+irO0SZWcprJBJmVwZQ==
TYPE                  "SYSTP2ZW+irO0SZWcprJBJmVwZQ==" AS TABLE OF "
STAGIAIRE_BASIC"."R_ADRESSE"

SQL> DROP TYPE "SYSTP2ZW+irO0SZWcprJBJmVwZQ==";

Type abandonné.
```

Dans l'exemple précédent, l'effacement nécessite l'utilisation du caractère « " » car le nom contient des caractères en majuscules et en minuscules.

Il est possible d'utiliser la fonction « **CAST** » dans une instruction **SQL** pour spécifier le nom du type de tableau imbriqué qu'on attend comme retour, à condition que ce type personnalisé soit déjà initialisé dans la base de données.

```
SQL> SELECT CAST(COLLECT(
  2          r_adresse(SOCIETE,ADRESSE,VILLE,CODE_POSTAL))
  3          AS t_adresses)
  4  FROM CLIENTS WHERE PAYS = 'Suède';

CAST(COLLECT(R_ADRESSE(SOCIETE,ADRESSE,VILLE,CODE_POSTAL))AST_ADRESS
--------------------------------------------------------------------
T_ADRESSES(R_ADRESSE('Folk och fä HB', 'Åkergatan 24', 'Bräcke', 'S-
844 67'), R_ADRESSE('Berglunds snabbköp', 'Berguvsvägen  8', 'Luleå'
, 'S-958 22'))

SQL> INSERT INTO PAYS
  2  SELECT C1.PAYS,
  3  ( SELECT CAST(COLLECT(
  4    r_adresse(SOCIETE,ADRESSE,VILLE,CODE_POSTAL))
  5    AS t_adresses) FROM CLIENTS C2
  6    WHERE C2.PAYS = C1.PAYS)
  7  FROM CLIENTS C1 GROUP BY C1.PAYS;

21 ligne(s) créée(s).

SQL> SELECT * FROM PAYS;

PAYS
---------------
ADRESSE(SOCIETE, ADRESSE, VILLE, CODE_POSTAL)
--------------------------------------------------------------------
Allemagne
T_ADRESSES(R_ADRESSE('Drachenblut Delikatessen', 'Walserweg 21', 'Aa
chen', '52066'), R_ADRESSE('Frankenversand', 'Berliner Platz 43', 'M
ünchen', '80805'), R_ADRESSE('Königlich Essen', 'Maubelstr. 90', 'Br
andenburg', '14776'), R_ADRESSE('Lehmanns Marktstand', 'Magazinweg 7
', 'Frankfurt a.M.', '60528'), R_ADRESSE('Morgenstern Gesundkost', '
Heerstr. 22', 'Leipzig', '04179'), R_ADRESSE('Ottilies Käseladen', '
Mehrheimerstr. 369', 'Köln', '50739'), R_ADRESSE('QUICK-Stop', 'Tauc
herstraße 10', 'Cunewalde', '01307'), R_ADRESSE('Toms Spezialitäten'
, 'Luisenstr. 48', 'Münster', '44087'), R_ADRESSE('Die Wandernde Kuh
...
```

```
SQL> SELECT * FROM ADRESSES;
SELECT * FROM ADRESSES
                      *
ERREUR à la ligne 1 :
ORA-22812: impossible de référencer la table de stockage de la
colonne de table imbriquée
```

Dans l'exemple précédent, l'utilisation de la fonction « **CAST** » permet d'initialiser le type de retour de la fonction « **COLLECT** » comme étant le type personnalisé t_adresses déclaré précédemment. À l'aide d'une sous-requête qui retourne un tableau imbriqué initialisé avec l'ensemble des adresses des clients du pays correspondant, on alimente la table PAYS avec tous les pays d'origine des clients et, pour chaque pays, le tableau des adresses. Chacun de ces tableaux a une dimension suivant le nombre d'enregistrements des clients qui habitent dans ce pays. Vous pouvez également remarquer qu'il n'est pas possible d'interroger la table qui stocke les tableaux imbriqués.

### Conseil

Il est facile de constater à partir de l'exemple précédent que ce type de stockage, les tableaux imbriqués, est très intéressant pour gérer des tableaux avec un nombre d'éléments hétérogènes.

# Les tableaux pré-dimensionnés

Les tableaux pré-dimensionnés « **VARRAY** » sont des collections semblables aux tableaux associatifs par leur mode d'accès, mais ils sont cependant déclarés avec un nombre fixe d'éléments, tandis que les tableaux associatifs n'ont pas de limite supérieure déclarée.

Vous pouvez déclarer un type de tableaux pré-dimensionnés « **VARRAY** » dans la partie déclarative d'un bloc, d'un sous-programme ou d'un package en utilisant la syntaxe suivante :

```
TYPE NOM_TYPE IS VARRAY (TAILLE) OF ELEMENT_TYPE [NOT NULL];
```

### Attention

Attention, car comme pour les tableaux imbriqués, le dimensionnement du tableau est effectué uniquement par affectation ou à l'aide de la méthode « **EXTEND** ».

La taille du tableau précisée dans la déclaration représente seulement le nombre maximal d'éléments qui peuvent être affectés pour ce tableau.

```
SQL> declare
  2     TYPE noms_var IS VARRAY(100) OF NVARCHAR2(30);
  3     p noms_var := noms_var('BIZOÏ','DULUC');
  4  begin
  5     for i in 1..2 loop
  6        dbms_output.put_line( p(i));
  7     end loop;
  8     p := noms_var(' HERVE',' MANGEARD',' CAZADE','FABER');
  9     for i in 1..4 loop
 10        dbms_output.put_line( p(i));
 11     end loop;
 12  end;
 13  /
BIZOÏ
DULUC
```

```
HERVE
MANGEARD
CAZADE
FABER

Procédure PL/SQL terminée avec succès.
```

Il faut faire attention si vous voulez initialiser plus d'éléments que la taille maximale du tableau pré-dimensionné car une exception est levée. Cette restriction concerne uniquement les tableaux pré-dimensionnés.

```
SQL> declare
  2    TYPE noms_var IS VARRAY(2) OF NVARCHAR2(30);
  3    p noms_var ;
  4  begin
  5    p := noms_var(' HERVE',' MANGEARD',' CAZADE');
  6  end;
  7  /
declare
*
ERREUR à la ligne 1 :
ORA-06532: Indice hors limites
ORA-06512: à ligne 1
```

Comme pour les tableaux imbriqués, les tableaux pré-dimensionnés peuvent être spécifiés comme types personnalisé de la base de données et, à ce titre, ils peuvent être utilisés pour déclarer les colonnes dans les tables. Ils ne sont alors pas stockés dans une table supplémentaire, mais dans la même table, car leur taille est entièrement définie à leur création.

```
SQL> CREATE OR REPLACE TYPE T_ADRESSES IS VARRAY(3) OF NVARCHAR2(255);
  2  /

Type créé.

SQL> CREATE TABLE PERSONNES(
  2    NOM NVARCHAR2(30),PRENOM NVARCHAR2(20),ADRESSE T_ADRESSES);

Table créée.

SQL> INSERT INTO PERSONNES VALUES('BIZOÏ','Razvan',
  2  T_ADRESSES('44, rue Paul Claudel STRASBOURG',
  3  '14, rue Mélanie STRASBOURG','2, rue St. Florent STRASBOURG'));

1 ligne créée.

SQL> SELECT * FROM PERSONNES;

NOM          PRENOM
------------ --------------------
ADRESSE
----------------------------------------------------------------
BIZOÏ        Razvan
T_ADRESSES('44, rue Paul Claudel STRASBOURG', '14, rue Mélanie STRASBOURG',
'2, rue St. Florent STRASBOURG')
```

# Les méthodes de collection

Le langage PL/SQL propose un ensemble de fonctions et procédures qui permettent d'obtenir des informations sur le contenu des collections et également de les modifier. Les méthodes de collection sont :

| | |
|---|---|
| **COUNT** | Une fonction qui permet de compter le nombre d'éléments. |
| **EXISTS(n)** | Une fonction qui renvoie une valeur booléenne pour indiquer la présence d'une valeur dans l'élément d'indice n. |
| **FIRST / LAST** | Une fonction qui renvoie l'indice du premier ou dernier élément du tableau. |
| **PRIOR / NEXT (n)** | Une fonction qui renvoie l'indice de l'élément précédent ou suivant de l'élément d'indice n. |
| **TRIM (n)** | Une procédure qui supprime un ou plusieurs éléments qui ne sont pas renseignés de la fin du tableau, n correspond à une expression de type « **BINARY_INTEGER** ». Cette procédure ne s'applique pas aux tableaux associatifs. |
| **DELETE (n[,i])** | Une procédure qui supprime un ou plusieurs éléments d'un tableau. Cette procédure peut être utilisée avec les tableaux pré-dimensionnés, mais uniquement pour effacer tout le tableau. Il est possible de spécifier la limite inférieure l'indice n et supérieure l'indice i pour effacer tous ces éléments. |
| **LIMIT** | Une fonction qui renvoie la taille uniquement pour les tableaux pré-dimensionnés. |
| **EXTEND (n[,i])** | Une procédure qui ajoute un ou plusieurs éléments ; elle s'applique uniquement pour les tableaux imbriqués ou pré-dimensionnés. Il est possible d'affecter automatiquement à tous les éléments ajoutés la valeur de l'élément d'indice i. |

## *Attention*

Attention, les variables de type tableaux imbriqués ou tableaux pré-dimensionnés doivent d'abord être instanciées avant de pouvoir utiliser les méthodes de collection. L'instanciation, dans ce cas, est effectuée par une affectation à l'aide du constructeur du type de tableau.

Le constructeur d'un type de tableau est une méthode qui porte le même nom que le type. Elle peut avoir une liste d'arguments du même type que les éléments du tableau séparés par des virgules. Le plus simple constructeur n'a pas d'arguments et, dans ce cas, un tableau vide est instancié.

```
SQL> declare
  2     TYPE t1 IS TABLE OF NVARCHAR2(30); v1 t1;
  3  begin
  4     dbms_output.put_line(v1.COUNT);
  5  end;
  6  /
declare
*
ERREUR à la ligne 1 :
ORA-06531: Référence à un ensemble non initialisé
ORA-06512: à ligne 3


SQL> declare
```

```
  2    TYPE t2 IS VARRAY(2) OF NVARCHAR2(30); v2 t2;
  3  begin dbms_output.put_line(v2.COUNT); end;
  4  /
declare
*
ERREUR à la ligne 1 :
ORA-06531: Référence à un ensemble non initialisé
ORA-06512: à ligne 3

SQL> declare
  2    TYPE t1 IS TABLE OF NVARCHAR2(30);
  3    TYPE t2 IS VARRAY(20) OF NVARCHAR2(30);
  4    v1 t1 := t1();
  5    v2 t2 := t2();
  6  begin
  7    dbms_output.put_line( 'v1 :'||v1.COUNT||' v2 :'||v2.COUNT);
  8  end;
  9  /
v1 :0 v2 :0

Procédure PL/SQL terminée avec succès.
```

Dans les exemples suivants, pour la facilité de l'écriture, on a utilisé plusieurs syntaxes de boucles qui commencent par « **LOOP** » et finissent par « **END LOOP** ». Pour la syntaxe complète et le mode d'utilisation des boucles, rapportez-vous au module correspondant.

```
SQL> declare
  2    TYPE NumTab IS TABLE OF NUMBER INDEX BY BINARY_INTEGER;
  3    mon_tableau NumTab;
  4  begin
  5    for i in 1..9
  6    loop
  7          mon_tableau(i) := i;
  8    end loop;
  9    dbms_output.put_line( 'count : '||mon_tableau.count||
 10                          ' last : '||mon_tableau.last );
 11    mon_tableau.delete(2);
 12    dbms_output.put_line( 'count : '||mon_tableau.count );
 13  end;
 14  /
count : 9 last : 9
count : 8

Procédure PL/SQL terminée avec succès.
```

Dans le cas où vous essayez d'accéder à un élément inexistant, il y a automatiquement une exception. Ainsi, il faut également faire attention aux parcours des tableaux une fois que des éléments ont été effacés, parce qu'une exception est levée une fois que vous accédez à un élément inexistant. Pour ne pas se tromper, il faut plutôt utiliser les méthodes « **FIRST** » ou « **LAST** » puis respectivement les méthodes « **NEXT** » et « **PRIOR** » pour parcourir le tableau élément par élément.

```
SQL> declare
  2    TYPE noms_var IS TABLE OF NVARCHAR2(30);
  3    pers noms_var := noms_var('BIZOÏ','DULUC','FABER');
  4  begin
  5    pers.DELETE(1);
  6    dbms_output.put_line( 'Élément '||pers(1));
  7  end;
```

```
   8  /
declare
*
ERREUR à la ligne 1 :
ORA-01403: aucune donnée trouvée
ORA-06512: à ligne 6
```

## Note

Les tableaux imbriqués se comportent comme une table de base de données ayant deux colonnes : la clé et la valeur. Les éléments peuvent être supprimés du milieu d'un tableau imbriqué, laissant un tableau inégalement rempli ayant comme les tableaux associatifs des clés non séquentielles, les tableaux imbriqués doivent néanmoins être créés avec des clés séquentielles.

La clé de l'élément suivant ou précédent est retournée à partir de l'élément fourni en argument. S'il n'existe pas d'élément prochain ou d'élément précédent, les méthodes « **NEXT** » ou « **PRIOR** » retourneront « **NULL** ».

Dans le cas d'un tableau imbriqué, vous devez allouer des éléments à l'aide de la méthode « **EXTEND** » pour pouvoir insérer d'autres éléments dans le tableau.

```
SQL> declare
   2      TYPE TABLEAU_NOMS IS TABLE OF VARCHAR2(30);
   3      T_NOMS TABLEAU_NOMS := TABLEAU_NOMS();
   4      i NUMBER(1);
   5  begin
   6    T_NOMS.EXTEND(9);
   7    T_NOMS:= TABLEAU_NOMS
   8      (' BIZOÏ',' FABER',' DULUC',' BERLIOZ',' NOCELLA',
   9       ' HERVE',' MANGEARD',' CAZADE',' DEVIE');
  10    dbms_output.put_line( 'Éléments:'||T_NOMS.COUNT);
  11    dbms_output.put_line( T_NOMS(1)||T_NOMS(2)||T_NOMS(3)
  12        ||T_NOMS(4)||T_NOMS(5)||T_NOMS(6)
  13        ||T_NOMS(7)||T_NOMS(8)||T_NOMS(9));
  14    T_NOMS.DELETE(1);T_NOMS.DELETE(3);T_NOMS.DELETE(5);
  15    T_NOMS.DELETE(7);T_NOMS.DELETE(9);
  16    dbms_output.put_line( 'Éléments:'||T_NOMS.COUNT);
  17    i := T_NOMS.FIRST;
  18    loop
  19      dbms_output.put_line( 'Élément '||i||T_NOMS(i));
  20      i := T_NOMS.NEXT(i);
  21    exit when i is null;
  22    end loop;
  23    dbms_output.put_line( 'i = '||NVL(TO_CHAR(i),'NULL'));
  24    i := T_NOMS.LAST;
  25    loop
  26      dbms_output.put_line( 'Élément '||i||T_NOMS(i));
  27      i := T_NOMS.PRIOR(i);
  28    exit when i is null;
  29    end loop;
  30    dbms_output.put_line( 'i = '||NVL(TO_CHAR(i),'NULL'));
  31  end;
  32  /
Éléments:9
BIZOÏ FABER DULUC BERLIOZ NOCELLA HERVE MANGEARD CAZADE DEVIE
Éléments:4
Élément 2 FABER
```

```
Élément 4 BERLIOZ
Élément 6 HERVE
Élément 8 CAZADE
i = NULL
Élément 8 CAZADE
Élément 6 HERVE
Élément 4 BERLIOZ
Élément 2 FABER
i = NULL

Procédure PL/SQL terminée avec succès.
```

Dans l'exemple suivant le tableau imbriqué contient initialement neuf éléments. Un premier effacement de cinq éléments est effectué à l'aide de la méthode « **DELETE** », ensuite la méthode « **TRIM** » demande l'effacement de trois autres éléments de la fin du tableau. La méthode « **TRIM** » efface un seul élément parce que les éléments sept et neuf sont déjà effacés.

## Attention

Il faut faire attention, lorsque vous avez déjà effacé des éléments de votre tableau, à l'utilisation de la méthode « **TRIM** » parce que le résultat peut être ambigu.

Si un élément a déjà été effacé, il peut encore être comptabilisé par la méthode « **TRIM** » et ainsi le nombre des éléments qui sont impactés par la méthode est inférieur à celui demandé.

Par conséquent il faut s'abstenir d'utiliser les deux méthodes sur la même collection.

```
SQL> declare
  2      TYPE TABLEAU_NOMS IS TABLE OF VARCHAR2(30);
  3      T_NOMS TABLEAU_NOMS := TABLEAU_NOMS
  4      (' BIZOÏ',' FABER',' DULUC',' BERLIOZ',' NOCELLA',
  5       ' HERVE',' MANGEARD',' CAZADE',' DEVIE');
  6      i NUMBER(1);
  7  begin
  8    dbms_output.put_line( 'Éléments:'||T_NOMS.COUNT);
  9    T_NOMS.DELETE(1);T_NOMS.DELETE(3);
 10    T_NOMS.DELETE(5);T_NOMS.DELETE(7);T_NOMS.DELETE(9);
 11    dbms_output.put_line( 'Éléments:'||T_NOMS.COUNT);
 12    T_NOMS.TRIM(3);
 13    dbms_output.put_line( 'Éléments:'||T_NOMS.COUNT);
 14    i := T_NOMS.FIRST;
 15    loop
 16      dbms_output.put_line( 'Élément '||i||T_NOMS(i));
 17      i := T_NOMS.NEXT(i);
 18    exit when i is null;
 19    end loop;
 20  end;
 21  /
Éléments:9
Éléments:4
Éléments:3
Élément 2 FABER
Élément 4 BERLIOZ
Élément 6 HERVE

Procédure PL/SQL terminée avec succès.
```

Pour les tableaux pré-dimensionnés, vous pouvez utiliser la méthode « **LIMIT** » pour savoir jusqu'à quelle taille en nombre d'éléments vous pouvez étendre le tableau.

```
SQL> declare
  2      TYPE noms_var IS VARRAY(20) OF NVARCHAR2(30);
  3      pers noms_var := noms_var();
  4  begin
  5      dbms_output.put_line( 'Taille max :'||pers.LIMIT);
  6      dbms_output.put_line( 'Taille actuelle :'||pers.COUNT);
  7      pers.EXTEND(10);
  8      dbms_output.put_line( 'Taille actuelle :'||pers.COUNT);
  9  end;
 10  /
Taille max :20
Taille actuelle :0
Taille actuelle :10

Procédure PL/SQL terminée avec succès.

SQL> declare
  2      TYPE noms_var IS VARRAY(20) OF NVARCHAR2(30);
  3      pers noms_var := noms_var();
  4  begin
  5      pers.EXTEND(pers.LIMIT - pers.COUNT);
  6      pers.DELETE;
  7      pers.EXTEND(pers.LIMIT - pers.COUNT + 1);
  8  end;
  9  /
declare
*
ERREUR à la ligne 1 :
ORA-06532: Indice hors limites
ORA-06512: à ligne 7
```

Dans l'exemple précédent, l'exception est levée par la ligne 7 car l'extension maximale est effectuée dans la ligne 5 avec la formule donnée par la taille maximale moins les éléments déjà utilisés. Dans la ligne 6, tous les éléments du tableau sont effacés ; ainsi, la méthode « **COUNT** » retourne la valeur 0 dans la ligne 7.

```
SQL> declare
  2      TYPE TABLEAU_NOMS IS TABLE OF VARCHAR2(30);
  3      T_NOMS TABLEAU_NOMS := TABLEAU_NOMS
  4              (' BIZOÏ',' FABER',' DULUC');
  5      i NUMBER(1);
  6  begin
  7    T_NOMS.EXTEND(2,1);
  8    dbms_output.put_line( 'Éléments:'||T_NOMS.COUNT);
  9    T_NOMS.EXTEND(2,3);
 10    dbms_output.put_line( 'Éléments:'||T_NOMS.COUNT);
 11    i := T_NOMS.FIRST;
 12    loop
 13      dbms_output.put_line( 'Élément '||i||T_NOMS(i));
 14      i := T_NOMS.NEXT(i);
 15    exit when i is null;
 16    end loop;
 17  end;
 18  /
Éléments:5
```

```
Éléments:7
Élément 1 BIZOÏ
Élément 2 FABER
Élément 3 DULUC
Élément 4 BIZOÏ
Élément 5 BIZOÏ
Élément 6 DULUC
Élément 7 DULUC

Procédure PL/SQL terminée avec succès.
```

Dans l'exemple précédent, le tableau imbriqué est instancié avec un ensemble de trois éléments. À l'aide de la méthode « **EXTEND** », dans la ligne 7, deux éléments de plus sont ajoutés et on leur affecte la valeur de l'élément avec l'indice 1. Dans la ligne 9 également, deux éléments de plus sont initialisés et il leur est affecté la valeur de l'élément avec l'indice 3.

# Variables basées

Le langage PL/SQL donne la possibilité à la déclaration d'une variable de faire référence à une entité existante, qui a fait l'objet d'une déclaration préalable de type de données. On peut référencer plusieurs types d'entités existantes : colonne, table, curseur ou variable.

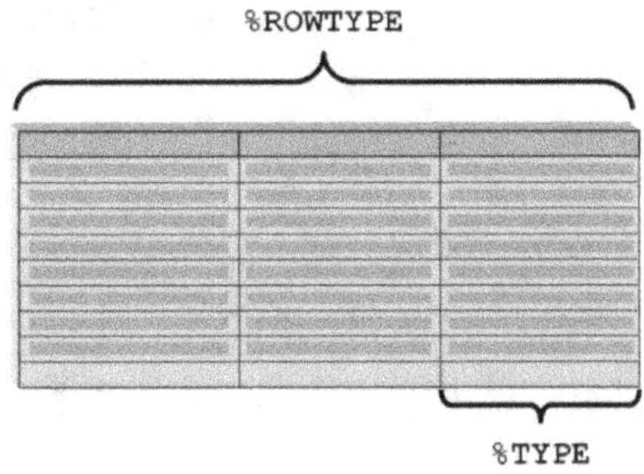


### %TYPE

L'attribut « **%TYPE** » permet de référencer soit une colonne d'une table, soit une variable précédemment définie.

La syntaxe de déclaration d'une variable avec « **%TYPE** » est la suivante :

```
NOM_VARIABLE {NOM_TABLE.COLONNE | NOM_VARIABLE}%TYPE;
SQL> declare
  2      date_embauche EMPLOYES.DATE_EMBAUCHE%TYPE
  3              := ADD_MONTHS(TRUNC(SYSDATE,'MONTH'),1);
  4  begin
  5      INSERT INTO EMPLOYES VALUES
  6          ( 10, 10, 'DULUC', 'Vincentiu','Chef des ventes',
  7              'M.', '01/02/1968', date_embauche, 10000, 0);
  8      dbms_output.put_line('Aujourd''hui :'||SYSDATE);
  9      dbms_output.put_line('Date d''embauche :'||date_embauche);
 10  end;
 11  /
Aujourd'hui :30/05/06
Date d'embauche :01/06/06

Procédure PL/SQL terminée avec succès.
```

Dans l'exemple précédent, la déclaration de la variable `date_embauche` référence la colonne `DATE_EMBAUCHE` de la table `EMPLOYES`. La déclaration de la variable comporte aussi une affectation de la valeur égale à la date du premier jour du mois suivant. Cette valeur est utilisée pour alimenter le champ `DATE_EMBAUCHE` de l'employé inséré dans la table `EMPLOYES`.

## %ROWTYPE

Ce type de données permet de déclarer une variable composée qui est équivalente à une ligne dans la table spécifiée. Une telle variable est un enregistrement composé des noms de colonnes et des types de données référencés dans la table.

La syntaxe pour déclarer une variable avec « **%ROWTYPE** » est :

```
    NOM_VARIABLE {NOM_TABLE | NOM_VARIABLE}%ROWTYPE;
SQL> declare
  2      client CLIENTS%ROWTYPE;
  3  begin
  4      client.CODE_CLIENT := 'ETELI';
  5      client.SOCIETE     := 'ETELIA';
  6      client.ADRESSE     := '44, Paul Claudel';
  7      client.VILLE       := 'STRASBOURG';
  8      client.CODE_POSTAL := '67000';
  9      dbms_output.put_line( client.CODE_CLIENT||' '||
 10                            client.SOCIETE     ||' '||
 11                            client.ADRESSE     ||' '||
 12                            client.VILLE       ||' '||
 13                            client.CODE_POSTAL);
 14  end;
 15  /
ETELI ETELIA 44, Paul Claudel STRASBOURG 67000

Procédure PL/SQL terminée avec succès.
```

Dans l'exemple précédent, vous pouvez remarquer la déclaration de la variable client qui référence la table `CLIENTS`.

### *Conseil*

L'utilisation des variables déclarées avec « **%TYPE** » ou « **%ROWTYPE** » simplifie la maintenance du code et l'évolutivité des structures de données. Si une des colonnes de la table change, vous n'avez plus besoin de modifier votre code PL/SQL, il prend automatiquement en compte la nouvelle définition.

- *SELECT INTO*

- *BULK COLLECTION*

- *LMD en PL/SQL*

- *LDD en PL/SQL*

- *SQL dynamique*

# Les ordres SQL dans PL/SQL

## Objectifs

À la fin de ce module, vous serez à même d'effectuer les tâches suivantes :

- Décrire les différences entre la syntaxe SQL et PL/SQL pour l'ordre SELECT.

- Affecter des variables PL/SQL à l'aide de l'ordre SELECT INTO.

- Gérer la mise à jour des données dans la base à l'aide des ordres LMD dans PL/SQL.

- Récupérer les informations concernant les enregistrements traités dans la base.

- Exécuter du code SQL dynamiquement et utiliser les ordres LDD dans PL/SQL.

- Utiliser des requêtes SQL dynamiques avec des arguments.

## Contenu

# Interrogation

Il existe deux façons d'affecter des valeurs à des variables. La première utilise l'opérateur d'affectation, le signe « `:=` ».

La deuxième façon d'attribuer des valeurs à des variables consiste à effectuer un « **SELECT** » de valeurs en provenance de la base de données.

La syntaxe utilisée se présente comme suit :

```
SELECT EXPRESSION1 [,...] INTO VARIABLE1[,...]
FROM NOM_TABLE [WHERE PREDICAT] ;
```

### *Attention*

La clause « **INTO** » est obligatoire et l'ordre « **SELECT** » doit rapporter une seule ligne, sans quoi une erreur est générée.

Dans le **PL/SQL**, l'ordre « **SELECT** » permet d'affecter les variables du langage et non d'afficher les données des requêtes. C'est la seule différence de point de vue entre les ordres SQL classiques que vous connaissez et l'utilisation de ces mêmes ordres dans **PL/SQL**.

```
SQL> declare
  2      v_employe EMPLOYES%ROWTYPE;
  3  begin
  4      SELECT * INTO v_employe FROM EMPLOYES WHERE NO_EMPLOYE = 5;
  5      dbms_output.put_line( v_employe.NOM ||' '|| v_employe.SALAIRE
  6                                  ||' '|| v_employe.COMMISSION );
  7      v_employe.SALAIRE     := v_employe.SALAIRE * 1.1;
  8      v_employe.COMMISSION := 1000;
  9      UPDATE EMPLOYES SET ROW = v_employe WHERE NO_EMPLOYE = 5;
 10      SELECT * INTO v_employe FROM EMPLOYES WHERE NO_EMPLOYE = 5;
 11      dbms_output.put_line( v_employe.NOM ||' '|| v_employe.SALAIRE
 12                                  ||' '|| v_employe.COMMISSION );
 13  end;
 14  /
Lamarre 7800 200
Lamarre 8580 1000


Procédure PL/SQL terminée avec succès.
SQL> declare
  2      v_employe EMPLOYES%ROWTYPE;
  3  begin SELECT * INTO v_employe FROM EMPLOYES WHERE NO_EMPLOYE = 150;
  4  end;
  5  /
declare
*
ERREUR à la ligne 1 :
ORA-01403: aucune donnée trouvée
ORA-06512: à ligne 4
```

## *Attention*

Une requête qui ne renvoie aucun enregistrement génère une erreur PL/SQL.

Il faut s'assurer d'abord que la requête renvoie un enregistrement avant de l'utiliser dans PL/SQL. Il est préférable d'utiliser les curseurs dans ces cas. (Pour plus d'informations sur les curseurs, voir le module correspondant.)

```
SQL> declare
  2      v_nb number;
  3  begin
  4      SELECT count(*) INTO v_nb FROM EMPLOYES WHERE NO_EMPLOYE = 15;
  5      dbms_output.put_line('La valeur de v_nb est : '|| v_nb);
  6  end;
  7  /
La valeur de v_nb est : 0

Procédure PL/SQL terminée avec succès.
```

## *Conseil*

Toutes les fonctions SQL peuvent être utilisées également dans la syntaxe du « **SELECT** ». Il faut se rappeler que les fonctions « verticales » retournent toujours une valeur même s'il n'y a aucun enregistrement qui vérifie la clause « **WHERE** ».

Ainsi, l'ordre « **SELECT ... INTO** » peut être très utilisé sans risque pour récupérer les calculs récapitulatifs.

De la même manière que vous récupérez une variable scalaire ou un enregistrement, vous pouvez récupérer une collection à partir d'une interrogation à l'aide de l'ordre « **SELECT ... INTO** ».

```
SQL> DESC PAYS
Nom                                      NULL ?    Type
---------------------------------------- --------- ----------------------------
 PAYS                                               NVARCHAR2(15)
 ADRESSE                                            T_ADRESSES

SQL> DESC T_ADRESSES
 T_ADRESSES TABLE OF R_ADRESSE
Nom                                      NULL ?    Type
---------------------------------------- --------- ----------------------------
 SOCIETE                                            NVARCHAR2(40)
 ADRESSE                                            NVARCHAR2(80)
 VILLE                                              NVARCHAR2(35)
 CODE_POSTAL                                        NVARCHAR2(10)

SQL> SELECT ADRESSE FROM PAYS WHERE PAYS = 'France';

ADRESSE(SOCIETE, ADRESSE, VILLE, CODE_POSTAL)
--------------------------------------------------------------------------------
T_ADRESSES(R_ADRESSE('Du monde entier', '67, rue des Cinquante Otage
s', 'Nantes', '44000'), R_ADRESSE('Folies gourmandes', '184, chaussé
...

SQL> declare
  2    adresses t_adresses;
  3    i           NUMBER(3);
  4  begin
```

```
  5     SELECT ADRESSE INTO adresses FROM PAYS WHERE PAYS = 'France';
  6     dbms_output.put_line( 'Éléments : '||adresses.COUNT);
  7     i := adresses.FIRST;
  8     loop
  9        dbms_output.put_line( i||' '||adresses(i).SOCIETE||'--'||
 10                 adresses(i).ADRESSE||'--'||adresses(i).VILLE);
 11        i := adresses.NEXT(i);
 12     exit when i is null;
 13     end loop;
 14   end;
 15   /
Éléments : 11
1 Du monde entier--67, rue des Cinquante Otages--Nantes
2 Folies gourmandes--184, chaussée de Tournai--Lille
3 France restauration--54, rue Royale--Nantes
4 La corne d'abondance--67, avenue de l'Europe--Versailles
5 La maison d'Asie--1 rue Alsace-Lorraine--Toulouse
6 Paris spécialités--265, boulevard Charonne--Paris
7 Spécialités du monde--25, rue Lauriston--Paris
8 Victuailles en stock--2, rue du Commerce--Lyon
9 Vins et alcools Chevalier--59 rue de l'Abbaye--Reims
10 Blondel père et fils--24, place Kléber--Strasbourg
11 Bon app'--12, rue des Bouchers--Marseille
```

# BULK COLLECT

L'inconvénient de la commande « **SELECT … INTO** » est que si elle renvoie plusieurs enregistrements, une erreur PL/SQL est générée.

```
SQL> declare
  2      v_employe EMPLOYES%ROWTYPE;
  3  begin
  4      SELECT * INTO v_employe FROM EMPLOYES WHERE FONCTION LIKE 'Rep%';
  5  end;
  6  /
declare
*
ERREUR à la ligne 1 :
ORA-01422: l'extraction exacte ramène plus que le nombre de lignes demandé
ORA-06512: à ligne 4
```

La clause « **BULK COLLECT** » vous permet d'extraire plusieurs enregistrements, en un seul aller-retour vers la base de données. Il s'agit de demander au moteur SQL de traiter par lots l'ensemble des lignes ramenées par la requête dans les collections spécifiées, ce qui améliore les performances de votre requête.

La syntaxe utilisée se présente comme suit :

**SELECT EXPRESSION1 [,...]BULK COLLECT INTO TABLEAU1[,...]**

**FROM NOM_TABLE ... [WHERE PREDICAT] ;**

Le moteur SQL initialise et étend automatiquement les collections référencées dans la clause « **BULK COLLECT** ». Il remplit les collections à partir de l'indice, insère les éléments séquentiellement et remplace les valeurs de tout élément préalablement affecté.

```
SQL> declare
  2         TYPE EMPLOYE IS  TABLE OF EMPLOYES%ROWTYPE;
  3         TYPE TABLEAU_NOM IS TABLE OF EMPLOYES.NOM%TYPE
  4                    INDEX BY BINARY_INTEGER;
  5         TYPE TABLEAU_PRENOM IS TABLE OF EMPLOYES.PRENOM%TYPE
  6                    INDEX BY BINARY_INTEGER;
  7         T_NOM          TABLEAU_NOM;
  8         T_PRENOM       TABLEAU_PRENOM;
  9  begin
 10      T_NOM(1)     := 'BIZOÏ';
 11      T_PRENOM(1) := 'Razvan';
 12      dbms_output.put_line(T_NOM(1)||' '||T_PRENOM(1));
 13      SELECT NOM, PRENOM
 14      BULK COLLECT INTO T_NOM, T_PRENOM
 15      FROM EMPLOYES
 16      WHERE ROWNUM < 4;
 17      dbms_output.put_line(T_NOM(1)||' '||T_PRENOM(1));
 18      dbms_output.put_line(T_NOM(2)||' '||T_PRENOM(2));
 19      dbms_output.put_line(T_NOM(3)||' '||T_PRENOM(3));
 20  end;
 21  /
BIZOÏ Razvan
Callahan Laura
Buchanan Steven
Peacock Margaret

Procédure PL/SQL terminée avec succès.
```

Les deux tableaux ont le premier élément affecté avec le nom BIZOÏ et le prénom Razvan. La clause « **BULK COLLECT** » remplit les deux collections séquentiellement et remplace les valeurs de tout élément préalablement affecté.

La collection ou les collections acceptées ne peuvent stocker que des valeurs scalaires, ou directement des enregistrements, à condition qu'ils soient déclarés par une référence « **%ROWTYPE** ».

```
SQL> declare
  2         TYPE EMPLOYE IS  TABLE OF EMPLOYES%ROWTYPE;
  3         TYPE TABLEAU_EMPLOYE IS TABLE OF EMPLOYE NOT NULL
  4            INDEX BY BINARY_INTEGER;
  5         T_EMP TABLEAU_EMPLOYE;
  6  begin
  7      SELECT * BULK COLLECT INTO T_EMP FROM EMPLOYES
  8      WHERE FONCTION LIKE 'Rep%';
  9  end;
 10  /
   SELECT * BULK COLLECT INTO T_EMP FROM EMPLOYES
                             *
ERREUR à la ligne 7 :
ORA-06550: Ligne 7, colonne 31 :
PLS-00642: types de collecte locale interdite dans les instructions SQL
ORA-06550: Ligne 7, colonne 37 :
PL/SQL: ORA-00947: nombre de valeurs insuffisant
ORA-06550: Ligne 7, colonne 4 :
PL/SQL: SQL Statement ignored

SQL> declare
  2         TYPE TABLEAU_EMPLOYE IS TABLE OF EMPLOYES%ROWTYPE
```

```
 3              INDEX BY BINARY_INTEGER;
 4        T_EMP TABLEAU_EMPLOYE;
 5  begin
 6      SELECT * BULK COLLECT INTO T_EMP FROM EMPLOYES
 7      WHERE FONCTION LIKE 'Rep%';
 8      dbms_output.put_line(T_EMP(1).NOM||' '||T_EMP(1).PRENOM);
 9  end;
10  /
Peacock Margaret

Procédure PL/SQL terminée avec succès.
```

Les deux tableaux associatifs déclarés dans les blocs sont identiques du point de vue de leurs structures. Cependant, la première déclaration fait référence à un type prédéfini EMPLOYE et le moteur SQL n'arrive pas à vérifier s'il est ou non du même type que l'enregistrement renvoyé par la requête SQL. Dans le deuxième bloc, le tableau associatif est déclaré comme une collection d'enregistrements de la table EMPLOYES ainsi reconnu par le moteur SQL.

## *Note*

Il est à noter que l'utilisation de la clause « **BULK COLLECT** » dans un ordre « **SELECT** » peut être utilisée avec une collection d'enregistrements d'une table, à condition qu'elle soit déclarée comme une référence « **%ROWTYPE** ».

Il faut également noter que, dans ce cas, il n'est pas possible de récupérer des informations multitables.

Dans le cas où vous ne pouvez pas respecter ces deux conditions, il est toujours possible d'utiliser autant de collections d'éléments scalaires que d'expressions renvoyées par la requête SQL.

Dans le cas d'une table qui stocke un ou plusieurs tableaux imbriqués, le tableau des enregistrements récupéré à l'aide de la clause « **BULK COLLECT** » dans un ordre « **SELECT** » va être dans ce cas une collection à deux dimensions.

```
SQL> DESC PAYS
Nom                                      NULL ?    Type
---------------------------------------- --------  ----------------
PAYS                                               NVARCHAR2(15)
ADRESSE                                            T_ADRESSES


SQL> DESC T_ADRESSES
T_ADRESSES TABLE OF R_ADRESSE
Nom                                      NULL ?    Type
---------------------------------------- --------  ----------------
SOCIETE                                            NVARCHAR2(40)
ADRESSE                                            NVARCHAR2(80)
VILLE                                              NVARCHAR2(35)
CODE_POSTAL                                        NVARCHAR2(10)


SQL> declare
 2     TYPE TABLEAU_PAYS IS TABLE OF PAYS%ROWTYPE INDEX BY BINARY_INTEGER;
 3     l_pays    TABLEAU_PAYS;
 4     i         NUMBER(3);
 5     j         NUMBER(3);
 6  begin
 7     SELECT * BULK COLLECT INTO l_pays FROM PAYS
 8     WHERE PAYS IN ('France','Suède','Espagne');
 9     dbms_output.put_line( 'l_pays éléments: '||l_pays.COUNT);
```

```
10    i := l_pays.FIRST;
11    loop
12       dbms_output.put_line( i||' '||l_pays(i).PAYS);
13       j := l_pays(i).adresse.FIRST;
14       dbms_output.put_line( i||'     '||
15            'l_pays.adresse éléments: '||l_pays(i).adresse.COUNT);
16       loop
17          dbms_output.put_line( i||'     '|| l_pays(i).adresse(j).SOCIETE
18                  ||'--'||l_pays(i).adresse(j).ADRESSE
19                  ||'--'||UPPER(l_pays(i).adresse(j).VILLE));
20          j := l_pays(i).adresse.NEXT(j);
21          exit when j is null;
22       end loop;
23       i := l_pays.NEXT(i);
24    exit when i is null;
25    end loop;
26  end;
27  /
l_pays éléments: 3
1 Suède
1     l_pays.adresse éléments: 2
1     Folk och fä HB--Åkergatan 24--BRÄCKE
1     Berglunds snabbköp--Berguvsvägen  8--LULEÅ
2 Espagne
2     l_pays.adresse éléments: 5
2     FISSA Fabrica Inter. Salchichas S.A.--Moralzarzal, 86--MADRID
2     Galería del gastrónomo--Rambla de Cataluña, 23--BARCELONA
2     Godos Cocina Típica--Romero, 33--SEVILLA
2     Romero y tomillo--Gran Vía, 1--MADRID
2     Bólido Comidas preparadas--Araquil, 67--MADRID
3 France
3     l_pays.adresse éléments: 11
3     Du monde entier--67, rue des Cinquante Otages--NANTES
3     Folies gourmandes--184, chaussée de Tournai--LILLE
3     France restauration--54, rue Royale--NANTES
3     La corne d'abondance--67, avenue de l'Europe--VERSAILLES
3     La maison d'Asie--1 rue Alsace-Lorraine--TOULOUSE
3     Paris spécialités--265, boulevard Charonne--PARIS
3     Spécialités du monde--25, rue Lauriston--PARIS
3     Victuailles en stock--2, rue du Commerce--LYON
3     Vins et alcools Chevalier--59 rue de l'Abbaye--REIMS
3     Blondel père et fils--24, place Kléber--STRASBOURG
3     Bon app'--12, rue des Bouchers--MARSEILLE


Procédure PL/SQL terminée avec succès.
```

Dans l'exemple précédent, pour pouvoir afficher les éléments du tableau que nous avons récupérés, nous avons utilisé deux boucles imbriquées pour parcourir la matrice constituée.

# Insertion des lignes

Vous pouvez utiliser la commande « **INSERT** » avec toutes les syntaxes étudiées lors de la mise à jour des données. Les variables PL/SQL sont utilisées aussi bien pour insérer des valeurs que pour les comparaisons dans la clause « **WHERE** ».

À partir de la version Oracle 11g, il est possible d'affecter une variable à l'aide d'une séquence. Dans les versions antérieures, il faut utiliser l'ordre « **SELECT ... INTO** » pour affecter une variable à l'aide d'une séquence.

```
SQL> CREATE SEQUENCE S_CAT START WITH 11;

Séquence créée.

SQL> declare
  2     v_code CATEGORIES.CODE_CATEGORIE%TYPE := S_CAT.NEXTVAL;
  3     v_catg CATEGORIES.NOM_CATEGORIE%TYPE
  4                := 'Fruits et légumes frais';
  5     v_desc CATEGORIES.DESCRIPTION%TYPE
  6                := 'Fruits et légumes frais';
  7     ve_cat CATEGORIES%ROWTYPE;
  8     v_ret  NUMBER(2);
  9  begin
 10     SELECT COUNT(*) INTO v_ret FROM CATEGORIES
 11     WHERE CODE_CATEGORIE = v_code;
 12     dbms_output.put_line('Le nombre d''enregistrements est : '
 13                          ||v_ret);
 14     INSERT INTO CATEGORIES VALUES ( v_code, v_catg, v_desc);
 15     SELECT * INTO ve_cat FROM CATEGORIES
 16     WHERE CODE_CATEGORIE = v_code;
 17     dbms_output.put_line(ve_cat.CODE_CATEGORIE||'--'||
 18        ve_cat.NOM_CATEGORIE||'--'||ve_cat.DESCRIPTION);
 19  end;
 20  /
Le nombre d'enregistrements est : 0
11--Fruits et légumes frais--Fruits et légumes frais

Procédure PL/SQL terminée avec succès.
```

Vous pouvez utiliser la commande SQL « **INSERT** » basée sur un enregistrement avec la structure de la table dans laquelle on veut effectuer les insertions. La syntaxe de la commande « **INSERT** » est la suivante :

```
INSERT INTO NOM_TABLE VALUES VARIABLE_ENREGISTREMENT;
```

### *Note*

La syntaxe de la fonction SQL « **INSERT** » avec un enregistrement ne comporte pas de parenthèses pour la variable enregistrement.

Attention, vous ne pouvez pas insérer plusieurs enregistrements à la fois à l'aide d'une variable de type collection.

```
SQL> declare
  2       v_client CLIENTS%ROWTYPE;
  3  begin
```

    

```
  4        v_client.CODE_CLIENT := 'ETELI';
  5        v_client.SOCIETE     := 'ETELIA';
  6        v_client.ADRESSE     := '44, Paul Claudel';
  7        v_client.VILLE       := 'STRASBOURG';
  8        v_client.CODE_POSTAL := '67000';
  9        v_client.PAYS        := 'FRANCE';
 10        v_client.TELEPHONE   := '03.88.27.13.35';
 11        INSERT INTO CLIENTS VALUES v_client;
 12  end;
 13  /


Procédure PL/SQL terminée avec succès.


SQL> SELECT CODE_CLIENT, SOCIETE, ADRESSE,
  2         VILLE, CODE_POSTAL, PAYS, TELEPHONE
  3  FROM CLIENTS
  4  WHERE CODE_CLIENT = 'ETELI';


CODE_ SOCIETE ADRESSE             VILLE      CODE_ PAYS
----- ------- ------------------- ---------- ----- -------
ETELI ETELIA  104, rue Mélanie STRASBOURG 67000 FRANCE
```

Dans l'exemple suivant, vous pouvez voir la création d'une table CLIENTS_CONTACTS qui stocke
une liste de sociétés et la liste des contacts de ces sociétés. La liste de contacts est un tableau imbriqué
qui stocke les enregistrements des clients et, pour chaque client, un tableau imbriqué avec une liste
des numéros de téléphone où il peut être contacté. Dans le bloc PL/SQL, une requête est conçue pour
retrouver un enregistrement qui peut alimenter la table CLIENTS_CONTACTS. Tous les
enregistrements de cette requête sont affectés à un tableau associatif. La lecture séquentielle de ce
tableau permet d'insérer chaque élément dans la table CLIENTS_CONTACTS.

```
SQL> CREATE TYPE l_telephones AS TABLE OF VARCHAR2(24);
  2  /


Type créé.


SQL> CREATE TYPE e_client AS OBJECT (
  2     NOM              NVARCHAR2(40),
  3     PRENOM           NVARCHAR2(30),
  4     FONCTION         VARCHAR2(30) ,
  5     telephones       l_telephones);
  6  /


Type créé.


SQL> CREATE TYPE l_clients AS TABLE OF e_client;
  2  /


Type créé.


SQL> CREATE TABLE CLIENTS_CONTACTS (
  2     ID               NUMBER(2) CONSTRAINT CLI_PK PRIMARY KEY,
  3     SOCIETE          NVARCHAR2(40),
  4     contacts         l_clients)
  5  NESTED TABLE contacts STORE AS seg_contacts
  6      (NESTED TABLE telephones STORE AS seg_telephones);
```

```
Table créée.

SQL> CREATE SEQUENCE S_CLI START WITH 1;

Séquence créée.

SQL> declare
  2    TYPE T_CLIENTS_CONTACTS IS TABLE OF CLIENTS_CONTACTS%ROWTYPE
  3              INDEX BY BINARY_INTEGER;
  4    l_cli_cont    T_CLIENTS_CONTACTS;
  5    i             NUMBER(3);
  6  begin
  7      SELECT S_CLI.NEXTVAL, C1.SOCIETE,
  8              ( SELECT CAST(COLLECT(
  9                              e_client( NOM, PRENOM, FONCTION,
 10                                ( SELECT CAST( COLLECT(TELEPHONE)
 11                                              AS l_telephones)
 12                                  FROM CLIENTS C2
 13                                  WHERE C2.PAYS = C1.PAYS )
 14                                              )) AS l_clients)
 15              FROM EMPLOYES E
 16              WHERE E.PAYS = C1.PAYS)
 17      BULK COLLECT INTO l_cli_cont
 18      FROM ( SELECT PAYS, SOCIETE, ROW_NUMBER()
 19             OVER (PARTITION BY PAYS ORDER BY SOCIETE) RN
 20             FROM CLIENTS) C1
 21      WHERE C1.RN = 1;
 22      dbms_output.put_line( 'l_cli_cont éléments: '||
 23                            l_cli_cont.COUNT);
 24    i := l_cli_cont.FIRST;
 25    loop
 26      dbms_output.put_line( i||' '||l_cli_cont(i).SOCIETE);
 27      INSERT INTO CLIENTS_CONTACTS VALUES l_cli_cont(i);
 28      i := l_cli_cont.NEXT(i);
 29    exit when i is null;
 30    end loop;
 31  end;
 32  /
l_cli_cont éléments: 21
1 Alfreds Futterkiste
2 Cactus Comidas para llevar
3 Ernst Handel
4 Maison Dewey
5 Comércio Mineiro
6 Bottom-Dollar Markets
7 Simons bistro
8 Bólido Comidas preparadas
9 Great Lakes Food Market
10 Wartian Herkku
...
```

# Modification des données

Vous pouvez utiliser la commande « **UPDATE** » avec toutes les syntaxes étudiées lors de la mise à jour des données. Les variables PL/SQL sont utilisées aussi bien pour la mise à jour des valeurs que pour les comparaisons dans la clause « **WHERE** ».

```
SQL> SELECT NOM, DATE_NAISSANCE, SALAIRE FROM EMPLOYES
  2  WHERE DATE_NAISSANCE < '01/01/1966';


NOM                                         DATE_NAISS   SALAIRE
------------------------------------------- ---------- ----------
Maurer                                      19/10/1965       1400
Maillard                                    20/02/1965       6600


SQL> declare
  2      v_date    DATE := '01/01/1966';
  3      v_pct     NUMBER(4,3) := 1.05;
  4  begin
  5     UPDATE EMPLOYES SET SALAIRE = SALAIRE * v_pct
  6     WHERE DATE_NAISSANCE < v_date;
  7  end;
  8  /


Procédure PL/SQL terminée avec succès.

SQL> SELECT NOM, DATE_NAISSANCE, SALAIRE FROM EMPLOYES
  2  WHERE DATE_NAISSANCE < '01/01/1966';


NOM                                         DATE_NAISS   SALAIRE
------------------------------------------- ---------- ----------
Maurer                                      19/10/1965       1470
Maillard                                    20/02/1965       6930
```

Vous pouvez également mettre à jour une ligne complète avec un enregistrement. Pour les mises à jour basées sur des enregistrements, vous avez besoin d'un nouveau mot-clé, « **ROW** », qui indique que vous mettez à jour la totalité de la ligne avec un enregistrement.

La syntaxe de la commande « **UPDATE** » est la suivante :

```
UPDATE NOM_TABLE SET ROW = VARIABLE_ENREGISTREMENT [WHERE PREDICAT];
```

```
SQL> declare
  2      v_client CLIENTS%ROWTYPE;
  3  begin
  4      SELECT * INTO v_client FROM  CLIENTS WHERE CODE_CLIENT = 'SPECD';
  5      v_client.ADRESSE     := '104, rue Mélanie';
  6      v_client.TELEPHONE   := '01.41.27.13.35';
  7      v_client.FAX         := '01.41.27.13.35';
  8      UPDATE CLIENTS SET ROW = v_client WHERE CODE_CLIENT = 'SPECD';
  9  end;
 10  /


Procédure PL/SQL terminée avec succès.

SQL> SELECT SOCIETE, ADRESSE, TELEPHONE, FAX FROM CLIENTS
  2  WHERE CODE_CLIENT = 'SPECD';
```

```
SOCIETE                 ADRESSE          TELEPHONE       FAX
-------------------     ---------------  --------------  --------------
Spécialités du monde 104, rue Mélanie 01.41.27.13.35 01.41.27.13.35
```

### *Attention*

Vous devez mettre à jour la totalité d'une ligne en utilisant la syntaxe « **ROW** », à l'aide d'une variable de type enregistrement.

Si vous utilisez le mot-clé « **ROW** », il n'est pas possible d'employer une sous-requête pour effectuer la mise à jour.

# Suppression des données

Vous pouvez utiliser la commande « **DELETE** » avec la syntaxe étudiée lors de la mise à jour des données. Les variables PL/SQL sont utilisées pour les comparaisons dans la clause « **WHERE** ».

```
SQL> SELECT COUNT(*) FROM COMMANDES NATURAL JOIN DETAILS_COMMANDES
  2  WHERE DATE_ENVOI < '01/01/1997';

  COUNT(*)
----------
       379


SQL> declare
  2      v_date COMMANDES.DATE_ENVOI%TYPE := '01/01/1997';
  4  begin
  5      DELETE DETAILS_COMMANDES
  6      WHERE NO_COMMANDE IN (
  7            SELECT NO_COMMANDE FROM COMMANDES
  8            WHERE DATE_ENVOI < v_date);
  9      DELETE COMMANDES
 10      WHERE DATE_ENVOI < v_date;
 11  end;
 12  /

Procédure PL/SQL terminée avec succès.

SQL> SELECT COUNT(*) FROM COMMANDES NATURAL JOIN DETAILS_COMMANDES
  2  WHERE DATE_ENVOI < '01/01/1997';

  COUNT(*)
----------
         0
```

# Attributs des ordres LMD

Le langage PL/SQL vous permet d'obtenir des informations sur l'exécution d'un ordre « **INSERT** », « **UPDATE** » ou « **DELETE** ».

## *Attention*

Les attributs d'exécution d'un ordre LMD se réfèrent toujours à l'ordre SQL le plus récent, quel que soit le bloc dans lequel l'ordre est exécuté.

Ainsi, il est très fortement conseillé de récupérer ces attributs volatils dans une variable pour les exploiter.

## SQL%FOUND

Attribut de type « **BOOLEAN** », il renvoie « **TRUE** » si un ou plusieurs enregistrements ont été créés, mis à jour ou supprimés avec succès.

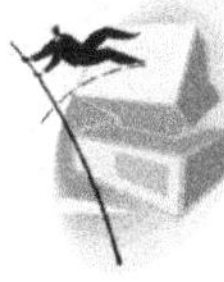

```
SQL> begin
  2       UPDATE DETAILS_COMMANDES
  3          SET PRIX_UNITAIRE = PRIX_UNITAIRE * 1.05
  4       WHERE NO_COMMANDE = 11077;
  5       if SQL%FOUND then
  6          COMMIT;
  7       end if;
  8  end;
  9  /

Procédure PL/SQL terminée avec succès.
```

On effectue la validation de la transaction uniquement si on a mis à jour un ou plusieurs enregistrements. L'ordre « **COMMIT** » ou « **ROLLBACK** » ne doit pas être lancé sans raison car il augmente les volumes d'écritures du serveur de base de données et ainsi augmente le temps de traitement. Pour plus d'informations sur les blocs de contrôle « **IF** », voir le module correspondant.

## SQL%NOTFOUND

Attribut de type « **BOOLEAN** », il renvoie « **TRUE** » si aucun enregistrement n'a été modifié par l'ordre LMD.

```
SQL> begin
  2       DELETE DETAILS_COMMANDES NO_COMMANDE = 11080
  3       if SQL%FOUND then
  4          dbms_output.put_line('Trouvé');
  5       else
  6          dbms_output.put_line('Non trouvé');
  7       end if;
  8  end;
  9  /
Non trouvé

Procédure PL/SQL terminée avec succès.
```

## SQL%ROWCOUNT

Attribut de type numérique, il renvoie le nombre d'enregistrements modifiés par l'ordre LMD.

```
SQL> begin
  2       UPDATE DETAILS_COMMANDES
  3          SET PRIX_UNITAIRE = PRIX_UNITAIRE * 1.05
  4       WHERE NO_COMMANDE = 11077;
  5       if SQL%FOUND then
  6          COMMIT;
```

```
 7              dbms_output.put_line('Enregistrements modifiés : '
 8                              ||SQL%ROWCOUNT);
 9         else
10            dbms_output.put_line('Aucun enregistrement trouvé');
11         end if;
12    end;
13    /
Enregistrements modifiés : 25

Procédure PL/SQL terminée avec succès.
```

# INSERT RETURNING

Vous pouvez utiliser la clause « **RETURNING** » avec vos ordres LMD « **INSERT** », « **UPDATE** » ou « **DELETE** », pour renvoyer les valeurs de champs des enregistrements affectés.

La syntaxe de la clause « **RETURNING** » pour l'ordre « **INSERT** » est la suivante :

```
INSERT INTO NOM_TABLE [( COLONNE1[,...])]
  { VALUES {( EXPRESSION1[,...]) | VARIABLE_ENREGISTREMENT}
      [RETURNING EXPRESSION1[,...] INTO VARIABLE1[,...]]
  | SOUS-REQUETE };
```

La clause « **RETURNING** » ne permet pas d'utiliser « ***** » pour retourner l'ensemble des expressions insérées dans l'enregistrement ; il faut préciser chaque expression. Par contre, vous pouvez utiliser une liste de variables pour récupérer les valeurs de retour ou tout simplement une variable de type enregistrement.

```
SQL> declare
 2       v_rowid  ROWID;
 3   begin
 4      INSERT INTO CATEGORIES VALUES ( 9,'Fruits et légumes frais',
 5         'Fruits et légumes frais') RETURNING ROWID INTO v_rowid;
 7      dbms_output.put_line('Le rowid est : '||v_rowid);
 8   end;
 9   /
Le rowid est : AAAMy2AAFAAAAAOAAA

Procédure PL/SQL terminée avec succès.
```

## *Attention*

Vous ne pouvez pas utiliser la clause « **RETURNING** » avec un ordre « **INSERT** » qui insère plusieurs enregistrements à partir d'une sous-requête.

C'est pour cette raison que l'argument « **BULK COLLECT** » ne figure pas dans l'extension de la syntaxe pour la commande « **INSERT** ».

# RETURNING

Les deux autres ordres LMD « **UPDATE** » ou « **DELETE** » permettent également l'utilisation de la clause « **RETURNING** » ainsi que sa combinaison avec la clause « **BULK COLLECT** » pour renvoyer une collection d'enregistrements.

La syntaxe de la clause « **RETURNING** » pour les deux ordres est la suivante :

```
...
    RETURNING EXPRESSION1[,...]
        { INTO VARIABLE1[,...]
        | BULK COLLECT INTO VARIABLE_ENREGISTREMENT   }
...
```

La clause « **RETURNING** » ne permet pas d'utiliser « ***** » pour retourner l'ensemble des expressions insérées dans l'enregistrement, il faut préciser chaque expression.

```
SQL> declare
  2      v_rowid   ROWID;
  3      v_cat CATEGORIES%ROWTYPE;
  4  begin
  5     INSERT INTO CATEGORIES VALUES ( 9,'Fruits et légumes',
  6                                    'Fruits et légumes frais')
  7     RETURNING  ROWID INTO v_rowid;
  8     UPDATE CATEGORIES SET NOM_CATEGORIE = DESCRIPTION
  9     WHERE ROWID = v_rowid
 10     RETURNING  NOM_CATEGORIE INTO v_cat.NOM_CATEGORIE;
 11     dbms_output.put_line(v_rowid||' '||v_cat.NOM_CATEGORIE);
 12     DELETE CATEGORIES
 13        WHERE ROWID = v_rowid
 14     RETURNING  CODE_CATEGORIE INTO v_cat.CODE_CATEGORIE;
 15     dbms_output.put_line(v_cat.CODE_CATEGORIE);
 16  end;
 17  /
AAAMy2AAFAAAAAQAAA Fruits et légumes frais
9

Procédure PL/SQL terminée avec succès.
```

## *Attention*

La pseudo-colonne « **ROWID** » retourne l'adresse physique de chaque enregistrement et elle peut être utilisée directement dans la clause « **WHERE** » pour retrouver l'enregistrement correspondant.

Cette opération est la plus rapide manière d'accéder à un enregistrement dans une table, mais elle n'est pas sans risques. Si l'administrateur de votre base de données réorganise à chaud cette table, votre interrogation n'aboutira pas.

Ainsi si vous décidez d'employer cette manière de travailler, il ne faut pas stocker les « **ROWID** » ; il s'agit de traitements ponctuels et il faut communiquer avec les administrateurs de vos bases de données.

```
SQL> declare
  2      TYPE TABLEAU_DETAILS_COMMANDES IS TABLE OF
  3          DETAILS_COMMANDES%ROWTYPE INDEX BY BINARY_INTEGER;
```

```
  4        v_det_comm TABLEAU_DETAILS_COMMANDES;
  5   begin
  6       UPDATE DETAILS_COMMANDES SET PRIX_UNITAIRE = PRIX_UNITAIRE * 1.05
  7       WHERE NO_COMMANDE = 11077 AND REF_PRODUIT in ( 2, 3 ,6)
  8       RETURNING NO_COMMANDE, REF_PRODUIT, PRIX_UNITAIRE,
  9                 QUANTITE, REMISE
 10       BULK COLLECT INTO v_det_comm;
 11       dbms_output.put_line( v_det_comm(1).NO_COMMANDE||' '||
 12          v_det_comm(1).REF_PRODUIT||' '|| v_det_comm(1).PRIX_UNITAIRE);
 13       dbms_output.put_line( v_det_comm(2).NO_COMMANDE||' '||
 14          v_det_comm(2).REF_PRODUIT||' '|| v_det_comm(2).PRIX_UNITAIRE);
 15       dbms_output.put_line( v_det_comm(3).NO_COMMANDE||' '||
 16          v_det_comm(3).REF_PRODUIT||' '|| v_det_comm(3).PRIX_UNITAIRE);
 17   end;
 18   /
11077 2 99,75
11077 3 52,5
11077 6 131,25

Procédure PL/SQL terminée avec succès.
```

# SQL dynamique

Le langage PL/SQL peut contenir les instructions SQL de type Langage de Manipulation de Données (LMD), mais il ne peut comporter aucune instruction du Langage de Définition de Données (LDD).

Le langage PL/SQL permet la création dynamique d'instructions SQL, suivie de leur analyse et de leur exécution. Le SQL dynamique autorise la génération d'instructions LDD, de session et de contrôle du système à partir de PL/SQL.

L'instruction « **EXECUTE IMMEDIATE** » analyse et exécute immédiatement une instruction SQL dynamique ou un bloc anonyme utilisant la syntaxe suivante :

```
EXECUTE_IMMEDIATE CHAINE_DYNAMIQUE
    { INTO {VARIABLE1[,...]| ENREGISTREMENT }
    | BULK COLLECT INTO COLLECTION[,...]}
    [ USING [ IN | OUT | IN OUT ] ARGUMENT[,... ]
    [ RETURNING EXPRESSION1[,...]
          { INTO VARIABLE1[,...]
            | BULK COLLECT INTO ENREGISTREMENT} ] ;
```

**11g**

**CHAINE_DYNAMIQUE**    Indique une chaîne de caractères. C'est une variable de type « **CHAR** » ou « **VARCHAR2** ». À partir de la version Oracle 11g, vous pouvez utiliser une variable de type « **CLOB** ». Attention, n'utilisez pas les types « **NCHAR** » ou « **NVARCHAR2** ».

**INTO**    Cette clause est utilisée pour exécuter les requêtes ne retournant qu'un seul enregistrement.

**10g**

**BULK COLLECT INTO**    Cette clause est utilisée pour exécuter des requêtes qui peuvent retourner plus d'un enregistrement.

| | |
|---|---|
| **VARIABLE1** | Liste des variables affectées avec les valeurs retournées par la requête dynamique. |
| **ENREGISTREMENT** | L'enregistrement affecté avec les valeurs retournées par la requête dynamique. |
| **COLLECTION** | Une collection ou une liste des collections affectées avec l'ensemble des enregistrements retournés par la requête dynamique. |
| **USING** | Cette clause permet le paramétrage de la requête SQL dynamique en utilisant une liste des arguments. |
| **IN ARGUMENT** | L'argument est passée à la requête SQL dynamique lors de son invocation. Il ne peut pas être modifié à l'intérieur de la requête SQL dynamique. |
| **OUT ARGUMENT** | L'argument est ignoré lors de l'invocation de la requête SQL dynamique. À l'intérieur de celle-ci, l'argument se comporte comme une variable PL/SQL n'ayant pas été initialisée, contenant donc la valeur « **NULL** » et supportant les opérations de lecture et d'écriture. Au terme de la requête SQL dynamique, il retourne la valeur affectée. |
| **IN OUT ARGUMENT** | L'argument combine les deux propriétés « **IN** » et « **OUT** ». |

Pour les requêtes SQL dynamiques des instructions LDD, des blocs PL/SQL anonymes, des instructions « **ALTER SESSION** » et les instructions LMD, qui ne comprennent pas d'arguments, il suffit de placer l'instruction SQL dans une chaîne et de l'exécuter avec « **EXECUTE IMMEDIATE** ».

```
SQL> declare
  2      v_nom_table VARCHAR2(32) :='SAV_CAT'||
  3                  TO_CHAR(SYSDATE,'YYYYMMDD');
  4      v_sql_dynamique VARCHAR2(200) :=
  5          'CREATE TABLE '||v_nom_table||
  6          ' AS SELECT * FROM CATEGORIES WHERE 1=2' ;
  7  begin
  8      dbms_output.put_line( v_sql_dynamique);
  9      EXECUTE IMMEDIATE v_sql_dynamique;
 10      v_sql_dynamique := 'INSERT INTO '||v_nom_table||
 11          ' SELECT * FROM CATEGORIES';
 12      dbms_output.put_line( v_sql_dynamique);
 13      EXECUTE IMMEDIATE v_sql_dynamique;
 14      v_sql_dynamique := 'GRANT SELECT ON STAGIAIRE.'||
 15          v_nom_table||' TO PUBLIC';
 16      dbms_output.put_line( v_sql_dynamique);
 17      EXECUTE IMMEDIATE v_sql_dynamique;
 18      v_sql_dynamique := 'DROP TABLE '||v_nom_table||' PURGE';
 19      dbms_output.put_line( v_sql_dynamique);
 20      EXECUTE IMMEDIATE v_sql_dynamique;
 21  end;
 22  /
CREATE TABLE SAV_CAT20060611 AS SELECT * FROM CATEGORIES WHERE 1=2
INSERT INTO SAV_CAT20060611 SELECT * FROM CATEGORIES
GRANT SELECT ON STAGIAIRE.SAV_CAT20060611 TO PUBLIC
DROP TABLE SAV_CAT20060611 PURGE

Procédure PL/SQL terminée avec succès.
```

Le bloc précédent illustre plusieurs instructions « **EXECUTE IMMEDIATE** ». Il crée une table SAV_CAT20060611 avec la même description que la table CATEGORIES sans aucun enregistrement. Par la suite, le script effectue l'insertion des tous les enregistrements de la table CATEGORIES dans la table SAV_CAT20060611, il accorde les privilèges « **SELECT** » pour les enregistrements de la table à chaque utilisateur, ensuite la dernière opération efface la table.

Vous pouvez exécuter un bloc PL/SQL à l'aide de l'instruction « **EXECUTE IMMEDIATE** » combiné avec des ordres LDD pour la création des objets comme dans l'exemple suivant.

```
SQL> declare
  2     v_sql_dynamique CLOB :=
  3          'CREATE OR REPLACE TYPE e_adr AS OBJECT (
  4             NORUE           NVARCHAR2(60),
  5             VILLE           VARCHAR2(30),
  6             CODE_POSTAL     VARCHAR2(10),
  7             PAYS            VARCHAR2(15))';
  8  begin
  9     EXECUTE IMMEDIATE v_sql_dynamique;
 10     v_sql_dynamique :=
 11     'CREATE OR REPLACE TYPE t_adr IS VARRAY(100) OF e_adr';
 12     EXECUTE IMMEDIATE v_sql_dynamique;
 13     v_sql_dynamique :=
 14          'CREATE OR REPLACE TYPE e_pers AS OBJECT(
 15             NOM             NVARCHAR2(40),
 16             PRENOM          NVARCHAR2(30),
 17             DATE_NAISSANCE DATE,
 18             adresses        t_adr)';
 19     EXECUTE IMMEDIATE v_sql_dynamique;
 20     v_sql_dynamique :=
 21          'CREATE TABLE EMP(
 22             NO_EMPLOYE      NUMBER(6)       ,
 23             employe         e_pers          ,
 24             FONCTION        VARCHAR2(30)  ,
 25             DATE_EMBAUCHE   DATE            ,
 26             SALAIRE         NUMBER(8, 2) )';
 27     EXECUTE IMMEDIATE v_sql_dynamique;
 28     v_sql_dynamique :=
 29     'declare
 30          TYPE T_EMP IS TABLE OF EMP%ROWTYPE;
 31          l_emp T_EMP;
 32          i NUMBER(3);
 33     begin
 34        SELECT NO_EMPLOYE, e_pers( NOM, PRENOM, DATE_NAISSANCE,
 35          CAST(( SELECT CAST( COLLECT(
 36                e_adr(ADRESSE,VILLE,CODE_POSTAL,PAYS))AS t_adr)
 37               FROM CLIENTS C
 38               WHERE C.PAYS = E.PAYS ) AS t_adr )) employe,
 39             FONCTION, DATE_EMBAUCHE, SALAIRE
 40        BULK COLLECT INTO l_emp
 41        FROM  ( SELECT NO_EMPLOYE, NOM, PRENOM, DATE_NAISSANCE,
 42                       FONCTION, DATE_EMBAUCHE, SALAIRE, PAYS,
 43                       ROW_NUMBER() OVER( PARTITION BY PAYS
 44                                  ORDER BY DATE_NAISSANCE) RN
 45              FROM EMPLOYES
 46              WHERE PAYS IS NOT NULL ORDER BY NO_EMPLOYE) E
 47        WHERE RN = 1;
```

```
48            i := l_emp.FIRST;
49            loop
50                INSERT INTO EMP VALUES l_emp(i);
51                i := l_emp.NEXT(i);
52            exit when i is null;
53            end loop;
54            SELECT * BULK COLLECT INTO l_emp FROM EMP;
55            i := l_emp.FIRST;
56            loop
57                dbms_output.put_line( i||'' ''||l_emp(i).NO_EMPLOYE
58                            ||'' ''||l_emp(i).employe.NOM
59                            ||'' ''||l_emp(i).employe.PRENOM
60                            ||'' ''||l_emp(i).employe.DATE_NAISSANCE
61                            ||'' ''||l_emp(i).FONCTION
62                            ||'' ''||l_emp(i).DATE_EMBAUCHE);
63                i := l_emp.NEXT(i);
64            exit when i is null;
65            end loop;
66      end;';
67      EXECUTE IMMEDIATE v_sql_dynamique;
68  end;
69  /
1 16 Malejac Yannick 17/05/1966 Représentant(e) 29/11/1987
2 20 Gerard Sylvie 29/07/1982 Représentant(e) 10/08/2002
3 22 Piroddi Nathalie 27/06/1969 Représentant(e) 12/05/1991
4 26 Hanriot Catherine 19/05/1969 Représentant(e) 01/08/1995
5 38 Perret Laurence 12/03/1975 Représentant(e) 11/07/2000
6 39 Jenny Michel 16/06/1966 Représentant(e) 22/03/1992
7 50 Rivat Jean-Louis 13/05/1978 Représentant(e) 23/05/2000
8 51 Alvarez Marcel 09/07/1967 Représentant(e) 03/08/1988
...
```

## *Attention*

Le SQL dynamique autorise la génération d'instructions LDD, de session et de contrôle du système à partir de PL/SQL et permet la création dynamique d'instructions SQL, suivie de leur analyse et de leur exécution.

L'instruction est créée au moment de l'exécution, le compilateur PL/SQL n'a pas à effectuer la liaison des identifiants dans l'instruction, ce qui autorise la compilation du bloc.

Ainsi, vous pouvez utiliser le SQL dynamique pour créer une table mais, par la suite, vous ne pouvez pas utiliser dans le bloc de SQL statique pour manipuler les enregistrements ; cela échouerait puisque la table n'existerait que lors de l'exécution du bloc.

La solution à ce problème consiste à utiliser également le SQL dynamique pour exécuter les opérations LMD.

```
SQL> declare
  2   v_sql_dynamique VARCHAR2(200) :='CREATE TABLE SAV_CAT AS '||'
  3           SELECT * FROM CATEGORIES WHERE 1=2' ;
  4  begin
  5      EXECUTE IMMEDIATE v_sql_dynamique;
  6      INSERT INTO SAV_CAT SELECT * FROM CATEGORIES;
  7  end;
  8  /
   INSERT INTO SAV_CAT SELECT * FROM CATEGORIES;
```

```
                      *
ERREUR à la ligne 6 :
ORA-06550: Ligne 6, colonne 17 :
PL/SQL: ORA-00942: Table ou vue inexistante
ORA-06550: Ligne 6, colonne 5 :
PL/SQL: SQL Statement ignored

SQL> declare
  2    v_sql_dynamique VARCHAR2(200):='CREATE TABLE SAV_CAT AS '||'
  3            SELECT * FROM CATEGORIES WHERE 1=2' ;
  4  begin
  5       EXECUTE IMMEDIATE v_sql_dynamique;
  6       v_sql_dynamique := 'INSERT INTO  SAV_CAT '||
  7               ' SELECT * FROM CATEGORIES';
  8       EXECUTE IMMEDIATE v_sql_dynamique;
  9  end;
 10  /

Procédure PL/SQL terminée avec succès.
```

La clause « **USING** » vous permet d'utiliser des arguments de liaison qui peuvent être « **IN** », « **IN OUT** » ou « **OUT** ». Si le mode n'est pas spécifié, il est « **IN** » par défaut.

Dans le bloc SQL dynamique, chacun des arguments est considéré comme une variable de liaison. Ainsi, chaque variable de liaison dans la chaîne SQL doit correspondre à un argument dans la clause « **USING** » lié, non par le nom, mais par la position.

```
SQL> declare
  2      v_nom_colonne           VARCHAR2(30)  := 'REND_COMPTE';
  3      v_val_colonne           NUMBER(2)      := 5;
  4      v_augmentation          NUMBER(5)      := 150;
  5      v_sql_dynamique  VARCHAR2(200) ;
  6  begin
  7    SELECT COLUMN_NAME INTO v_nom_colonne FROM USER_TAB_COLS
  8    WHERE TABLE_NAME = 'EMPLOYES' AND COLUMN_NAME = v_nom_colonne;
  9    v_sql_dynamique := 'UPDATE EMPLOYES SET '||
 10            'COMMISSION = COMMISSION + :var1  WHERE '||
 11            v_nom_colonne||' LIKE :var2';
 12    EXECUTE IMMEDIATE v_sql_dynamique
 13          USING v_augmentation, v_val_colonne;
 14    dbms_output.put_line(SQL%ROWCOUNT||' ont été modifiés : '||
 15          v_nom_colonne||' = '||v_val_colonne);
 16  end;
 17  /
2 ont été modifiés : REND_COMPTE = 5

Procédure PL/SQL terminée avec succès.

SQL> declare
  2      v_val_colonne         DATE           := '01/01/1960';
  3      v_augmentation        NUMBER(5,3)   := 1.05;
  4      v_nb_enreg            NUMBER(2)     := 0;
  5      v_sql_dynamique       VARCHAR2(500):=
  6         'declare
  7             v_date   DATE := :arg1;
  8             v_pct    NUMBER(5,3) := :arg2;
  9          begin
```

```
10            UPDATE EMPLOYES SET SALAIRE = SALAIRE * v_pct
11            WHERE DATE_NAISSANCE < v_date;
12            :arg3 := SQL%ROWCOUNT;
13        end;';
14  begin
15    EXECUTE IMMEDIATE v_sql_dynamique
16      USING IN v_val_colonne, IN v_augmentation,OUT v_nb_enreg;
17    dbms_output.put_line( v_nb_enreg||
18                        ' enregistrements ont été modifiés : ');
19  end;
20  /
4 enregistrements ont été modifiés :

Procédure PL/SQL terminée avec succès.
```

Les arguments peuvent être de n'importe quel type de données SQL, y compris des collections, des LOB ou des instances de types d'objets.

```
SQL> declare
  2     TYPE TABLEAU_ROWID IS TABLE OF ROWID INDEX BY BINARY_INTEGER;
  3     v_tab_rowid         TABLEAU_ROWID;
  4     v_val_colonne       DATE         := '06/05/1998';
  5     v_augmentation      NUMBER(5,3)  := 1.05;
  6     v_sql_dynamique  VARCHAR(500) :=
  7       'UPDATE COMMANDES SET PORT = PORT * :arg1
  8        WHERE DATE_COMMANDE = :arg2 RETURNING ROWID INTO :arg3';
  9  begin
 10    EXECUTE IMMEDIATE v_sql_dynamique USING v_augmentation,
 11    v_val_colonne RETURNING BULK COLLECT INTO v_tab_rowid;
 12    for i in 1..SQL%ROWCOUNT LOOP
 13        dbms_output.put_line(v_tab_rowid(i));
 14    end loop;
 15  end;
 16  /
AAAMy/AAFAAAABXABf
AAAMy/AAFAAAABXABg
AAAMy/AAFAAAABXABh
AAAMy/AAFAAAABXABi

Procédure PL/SQL terminée avec succès.
```

- *IF THEN ELSIF ELSE*

- *CASE*

- *LOOP*

- *FOR*

- *FORALL*

# 5

# Les structures de contrôle

## Objectifs

À la fin de ce module, vous serez à même d'effectuer les tâches suivantes :

- Décrire les instructions de contrôle.
- Construire une instruction de contrôle avec des choix multiples.
- Écrire des blocs avec des structures itératives.
- Écrire des requêtes LMD utilisant des traitements par lot.

## Contenu

# Instructions de contrôle

Les structures qui permettent de contrôler le flux d'exécution sont essentielles dans n'importe quel langage de programmation.

Le langage PL/SQL offre les structures de contrôle, conditionnelles et itératives, présentes dans tous les langages de programmation.

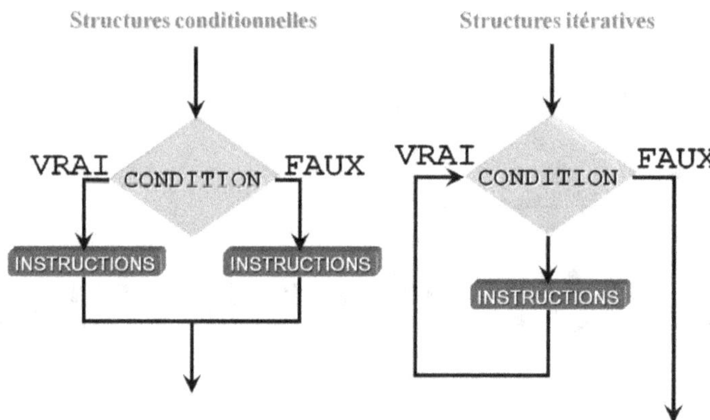


La structure conditionnelle permet l'exécution d'une séquence d'instructions sous le contrôle d'une condition. L'expression de la condition utilisée suit les règles de construction d'un prédicat dans le langage SQL et peut être de type simple ou composé.

Le langage PL/SQL propose également plusieurs types de structures itératives qui permettent l'exécution d'instructions plusieurs fois en fonction d'une condition.

Les structures de contrôle permettent de gérer toutes sortes de situations. Lorsqu'elles sont utilisées dans un programme, le flux d'exécution de celui-ci est conditionné par le résultat des tests qu'elles définissent.

Ce chapitre décrit les différentes structures de contrôle de flux.

# Structures conditionnelles

Lorsque vous écrivez des programmes, il arrive fréquemment que vous deviez tester des conditions. Le résultat d'un test conditionnel ne peut être que « **TRUE** » ou « **FALSE** ». Le langage PL/SQL permet d'évaluer des conditions de type « **IF-THEN-ELSE** » à l'aide la syntaxe suivante :

```
IF CONDITION THEN

    COMMANDES ;

[ELSIF CONDITION THEN

        COMMANDES ;[,...]]

[ELSE

        COMMANDES ;]

END IF ;
```

L'expression de la condition utilisée suit les règles de construction d'un prédicat dans le langage SQL et peut être de type simple ou composé. Vous pouvez utiliser également des variables de type « **BOOLEAN** ».

   

Les opérateurs utilisés dans les expressions conditionnelles sont :

« **=** », « **<** », « **>** », « **<=** », « **>=** »,

« **<>** », « **!=** », « **~=** », « **^=** »,

« **IS NULL** », « **LIKE** », « **BETWEEN** », « **IN** »,

« **NOT** », « **AND** », « **OR** »

Les opérateurs logiques « **AND** » et « **OR** » peuvent être utilisés pour combiner des expressions booléennes pouvant prendre trois valeurs « **TRUE** », « **FALSE** » ou « **NULL** ». Il est également possible d'utiliser l'opérateur négation « **NOT** ».

## *Attention*

Attention, il faut se rappeler que toute opération avec une valeur « **NULL** » a le résultat « **NULL** ».

Il faut, par conséquent, utiliser des fonctions de traitement de la valeur « **NULL** » comme la fonction « **NVL** » ou utiliser des opérateurs logiques comme « **IS NULL** » pour traiter les variables qui peuvent avoir une valeur « **NULL** ».

Autrement, il faut savoir que toute variable déclarée sans avoir été renseignée par une affectation a la valeur « **NULL** ».

Les deux tableaux suivants précisent le résultat d'opérateurs logiques qui mettent en jeu ces trois valeurs :

| AND | TRUE | FALSE | NULL |
|-------|-------|-------|-------|
| TRUE | TRUE | FALSE | NULL |
| FALSE | FALSE | FALSE | FALSE |
| NULL | NULL | FALSE | NULL |

| OR | TRUE | FALSE | NULL |
|-------|-------|-------|-------|
| TRUE | TRUE | TRUE | TRUE |
| FALSE | TRUE | FALSE | NULL |
| NULL | TRUE | NULL | NULL |

| NOT | TRUE | FALSE | NULL |
|-------|-------|-------|-------|
| | FALSE | TRUE | NULL |

La structure conditionnelle « **IF** » peut se présenter sous trois formes :

### *IF-THEN*

Les instructions sont exécutées uniquement si l'expression conditionnelle retourne la valeur « **TRUE** ». Si la condition a la valeur « **FALSE** » ou la valeur « **NULL** », les instructions ne sont pas exécutées.

Dans l'exemple suivant, on teste si le salaire de l'employé `Peacock` est ou non supérieur à la moyenne des salaires des `Représentant(e)`.

```
SQL> declare
  2      v_nom EMPLOYES.NOM%TYPE;
  3      v_sal EMPLOYES.SALAIRE%TYPE;
  4      v_avg EMPLOYES.SALAIRE%TYPE;
  5  begin
  6      SELECT NOM, SALAIRE,
  7         ( SELECT AVG( SALAIRE) FROM EMPLOYES
  8             WHERE FONCTION LIKE 'Rep%') AVG_SAL INTO v_nom, v_sal, v_avg
  9             FROM EMPLOYES WHERE NO_EMPLOYE = 4;
 10      if  v_sal > v_avg then
 11          dbms_output.put_line( v_nom );
 12          dbms_output.put_line( 'Salaire '||v_sal
 13                                    ||' supérieur à la moyenne');
 14      end if;
 15  end;
 16  /
Peacock
Salaire 2856 supérieur à la moyenne

Procédure PL/SQL terminée avec succès.
```

### IF-THEN-ELSE

Les instructions qui suivent « **THEN** » sont exécutées si la condition est « **TRUE** ». Celles qui suivent « **ELSE** » sont exécutées si la condition est « **FALSE** » ou « **NULL** ».

```
SQL> declare
  2        v_employe EMPLOYES%ROWTYPE;
  3  begin
  4      SELECT * INTO v_employe FROM EMPLOYES WHERE NO_EMPLOYE = 2;
  5      IF v_employe.COMMISSION > 0 THEN
  6        dbms_output.put_line( 'Salaire : '||
  7                  v_employe.SALAIRE + v_employe.COMMISSION);
  8      ELSE
  9        dbms_output.put_line( 'Salaire : '||v_employe.SALAIRE);
 10      END IF;
 11  end;
 12  /
Salaire : 10000

Procédure PL/SQL terminée avec succès.
```

Dans cet exemple, on réalise le test de la `COMMISSION` pour l'enregistrement de l'employé '2'.

### IF-THEN-ELSIF

La dernière forme de l'instruction permet d'imbriquer plusieurs structures alternatives, elle permet de tester une autre condition quand la première n'a pas été validée.

```
SQL> set verify off
SQL> set serveroutput on
SQL> begin
  2    if &&valeur < 15 then
  3            dbms_output.put_line('**** &&valeur < 15 ****');
  4    elsif &&valeur < 100 then
  5            dbms_output.put_line('**** &&valeur < 100 ****');
```

```
 6    else
 7              dbms_output.put_line('**** &&valeur >= 100 ****');
 8    end if;
 9  end;
10  /
Entrez une valeur pour valeur : 50
**** 50 < 100 ****
```

Cet exemple montre un bloc PL/SQL comportant une variable de substitution `&&valeur` qui est testée.

### Note

La syntaxe de l'instruction « **IF** » est dictée par deux règles :

- Le mot-clé « ELSIF » représente un seul mot et le mot-clé « END IF » est composé de deux mots.

- L'instruction « **IF** » peut comporter plusieurs clauses « **ELSIF** » mais une seule clause « **ELSE** ».

Toute structure conditionnelle « **IF** » peut être imbriquée dans une autre structure conditionnelle.

```
SQL> set verify off
SQL> set serveroutput on
SQL> declare
 2     v_lettre CHAR(1) := '&sv_lettre';
 3  begin
 4     if (v_lettre >= 'A' and v_lettre <= 'Z') or
 5        (v_lettre >= 'a' and v_lettre <= 'z')
 6     then
 7        dbms_output.put_line('Lettre');
 8     else
 9        if v_lettre BETWEEN '0' and '9' then
10           dbms_output.put_line('Nombre');
11        else
12           dbms_output.put_line('Autre');
13        end if;
14     end if;
15  end;
16  /
Entrez une valeur pour sv_lettre : #
Autre

Procédure PL/SQL terminée avec succès.
```

# Opérateurs PL/SQL

Il y a plusieurs opérateurs de comparaison qui sont disponibles pour contrôler les tableaux imbriqués stockés dans les tables ou les variables déclarées dans les blocs PL/SQL.

### *IS EMPTY*

Cet opérateur est semblable à l'opérateur « **IS NULL** » pour les variables scalaires ; il permet de contrôler si un tableau imbriqué est vide. Un tableau qui a un élément « **NULL** » n'est pas un tableau vide. Attention, si la variable de type tableau imbriqué n'est pas instanciée, alors ces opérateurs retournent la valeur « **NULL** » comme dans l'exemple suivant :

```
SQL> declare
  2     TYPE t IS TABLE OF VARCHAR2(30);
  3     v  t;
  4     b    boolean ;
  5  begin
  6     b := v IS EMPTY;
  7     if b IS NULL then
  8        dbms_output.put_line( '1. b NULL tableau vide');
  9     end if;
 10     b := v IS NOT EMPTY;
 11     if b IS NULL then
 12        dbms_output.put_line( '2. b NULL tableau vide');
 13     end if;
 14     v := t();
 15     if v IS EMPTY then
 16        dbms_output.put_line( '3. b TRUE tableau vide');
 17     end if;
 18     v := t('');
 19     if v IS NOT EMPTY then
 20        dbms_output.put( '4. b TRUE '||
 21                             'tableau n''est pas vide ');
 22        if v(1) IS NULL then
 23           dbms_output.put_line( '-- l''élément est NULL '||
 24                             'mais le tableau n''est pas vide');
 25        end if;
 26     end if;
 27  end;
 28  /
1. b NULL tableau vide
2. b NULL tableau vide
3. b TRUE tableau vide
4. b TRUE tableau n'est pas vide -- l'élément est NULL mais le tableau
n'est pas vide

Procédure PL/SQL terminée avec succès.
```

### IS A SET

L'opérateur permet de contrôler qu'un tableau imbriqué est un ensemble unique d'éléments. Si le tableau n'est pas instancié, l'opérateur retourne la valeur « **NULL** ».

```
SQL> declare
  2    TYPE t IS TABLE OF NUMBER;
  3    v  t;
  4    b  boolean ;
  5  begin
  6     b := v IS A SET;
  7     if b IS NULL then
  8           dbms_output.put_line( '1. v n''est pas instancié ');
  9     end if;
 10     v := t(1,2,3);
 11     if v IS A SET then
 12        dbms_output.put_line( '2. ensemble unique');
 13     end if;
```

```
14        v := t(1,2,3,3);
15        if v IS NOT A SET then
16            dbms_output.put_line( '3. ensemble non unique');
17        end if;
18    end;
19    /
1. v n'est pas instancié
2. ensemble unique
3. ensemble non unique

Procédure PL/SQL terminée avec succès.
```

## MEMBER OF

L'opérateur contrôle qu'une expression, l'argument de gauche, est membre d'un tableau imbriqué, l'argument de droite. Le type de retour de l'expression est identique au type des éléments du tableau.

```
SQL> declare
2        TYPE t IS TABLE OF CHAR(1);
3        a1   CHAR := 'C';
4        a2   t := t('A','B','C','D','E','F','G');
5        a3   CHAR ;
6        b    boolean ;
7    begin
8        if a1 MEMBER OF a2 then
9            dbms_output.put_line( 'a1 est membre de a2');
10       end if;
11       b := a3 MEMBER OF a2;
12       if b IS NULL then dbms_output.put_line( 'b NULL'); end if;
13   end;
14   /
a1 est membre de a2
b NULL

Procédure PL/SQL terminée avec succès.
```

## SUBMULTISET

L'opérateur contrôle qu'un ensemble d'éléments d'un tableau imbriqué, l'argument de gauche, est un sous-ensemble d'un deuxième tableau imbriqué, l'argument de droite.

```
SQL> declare
2        TYPE t IS TABLE OF CHAR(1);
3        a1   t := t('B','D','F','G');
4        a2   t := t('A','B','C','D','E','F','G');
5        a3   t := t('B','D','F','G');
6        a4   t := t();
7    begin
8        if a1 SUBMULTISET a2 then
9            dbms_output.put_line( 'a1 est un sous-ensemble de a2');
10       end if;
11       if a1 SUBMULTISET a3 then
12           dbms_output.put_line( 'a1 est un sous-ensemble de a3');
13       end if;
14       if NOT a1 SUBMULTISET a4 then
15           dbms_output.put_line('a1 n''est pas un sous-ensemble de a4');
16       end if;
17       if NOT a2 SUBMULTISET a1 then
```

```
18          dbms_output.put_line('a2 n''est pas un sous-ensemble de a1');
19     end if;
20  end;
21  /
a1 est un sous-ensemble de a2
a1 est un sous-ensemble de a3
a1 n'est pas un sous-ensemble de a4
a2 n'est pas un sous-ensemble de a1

Procédure PL/SQL terminée avec succès.
```

# CASE

L'instruction « **CASE** » permet de sélectionner une séquence de commandes à exécuter parmi plusieurs séquences possibles. L'instruction « **CASE** » permet une exécution conditionnelle comme l'instruction « **IF..THEN..ELSIF** ». Cependant, cette fonction est plus adaptée aux conditions comportant de nombreux choix différents. La première syntaxe de cette fonction est :

```
CASE EXPRESSION
   WHEN VALEUR THEN COMMANDES [,...] [ELSE COMMANDES] END CASE;
```

|  |  |
|---|---|
| **EXPRESSION** | L'argument EXPRESSION peut être de type numérique, chaîne, ou date, et retourne la valeur qui doit être évaluée. |
| **VALEUR** | L'argument VALEUR est de même type que EXPRESSION. |

```
SQL> declare
  2      v_arg  NUMBER(2) := &valeur;
  3  begin
  4     case v_arg
  5     when 1 then dbms_output.put_line( 'La valeur saisie est : 1');
  6     when 2 then dbms_output.put_line( 'La valeur saisie est : 2');
  7     when 3 then dbms_output.put_line( 'La valeur saisie est : 3');
  8     else        dbms_output.put_line( 'Toute autre valeur.');
  9     end case;
 10  end;
 11  /
Entrez une valeur pour valeur : 3
ancien   2 :      v_arg  NUMBER(2) := &valeur;
nouveau  2 :      v_arg  NUMBER(2) := 3;

Procédure PL/SQL terminée avec succès.
```

### *Attention*

La clause « **ELSE** » est optionnelle, mais si elle n'est pas présente et qu'aucune des valeurs n'est égale à l'expression, alors une erreur se produit.

Il est préférable d'utiliser la clause « **ELSE** » sans aucun traitement plutôt que d'avoir l'exception « **CASE_NOT_FOUND** ».

```
SQL> declare
  2      v_arg NUMBER(2) := 10;
  3  begin
  4     case v_arg
```

　　　　　　　　　　　　　　　　　　　　　　　

```
 5        when 1 then dbms_output.put_line( 'La valeur saisie est : 1');
 6        end case;
 7   end;
 8   /
declare
*
ERREUR à la ligne 1 :
ORA-06592: CASE introuvable lors de l'exécution de l'instruction CASE
ORA-06512: à ligne 4

SQL> declare
 2        v_arg NUMBER(2) := 10;
 3   begin
 4        case v_arg
 5        when 1 then dbms_output.put_line( 'La valeur saisie est : 1');
 6        else        NULL;
 7        end case;
 8   end;
 9   /

Procédure PL/SQL terminée avec succès.
```

## CASE avec recherche

La syntaxe de l'instruction « **CASE** » avec recherche ne comporte pas d'expression à évaluer mais une liste de conditions booléennes. La séquence de commandes associée à la première condition qui renvoie « **TRUE** » est exécutée.

La syntaxe de l'instruction « **CASE** » avec recherche est :

**CASE WHEN CONDITION THEN COMMANDES [,...][ELSE COMMANDES] END CASE;**

```
SQL> declare
 2        v_valeur number := to_char( sysdate, 'ssss');
 3   begin
 4        case
 5        when MOD(v_valeur,2)=0 then
 6            dbms_output.put_line( 'La valeur : '||v_valeur
 7                                          ||' est un multiple de 2');
 8        when MOD(v_valeur,3)=0 then
 9            dbms_output.put_line( 'La valeur : '||v_valeur
10                                          ||' est un multiple de 3');
11        when MOD(v_valeur,5)=0 then
12            dbms_output.put_line( 'La valeur : '||v_valeur
13                                          ||' est un multiple de 5');
14        else
15            dbms_output.put_line( 'Toute autre valeur.');
16        end case;
17   end;
18   /
La valeur : 3434 est un multiple de 2

Procédure PL/SQL terminée avec succès.
```

Ci-dessus, la variable v_valeur contient les secondes depuis minuit, puis on recherche si elle est divisible par 2, 3, 5 ou 7.

## *Attention*

La séquence de commandes associée à la première condition qui renvoie « **TRUE** » est exécutée.

Ainsi, l'ordre dans lequel on va écrire les conditions est important ; comme plusieurs conditions peuvent être valides en même temps, c'est uniquement la séquence de commandes associée à la première condition trouvée qui est exécutée.

```
SQL> declare
  2     v_arg NUMBER(2) := 10;
  3  begin
  4     case
  5     when v_arg between 10 and 20 then
  6         dbms_output.put_line( 'condition 01 ');
  7     when v_arg = 10 then
  8         dbms_output.put_line( 'condition 02 ');
  9     when MOD(v_arg ,2)=0 then
 10         dbms_output.put_line( 'condition 03 ');
 11     when TO_CHAR( SYSDATE,'YYYY') = 2006 then
 12         dbms_output.put_line( 'condition 04 ');
 13     when USER = 'STAGIAIRE' then
 14         dbms_output.put_line( 'condition 05 ');
 15     end case;
 16  end;
 17  /
condition 01

Procédure PL/SQL terminée avec succès.
```

Dans l'exemple précédent, toutes les conditions renvoient « **TRUE** », mais seule la séquence de commandes associée à la première condition est exécutée.

# Structure répéter

Les boucles permettent d'exécuter une série d'instructions de façon répétée. Lors de l'écriture d'une boucle, il faut veiller à fournir le code nécessaire pour qu'elle puisse se terminer lorsqu'une condition de sortie est rencontrée. Le langage PL/SQL propose trois types de structures répétitives.

L'instruction « **LOOP** » répète indéfiniment une séquence d'instructions. La syntaxe de cette instruction est :

```
[<<NOM_BOUCLE>>]
LOOP
    COMMANDES ;
END LOOP [NOM_BOUCLE] ;
```

L'instruction « **LOOP** » étant une boucle infinie, il faut utiliser une instruction de sortie, « **EXIT** », à l'aide de la syntaxe suivante :

```
EXIT [NOM_BOUCLE] [WHEN CONDITION];
```

## *Attention*

L'instruction « **LOOP** » initialise une boucle sans fin, si vous n'utilisez pas d'instruction « **EXIT** ».

Cette structure est utile quand il n'est pas nécessaire de tester la condition pour exécuter la séquence des instructions. Cependant, elle peut facilement induire des erreurs de programmation bloquantes comme une boucle sans fin.

Dans l'exemple suivant, vous pouvez voir la mise en œuvre d'une boucle « **LOOP** » qui incrémente la variable v_compteur. L'instruction « **EXIT** » examine la valeur du v_compteur et teste la condition de sortie.

```
SQL> declare
  2      v_compteur number := 0;
  3  begin
  4      <<BOUCLE_INCREMENT>>
  5      loop
  6          v_compteur := v_compteur + 1;
  7          dbms_output.put_line( 'Passage numéro : '||v_compteur);
  8          exit BOUCLE_INCREMENT when v_compteur > 3;
  9      end loop;
 10  end;
 11  /
Passage numéro : 1
Passage numéro : 2
Passage numéro : 3
Passage numéro : 4

Procédure PL/SQL terminée avec succès.
```

L'instruction « **LOOP** » peut être utilisée également en effectuant vous-même la condition qui exécutera la commande « **EXIT** », comme dans l'exemple suivant.

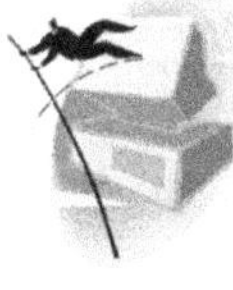

```
SQL> declare
  2      v_compteur number := 0;
  3  begin
  4      loop
  5          v_compteur := v_compteur + 1;
  6          dbms_output.put_line( 'Passage numéro : '||v_compteur);
  7          if  v_compteur > 2 then exit; end if;
  8      end loop;
  9  end;
 10  /
Passage numéro : 1
Passage numéro : 2
Passage numéro : 3

Procédure PL/SQL terminée avec succès.
```

L'instruction « **CONTINUE** » est introduite à partir de la version Oracle 11g ; elle permet de contrôler le déroulement du parcours d'une boucle. La syntaxe d'utilisation est semblable à celle de l'instruction « **EXIT** » comme suit :

**CONTINUE [NOM_BOUCLE] [WHEN CONDITION];**

L'utilisation de l'instruction si la condition est vérifiée permet de finir l'itération en cours et de passer à l'itération suivante.

```
SQL> declare
  2      v_compteur number(2) := 0;
  3  begin
  4      loop
  5          v_compteur := v_compteur + 1;
```

```
    6            exit when v_compteur > 6;
    7            continue when v_compteur between 3 and 5;
    8            dbms_output.put_line ('Traitement index ='||
    9                              to_char (v_compteur));
   10      end loop;
   11  end;
   12  /
Traitement index =1
Traitement index =2
Traitement index =6

Procédure PL/SQL terminée avec succès.
```

Il faut faire attention quand vous utilisez l'instruction « **CONTINUE** » avec ce type de boucle car le compteur et la condition de sortie de boucle sont des traitements qui vous incombent. Il faut s'assurer que l'incrémentation du compteur et la condition de sortie de la boucle peuvent être assurés, sinon la boucle est infinie, comme dans l'exemple suivant.

```
SQL> declare
  2      v_compteur number(2) := 0;
  3  begin
  4      loop
  5          continue when v_compteur between 3 and 5;
  6          v_compteur := v_compteur + 1;
  7          exit when v_compteur > 7;
...
```

# Structure tant que

L'instruction « **WHILE** » répète une séquence d'instructions tant que la condition reste vraie. Avant chaque itération et notamment la première, la condition est évaluée.

La syntaxe de cette instruction est :

```
[<<NOM_BOUCLE>>]

WHILE CONDITION LOOP

    COMMANDES ;

END LOOP [NOM_BOUCLE] ;
```

```
SQL> declare
  2      TYPE TABLEAU_EMPLOYE IS TABLE OF EMPLOYES%ROWTYPE
  3              INDEX BY BINARY_INTEGER;
  4      t_emp TABLEAU_EMPLOYE;
  5      v_compteur      NUMBER(2) := 0;
  6  begin
  7      SELECT * BULK COLLECT INTO t_emp FROM EMPLOYES
  8      WHERE FONCTION LIKE 'Rep%' AND PAYS = 'France';
  9      while v_compteur < SQL%ROWCOUNT
 10      loop
 11          v_compteur := v_compteur + 1;
 12          dbms_output.put_line( t_emp(v_compteur).NO_EMPLOYE||' '||
 13              t_emp(v_compteur).NOM||' '||t_emp(v_compteur).PRENOM);
 14      end loop;
 15  end;
 16  /
```

```
110 Regner Charles
111 Teixeira Claudia
29 Frederic Jean Marie
45 Gregoire Renée


Procédure PL/SQL terminée avec succès.
```

L'instruction « **CONTINUE** » peut être utilisée également pour ce type de boucle, mais il faut encore s'assurer que la condition de sortie de boucle est assurée, autrement la boucle est infinie.

```
SQL> declare
  2      TYPE TABLEAU_EMPLOYE IS TABLE OF EMPLOYES%ROWTYPE
  3              INDEX BY BINARY_INTEGER;
  4      t_emp TABLEAU_EMPLOYE;
  5      v_compteur      NUMBER(2) := 0;
  6  begin
  7      SELECT * BULK COLLECT INTO t_emp FROM EMPLOYES
  8      WHERE FONCTION LIKE 'Rep%' AND PAYS = 'France';
  9      while v_compteur < SQL%ROWCOUNT
 10      loop
 11          v_compteur := v_compteur + 1;
 12          continue when t_emp(v_compteur).NO_EMPLOYE < 100;
 13          dbms_output.put_line(t_emp(v_compteur).NO_EMPLOYE||' '||
 14             t_emp(v_compteur).NOM||' '||t_emp(v_compteur).PRENOM);
 15      end loop;
 16  end;
 17  /
110 Regner Charles
111 Teixeira Claudia


Procédure PL/SQL terminée avec succès.
```

# Structure pour

L'instruction « **FOR** » permet d'exécuter les instructions de la boucle en faisant varier un indice. Cette structure se caractérise par la connaissance a priori du nombre d'itérations calculé dès le premier passage.

La syntaxe de cette instruction est :

```
[<<NOM_BOUCLE>>]

FOR INDICE IN [REVERSE] EXPRESSION1..EXPRESSION2

LOOP

    COMMANDES ;

END LOOP [NOM_BOUCLE] ;
```

```
SQL> declare
  2      TYPE mon_type_tableau IS TABLE OF VARCHAR2(20)
  3          INDEX BY BINARY_INTEGER;
  4      mon_tableau mon_type_tableau;
  5  begin
  6      for i in 1..3
  7      loop
  8          mon_tableau(i) := 'Ligne numéro : '||i;
```

```
 9       end loop;
10
11       for v_compteur in reverse 1..3 loop
12           dbms_output.put_line( mon_tableau(v_compteur));
13       end loop;
14   end;
15   /
Ligne numéro : 3
Ligne numéro : 2
Ligne numéro : 1

Procédure PL/SQL terminée avec succès.
```

Ici, il y a implémentation de deux boucles de type « **FOR** ». Dans la première boucle, l'indice utilisé est implicitement déclaré comme une variable en lecture et elle est incrémentée entre 1 et 3. La deuxième boucle utilise comme indice une variable déjà déclarée v_compteur et elle est décrémentée entre 3 et 1.

```
SQL> begin
  2       for i in 1..3
  3       loop dbms_output.put_line( i); end loop;
  4       dbms_output.put_line( i);
  5   end;
  6   /
    dbms_output.put_line( i);
                            *
ERREUR à la ligne 6 :
ORA-06550: Ligne 6, colonne 26 :
PLS-00201: l'identificateur 'I' doit être déclaré
ORA-06550: Ligne 6, colonne 4 :
PL/SQL: Statement ignored
```

## Note

La variable indice est déclarée implicitement, mais vous pouvez utiliser un indice déclaré auparavant.

Attention, toute variable déclarée implicitement n'est visible que dans l'intérieur de la boucle.

Il faut faire attention, car la variable utilisée comme indice ne peut pas être modifiée dans la boucle. Si une modification est effectuée, une exception est levée.

```
SQL> begin
  2       for v_compteur in 1..6
  3       loop v_compteur := v_compteur +1; end loop;
  5   end;
  6   /           v_compteur := v_compteur +1;
        *
ERREUR à la ligne 4 :
ORA-06550: Ligne 4, colonne 7 :
PLS-00363: expression 'V_COMPTEUR' ne peut être utilisée comme cible
d'affectation
ORA-06550: Ligne 4, colonne 7 :
PL/SQL: Statement ignored
```

Les instructions « **EXIT** » et « **CONTINUE** » peuvent être utilisées également pour contrôler plus finement ce type de boucle.

```
SQL> begin
  2      for v_compteur in 1..100 loop
  3          if v_compteur > 7 then exit; end if;
  4          continue when v_compteur between 3 and 5;
  5          dbms_output.put_line('Traitement index='||to_char (v_compteur));
  6      end loop;
  7  end;
  8  /
Traitement index=1
Traitement index=2
Traitement index =6
Traitement index =7

Procédure PL/SQL terminée avec succès.
```

# FORALL

Le langage de programmation PL/SQL est étroitement intégré au moteur SQL de la base de données Oracle. Cette intégration ne signifie pas forcément que l'exécution de code SQL à partir d'un programme PL/SQL n'a aucun coût.

Lorsque le moteur d'exécution PL/SQL traite un bloc de code, il exécute les ordres procéduraux dans son propre moteur mais passe les ordres SQL au moteur SQL. La couche SQL exécute les ordres SQL puis, si nécessaire, renvoie les informations au moteur PL/SQL.

Le transfert de contrôle entre les moteurs PL/SQL et SQL est appelé changement de contexte. Chaque fois qu'un changement survient, un coût supplémentaire est induit. Dans certains cas, les changements sont nombreux et les performances se dégradent.

L'instruction « **FORALL** » permet de regrouper plusieurs changements de contexte en un seul, améliorant ainsi les performances de vos applications. En d'autres termes, les mêmes ordres SQL sont exécutés, mais ils le sont dans le même appel à la couche SQL, réduisant ainsi les changements de contexte.

La syntaxe de cette instruction est :

**FORALL INDICE IN EXPRESSION1..EXPRESSION2 COMMANDE LMD;**

Vous pouvez utiliser une variable **SQL*Plus** « **TIMING** » pour afficher la durée de l'exécution d'un ordre **SQL** ou d'un bloc **PL/SQL**.

Une deuxième commande exécutée est :

**ALTER SYSTEM FLUSH BUFFER_CACHE ;**

Cette commande vide le cache des données Oracle et permet par conséquent d'estimer le temps d'exécution sans être tributaire des données trouvées en cache. Ce mode de fonctionnement permet d'avoir une égalité de traitement du point de vue lecture des données des tables interrogées. Attention, la commande nécessite des privilèges d'administration car elle peut fortement perturber le fonctionnement d'un serveur de base de données du point de vue des performances.

```
SQL> SET TIMING ON
SQL> ALTER SYSTEM FLUSH BUFFER_CACHE;

Système modifié.

Ecoulé : 00 :00 :00.26
SQL> declare
  2      TYPE TABLEAU_ROWID IS TABLE OF
```

```
 3            ROWID INDEX BY BINARY_INTEGER;
 4     v_rowid          TABLEAU_ROWID;
 5     v_nb_comm        BINARY_INTEGER := 0;
 6     v_nb_det_comm  BINARY_INTEGER := 0;
 7   begin
 8     SELECT DC.ROWID BULK COLLECT INTO v_rowid FROM COMMANDES NATURAL
 9     JOIN DETAILS_COMMANDES DC WHERE DATE_COMMANDE > '30/04/2011';
10     v_nb_comm := SQL%ROWCOUNT;
11     for i in 1..v_nb_comm
12     loop
13        UPDATE DETAILS_COMMANDES SET REMISE = REMISE * 1.05
14        WHERE ROWID = v_rowid(i);
15        v_nb_det_comm := v_nb_det_comm + SQL%ROWCOUNT;
16     end loop;
17     dbms_output.put_line( 'Commandes :'||v_nb_comm||' Détails :'
18             ||v_nb_det_comm||' Enregistrements :'||SQL%ROWCOUNT);
19     ROLLBACK;
20   end;
21   /
Commandes :65257 Détails :65257 Enregistrements :1

Procédure PL/SQL terminée avec succès.
Ecoulé : 00 :00 :09.14
SQL> ALTER SYSTEM FLUSH BUFFER_CACHE;

Système modifié.

Ecoulé : 00 :00 :00.21
SQL> declare
 2     TYPE TABLEAU_ROWID IS TABLE OF ROWID INDEX BY BINARY_INTEGER;
 3     v_rowid          TABLEAU_ROWID;
 4     v_nb_comm        BINARY_INTEGER := 0;
 5     v_nb_det_comm  BINARY_INTEGER := 0;
 6   begin
 7     SELECT DC.ROWID BULK COLLECT INTO v_rowid
 8     FROM COMMANDES NATURAL JOIN DETAILS_COMMANDES DC
 9     WHERE DATE_COMMANDE > '30/04/2011';
10     v_nb_comm := SQL%ROWCOUNT;
11     forall i in 1..v_nb_comm
12        UPDATE DETAILS_COMMANDES SET REMISE = REMISE * 1.05
13        WHERE ROWID = v_rowid(i);
14     v_nb_det_comm := v_nb_det_comm + SQL%ROWCOUNT;
15     dbms_output.put_line( 'Commandes :'||v_nb_comm||' Détails :'
16             ||v_nb_det_comm||' Enregistrements :'||SQL%ROWCOUNT);
17     ROLLBACK;
18   end;
19   /
Commandes :65257 Détails :65257 Enregistrements :65257

Procédure PL/SQL terminée avec succès.
Ecoulé : 00 :00 :06.14
```

Dans le premier bloc, on utilise la syntaxe classique de l'instruction « **FOR** » pour modifier les mêmes '65257' enregistrements, comme dans le deuxième bloc qui utilise lui l'instruction « **FORALL** ».

Le deuxième bloc modifie l'ensemble des enregistrements dans un seul appel à la couche SQL grâce à la pseudo-colonne « **SQL%ROWCOUNT** ». Le premier bloc effectue le même traitement mais avec des appels successifs.

## *Attention*

Il faut faire attention car l'indice utilisé dans la boucle « **FORALL** » ne peut pas être utilisé dans les ordres SQL de la boucle.

Vous pouvez utiliser des variables PL/SQL ou un tableau qui utilise l'indice de la boucle, mais pas l'indice directement.

```
SQL> declare
  2      TYPE t_nom_cat IS TABLE OF VARCHAR2(50);
  3      liste_nom_cat t_nom_cat := t_nom_cat (
  4          'Boissons','Condiments');
  5  begin
  6   forall i in liste_nom_cat.FIRST..liste_nom_cat.LAST
  7       UPDATE CATEGORIES SET NOM_CATEGORIE = liste_nom_cat(i)
  8       WHERE CODE_CATEGORIE = i;
  9  end;
 10  /
         WHERE CODE_CATEGORIE = i;
                                 *
ERREUR à la ligne 10 :
ORA-06550: Ligne 10, colonne 34 :
PLS-00430: La variable d'itération FORALL I n'est pas autorisée
dans ce contexte
```

Une autre possibilité de parcourir la boucle « **FORALL** » est d'utiliser l'indice ou les valeurs d'un tableau pour incrémenter l'indice de la boucle. La syntaxe d'utilisation de la boucle est la suivante :

```
FORALL INDICE IN{ [INDICE OF tableau[BETWEEN valeur01 AND valeur02]]
                 |[VALUES OF tableau] }

    COMMANDE LMD;
```

| | |
|---|---|
| **INDICE OF** | L'indice du tableau indiqué est utilisé pour alimenter l'indice de la boucle dans les bornes indiquées. |
| **VALUES OF** | Les valeurs du tableau indiqué sont utilisées pour alimenter l'indice de la boucle. |

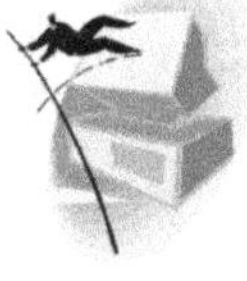

```
SQL> declare
  2      TYPE t_nom_cat IS TABLE OF VARCHAR2(50);
  3      TYPE t_id_cat IS TABLE OF PLS_INTEGER;
  4      l_nom_cat t_nom_cat ;
  5      l_id_cat  t_id_cat;
  6  begin
  7      SELECT CODE_CATEGORIE, NOM_CATEGORIE
  8      BULK COLLECT INTO l_id_cat,l_nom_cat FROM CATEGORIES;
  9      forall i in INDICES OF l_nom_cat BETWEEN 1 AND 3
 10          UPDATE CATEGORIES SET NOM_CATEGORIE = l_nom_cat(i)
 11          WHERE CODE_CATEGORIE = l_id_cat(i);
 12      dbms_output.put_line('Enregistrements modifiés : '||SQL%ROWCOUNT);
 13      forall i in VALUES OF l_id_cat
 14          UPDATE CATEGORIES SET CODE_CATEGORIE = l_id_cat(i)
 15          WHERE CODE_CATEGORIE = l_id_cat(i);
 16      dbms_output.put_line('Enregistrements modifiés : '||SQL%ROWCOUNT);
 17  end;
```

```
 18  /
Enregistrements modifiés : 3
Enregistrements modifiés : 10
Procédure PL/SQL terminée avec succès.
```

Dans le même esprit, vous pouvez utiliser le package « **DBMS_UTILITY** » avec la fonction « **GET_TIME** », qui fournit le temps en centièmes de seconde. L'utilisation de cette fonction permet de retrouver le temps d'une exécution par la différence des valeurs indiquées en début et fin du traitement. Voici un exemple qui effectue la comparaison de certains cas d'utilisation de la boucle de type « **FORALL** » en comparaison avec les boucles de type « **FOR** ».

```
STAG03@topaze>CREATE TABLE TEST01 AS
  2            SELECT * FROM DETAILS_COMMANDES WHERE 1=2;
STAG03@topaze>CREATE TABLE TEST02 AS
  2            SELECT * FROM DETAILS_COMMANDES WHERE 1=2;
STAG03@topaze>declare
  2     TYPE        t_details_commandes IS TABLE OF
  3                                    DETAILS_COMMANDES%ROWTYPE;
  4     TYPE        t_rowid IS TABLE OF ROWID;
  5     t_dc        t_details_commandes;
  6     t_dc_copy   t_details_commandes := t_details_commandes();
  7     e_dc        DETAILS_COMMANDES%ROWTYPE;
  8     t_rid01      t_rowid := t_rowid() ;
  9     t_rid11      t_rowid := t_rowid();
 10     t_rid02      t_rowid := t_rowid();
 11     t_rid12      t_rowid := t_rowid();
 12     v_rowid     ROWID;
 13     v_debut     SIMPLE_INTEGER := 0;
 14     v_fin       SIMPLE_INTEGER := 0;
 15     procedure p( p_label varchar2 := '',
 16                  p_num    number,
 17                  put      boolean  := TRUE)
 18     is
 19     begin
 20       if put then
 21         dbms_output.put( rpad(p_label,14)||':'||
 22                       to_char(p_num,'999,999'));
 23       else
 24         dbms_output.put_line( '   avec RETURNING :'||
 25                       to_char(p_num,'999,999'));
 26       end if;
 27     end;
 28 begin
 29     SELECT DC.* BULK COLLECT INTO T_DC FROM DETAILS_COMMANDES DC;-
 30     --------------------------------------------------------------
 31     -- FOR INSERT
 32     --------------------------------------------------------------
 33     v_debut     := dbms_utility.get_time;
 34     FOR indx IN t_dc.FIRST..t_dc.LAST
 35     LOOP
 36        INSERT INTO TEST01 VALUES t_dc(indx);
 37     END LOOP;
 38     COMMIT;
 39     v_fin       := dbms_utility.get_time - v_debut ;
 40     p( 'FOR    INSERT',v_fin);
 41     SELECT ROWID BULK COLLECT INTO t_rid01 FROM TEST01;
```

```
42   ------------------------------------------------------------------
43   -- FOR INSERT RETURNING
44   ------------------------------------------------------------------
45      v_debut      := dbms_utility.get_time;
46      FOR indx IN t_dc.FIRST..t_dc.LAST
47      LOOP
48         t_rid11.EXTEND;
49         INSERT INTO TEST01 VALUES t_dc(indx)
50               RETURNING ROWID INTO v_rowid;
51         t_rid11(indx) := v_rowid;
52      END LOOP;
53      COMMIT;
54      v_fin        := dbms_utility.get_time - v_debut ;
55      p( p_num=>v_fin,put=>FALSE);
56   ------------------------------------------------------------------
57   -- FORALL INSERT
58   ------------------------------------------------------------------
59      v_debut      := dbms_utility.get_time;
60      FORALL indx IN t_dc.FIRST..t_dc.LAST
61         INSERT INTO TEST02 VALUES t_dc(indx);
62      COMMIT;
63      v_fin        := dbms_utility.get_time - v_debut ;
64      p( 'FORALL INSERT',v_fin);
65      SELECT ROWID BULK COLLECT INTO t_rid02 FROM TEST02;
66   ------------------------------------------------------------------
67   -- FORALL INSERT RETURNING
68   ------------------------------------------------------------------
69      v_debut      := dbms_utility.get_time;
70      FORALL indx IN t_dc.FIRST..t_dc.LAST
71         INSERT INTO TEST02 VALUES t_dc(indx)
72               RETURNING ROWID BULK COLLECT INTO t_rid12;
73      COMMIT;
74      v_fin        := dbms_utility.get_time - v_debut ;
75      p( p_num=>v_fin,put=>FALSE);
76   ------------------------------------------------------------------
77   -- FOR UPDATE
78   ------------------------------------------------------------------
79      v_debut      := dbms_utility.get_time;
80      FOR indx IN t_dc.FIRST..t_dc.LAST
81      LOOP
82         UPDATE TEST01 SET
83            PRIX_UNITAIRE = t_dc(indx).PRIX_UNITAIRE*1.1,
84            QUANTITE      = t_dc(indx).QUANTITE*1.1
85         WHERE ROWID = t_rid11(indx);
86      END LOOP;
87      COMMIT;
88      v_fin        := dbms_utility.get_time - v_debut ;
89      p( 'FOR    UPDATE',v_fin);
90   ------------------------------------------------------------------
91   -- FOR UPDATE RETURNING
92   ------------------------------------------------------------------
93      v_debut      := dbms_utility.get_time;
94      FOR indx IN t_dc.FIRST..t_dc.LAST
95      LOOP
96         t_dc_copy.EXTEND;
```

```
 97          UPDATE TEST01 SET
 98             PRIX_UNITAIRE = t_dc(indx).PRIX_UNITAIRE*1.1,
 99             QUANTITE      = t_dc(indx).QUANTITE*1.1
100          WHERE ROWID = t_rid11(indx)
101          RETURNING NO_COMMANDE,REF_PRODUIT,PRIX_UNITAIRE,
102                    QUANTITE,REMISE,RETOURNE,ECHANGE
103          INTO e_dc;
104          t_dc_copy(indx) := e_dc;
105       END LOOP;
106       COMMIT;
107       v_fin        := dbms_utility.get_time - v_debut ;
108       p( p_num=>v_fin,put=>FALSE);
109    -------------------------------------------------------------------
110    -- FORALL UPDATE
111    -------------------------------------------------------------------
112       v_debut      := dbms_utility.get_time;
113       FORALL indx IN t_dc.FIRST..t_dc.LAST
114          UPDATE TEST02 SET
115             PRIX_UNITAIRE = t_dc(indx).PRIX_UNITAIRE,
116             QUANTITE      = t_dc(indx).QUANTITE
117          WHERE ROWID = t_rid12(indx);
118       COMMIT;
119       v_fin        := dbms_utility.get_time - v_debut ;
120       p( 'FORALL UPDATE',v_fin);
121    -------------------------------------------------------------------
122    -- FORALL UPDATE RETURNING
123    -------------------------------------------------------------------
124       v_debut      := dbms_utility.get_time;
125       t_dc_copy.DELETE;
126       FORALL indx IN t_dc.FIRST..t_dc.LAST
127          UPDATE TEST02 SET
128             PRIX_UNITAIRE = t_dc(indx).PRIX_UNITAIRE,
129             QUANTITE      = t_dc(indx).QUANTITE
130          WHERE ROWID = t_rid12(indx)
131          RETURNING NO_COMMANDE,REF_PRODUIT,PRIX_UNITAIRE,
132                    QUANTITE,REMISE,RETOURNE,ECHANGE
133          BULK COLLECT INTO t_dc_copy;
134       COMMIT;
135       v_fin        := dbms_utility.get_time - v_debut ;
136       p( p_num=>v_fin,put=>FALSE);
137    -------------------------------------------------------------------
138    -- FOR DELETE
139    -------------------------------------------------------------------
140       v_debut      := dbms_utility.get_time;
141       FOR indx IN t_dc.FIRST..t_dc.LAST
142       LOOP
143          DELETE TEST01 WHERE ROWID = t_rid01(indx);
144       END LOOP;
145       v_fin        := dbms_utility.get_time - v_debut ;
146       p( 'FOR    DELETE',v_fin);
147       COMMIT;
148    -------------------------------------------------------------------
149    -- FOR DELETE RETURNING
150    -------------------------------------------------------------------
151       v_debut      := dbms_utility.get_time;
```

```
152      t_dc_copy.DELETE;
153      FOR indx IN t_dc.FIRST..t_dc.LAST
154      LOOP
155        t_dc_copy.EXTEND;
156        DELETE TEST01 WHERE ROWID = t_rid11(indx)
157        RETURNING NO_COMMANDE,REF_PRODUIT,PRIX_UNITAIRE,
158               QUANTITE,REMISE,RETOURNE,ECHANGE
159        INTO e_dc;
160        t_dc_copy(indx) := e_dc;
161      END LOOP;
162      v_fin       := dbms_utility.get_time - v_debut ;
163      p( p_num=>v_fin,put=>FALSE);
164      COMMIT;
165    ----------------------------------------------------------------
166  -- FORALL DELETE
167    ----------------------------------------------------------------
168      v_debut     := dbms_utility.get_time;
169      FORALL indx IN t_dc.FIRST..t_dc.LAST
170        DELETE TEST02 WHERE ROWID = t_rid02(indx);
171      v_fin       := dbms_utility.get_time - v_debut ;
172      p( 'FORALL DELETE',v_fin);
173      COMMIT;
174    ----------------------------------------------------------------
175  -- FORALL DELETE RETURNING
176    ----------------------------------------------------------------
177      v_debut     := dbms_utility.get_time;
178      t_dc_copy.DELETE;
179      FORALL indx IN t_dc.FIRST..t_dc.LAST
180        DELETE TEST02 WHERE ROWID = t_rid12(indx)
181        RETURNING NO_COMMANDE,REF_PRODUIT,PRIX_UNITAIRE,
182               QUANTITE,REMISE,RETOURNE,ECHANGE
183        BULK COLLECT INTO t_dc_copy;
184      v_fin       := dbms_utility.get_time - v_debut ;
185      p( p_num=>v_fin,put=>FALSE);
186      COMMIT;
187  end;
188  /
FOR    INSERT :   1,173   avec RETURNING :   1,307
FORALL INSERT :     108   avec RETURNING :     806
FOR    UPDATE :   1,361   avec RETURNING :   2,393
FORALL UPDATE :     692   avec RETURNING :     724
FOR    DELETE :   1,377   avec RETURNING :   2,108
FORALL DELETE :   1,452   avec RETURNING :   1,369

Procédure PL/SQL terminée avec succès.

SQL> SELECT COUNT(*) FROM DETAILS_COMMANDES;

  COUNT(*)
----------
    476091
```

Les opérations de mise à jour des données sont exécutées une fois sans utiliser la clause
« **RETURNING** » et une deuxième fois avec cette clause pour comparer les temps d'exécution dans
les deux cas. Toutes les exécutions à l'aide de la boucle « **FORALL** » sont plus rapides. Rapportez-
vous au module concernant les exceptions pour voir le traitement complet de la commande
« **FORALL** ».

- *Les curseurs explicites*

- *Les boucles et curseurs*

- *FOR UPDATE*

- *CURRENT OF*

- *REF CURSOR*

# 6

# Les curseurs

## Objectifs

À la fin de ce module, vous serez à même d'effectuer les tâches suivantes :

- Déclarer des curseurs.

- Gérer les curseurs explicites.

- Décrire la vie d'un curseur.

- Utiliser les boucles FOR avec les curseurs.

- Effectuer des mises à jour avec les curseurs.

- Utiliser la variable curseur et écrire des requêtes dynamiques avec des curseurs.

## Contenu

# L'exécution d'une interrogation

Chaque requête d'interrogation est exécutée en trois phases : PARSE (l'analyse), EXECUTE (l'exécution) et FETCH (la récupération ou la lecture).

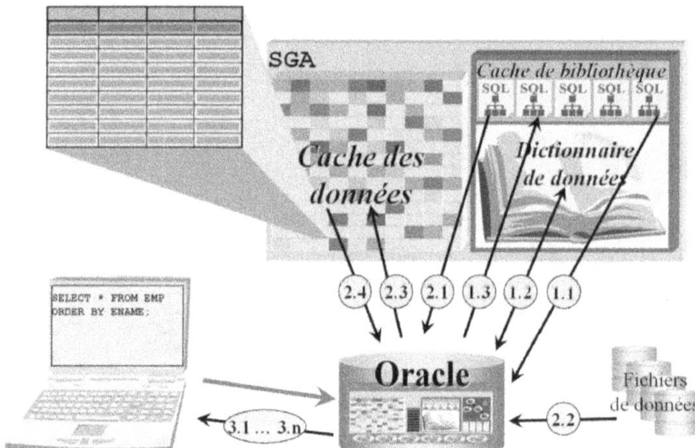


## 1. PARSE

Au cours de cette phase, Oracle vérifie la syntaxe de l'instruction SQL. Il réalise la résolution d'objets et les contrôles de sécurité pour l'exécution du code. Ensuite, il construit l'arbre d'analyse et développe le plan d'exécution pour l'instruction SQL ; ainsi construits, les deux composants (l'arbre d'analyse et le plan d'exécution) sont stockés dans le cache de bibliothèque.

### Étape 1.1

Le serveur cherche, dans le tampon SQL, s'il existe déjà une instruction correspondant à celle en cours de traitement.

S'il en trouve l'instruction, il peut utiliser l'arbre d'analyse ainsi que le plan d'exécution générée lors d'une exécution précédente de la même instruction, sans alors avoir besoin de l'analyser et de le reconstruire.

### Étape 1.2

Le serveur commence l'analyse de la requête par un contrôle syntactique afin de déterminer si la requête respecte la syntaxe SQL.

Ensuite, le serveur effectue une analyse sémantique afin de valider l'existence des objets (tables, vues, synonymes…), leurs composants utilisés dans la requête (champs, objets …), les droits de l'utilisateur, et pour déterminer quels sont les objets nécessaires pour construire l'arbre d'analyse.

Pendant la phase d'analyse sémantique, le serveur recherche les informations dans le dictionnaire de données.

## 2. EXECUTE

La phase d'exécution du traitement d'une instruction SQL revient à appliquer le plan d'exécution aux données.

### Étape 2.1

Le serveur utilise le plan d'exécution pour trouver les données à partir des fichiers des données.

### Étapes 2.2 et 2.3

Les données nécessaires pour la requête sont chargées et stockées dans le cache de données. Les données qui se trouvent déjà dans la mémoire ne sont pas chargées.

**Étape 2.4**

Les données qui sont renvoyées par la requête sont mises en forme.

### 3. FETCH

Le serveur renvoie des lignes sélectionnées et mises en forme au processus utilisateur. Il s'agit de la dernière étape du traitement d'une instruction SQL.

## Les curseurs

L'une des plus importantes caractéristiques du PL/SQL est la possibilité de manipuler les données ligne par ligne. Le SQL est un langage de type tout ou rien. Il est impossible de tester ou de modifier de manière sélective une ligne particulière dans un ensemble de lignes ramenées par un ordre « `SELECT` ».

Lorsque l'on exécute un ordre SQL à partir de PL/SQL, Oracle alloue une zone de travail privée pour cet ordre. Cette zone de travail contient des informations relatives à l'ordre SQL, ainsi que les statuts d'exécution de l'ordre. Les curseurs PL/SQL sont un mécanisme permettant de nommer cette zone de travail et de manipuler les données qu'elle contient. Un programme PL/SQL peut travailler avec plusieurs curseurs en même temps. Un curseur, durant son existence (de l'ouverture à la fermeture), contient en permanence l'adresse de la ligne courante.

Un curseur PL/SQL permet de récupérer et de traiter les données de la base dans un programme PL/SQL, ligne par ligne dans une ou plusieurs variables locales.

Il existe deux sortes de curseurs :

- Les curseurs implicites.

- Les curseurs explicites.

Le langage PL/SQL crée de manière implicite un curseur pour chaque ordre SQL, même pour ceux qui ne retournent qu'une ligne. Même lorsqu'une requête ne ramène qu'une seule ligne, on pourra préférer utiliser un curseur explicite.

Les curseurs implicites ont les inconvénients suivants :

- Ils sont moins performants que les curseurs explicites

- Ils sont plus sujets aux erreurs de données

- Ils laissent moins de contrôle au programmeur

# Les curseurs explicites

Pour les requêtes qui renvoient plus d'un enregistrement, vous pouvez déclarer explicitement un curseur, ce qui permet de traiter individuellement les lignes retournées.

Le traitement d'un curseur PL/SQL quel que soit son type, implicite ou explicite, effectue les mêmes opérations pour exécuter un ordre SQL à partir de votre programme.

### Analyse

La première étape du traitement d'un ordre SQL est son analyse afin de s'assurer qu'il est valide et de déterminer son plan.

### Liaison

Lorsque vous faites une liaison, vous associez des valeurs de votre programme à des arguments de votre ordre SQL. Le moteur PL/SQL effectue lui-même ces liaisons, mais en SQL dynamique, vous devez le faire de manière explicite.

### Ouverture

Lorsque vous ouvrez un curseur, les variables de liaison sont utilisées pour déterminer le jeu de résultats de l'ordre SQL. Le pointeur sur la ligne active, ou courante, est positionné sur la première ligne.

### Exécution

Dans la phase d'exécution, l'ordre est exécuté par le moteur SQL.

### Extraction

À chaque extraction, le PL/SQL déplace le pointeur à la prochaine ligne du jeu de résultats. Lorsque vous utilisez les curseurs explicites, l'extraction ne déclenche pas d'erreur s'il ne reste plus de lignes à extraire.

### Fermeture

Cette étape ferme le curseur et libère toute la mémoire utilisée par celui-ci. Une fois fermé, le curseur n'a plus de jeu de résultats. Dans certains cas, vous ne fermerez pas le curseur de manière explicite ; au lieu de cela, le moteur PL/SQL effectuera cette opération pour vous.

## Les étapes de la vie d'un curseur explicite

Les étapes d'utilisation d'un curseur explicite, pour traiter un ordre « **SELECT** », sont les suivantes : la déclaration du curseur, l'ouverture du curseur, le traitement des lignes et la fermeture du curseur.

# Déclaration

Tout curseur explicite utilisé dans un bloc PL/SQL doit obligatoirement être déclaré dans la section « **DECLARE** » du bloc, en précisant son nom et l'ordre SQL associé.

La syntaxe de déclaration d'un curseur explicite est :

```
CURSOR NOM_CURSOR [( NOM_ARGUMENT TYPE := VALEUR_DEFAUT[,...])]
     [RETURN SPECIFICATION] IS REQUETE ;
```

| | |
|---|---|
| **NOM_ARGUMENT** | L'argument décrit avec son type et la possibilité d'affecter une valeur par défaut. |
| **SPECIFICATION** | La déclaration publique de l'enregistrement que renverra le curseur. |
| **REQUETE** | La requête SQL sur laquelle se base le curseur. |
| **RETURN** | La clause permet de préciser le type de retour d'un curseur. |

La requête peut contenir tous les ordres SQL d'interrogation de données, y compris les opérateurs ensemblistes « **UNION** », « **INTERSECT** » ou « **MINUS** ».

Les arguments sont des variables scalaires, mais leur longueur ne doit pas être spécifiée. Le passage des valeurs des paramètres s'effectue à l'ouverture du curseur.

Dans l'exemple suivant, vous pouvez observer la création d'un curseur c_employe qui contient les colonnes NOM, PRENOM, SALAIRE pour l'ensemble des enregistrements de la table EMPLOYES.

```
SQL> declare
  2      CURSOR c_employe IS SELECT NOM, PRENOM, SALAIRE, COMMISSION
  3                 FROM EMPLOYES ORDER BY NOM;
```

L'exemple suivant expose la création d'un curseur `c_produit` contenant les colonnes `NOM_PRODUIT`, `PRIX_UNITAIRE` pour l'ensemble des produits du fournisseur et de la catégorie donnés, par l'intermédiaire des arguments `v_no_fournisseurs` et `v_code_categorie`.

```
SQL> declare
  2    CURSOR c_produit(v_no_fournisseur PRODUITS.NO_FOURNISSEUR%TYPE :=1,
  3                     v_code_categorie PRODUITS.CODE_CATEGORIE%TYPE :=1)
  4    IS SELECT NOM_PRODUIT,PRIX_UNITAIRE FROM PRODUITS
  5      WHERE NO_FOURNISSEUR = v_no_fournisseur
  6        AND CODE_CATEGORIE = v_code_categorie;
```

Les arguments des curseurs sont déclarés comme toute variable PL/SQL. Tous les types de variables compatibles avec les syntaxes SQL peuvent être utilisés. Vous pouvez également utiliser le référencement de plusieurs types d'entités existantes : colonne, table, curseur ou variable. Vous pouvez utiliser dans la déclaration les valeurs par défaut pour tous les arguments.

## Attention

Les expressions, calcul ou fonction SQL, dans la clause « **SELECT** » de la requête du curseur, doivent comporter un alias pour pouvoir être référencées.

Le curseur renvoie une structure des données correspondant à la requête qu'il utilise. Il est également possible de récupérer cette structure à l'aide de l'attribut « **%ROWTYPE** ».

```
SQL> declare
  2        CURSOR c_sum_sal IS SELECT FONCTION, SUM(SALAIRE) TOTAL_SALAIRE
  3              FROM EMPLOYES GROUP BY FONCTION;
  4        v_enreg_sum_sal c_sum_sal%ROWTYPE ;
```

Il est possible d'utiliser les curseurs dans des packages ; vous pouvez ainsi plus facilement réutiliser ces requêtes et éviter d'écrire le même ordre encore et encore à travers votre application. Vous ferez également quelques gains de performance en réduisant le nombre de fois où vous aurez besoin d'analyser vos requêtes.

Un autre avantage de la déclaration de curseur dans un package est la possibilité de séparer l'en-tête du curseur de son corps. L'en-tête contient juste l'information nécessaire au développeur pour utiliser ce curseur : son nom, ses éventuels paramètres et le type des données renvoyées.

Dans ce cas, vous avez besoin de la clause « **RETURN** », la déclaration publique de l'enregistrement que renverra le curseur.

```
SQL> ...
  2        CURSOR c_ventes ( a_client IN CLIENTS.CODE_CLIENT%TYPE,
  3                          a_date   IN COMMANDES.DATE_ENVOI%TYPE)
  3              RETURN COMMANDES%ROWTYPE ;
```

## Conseil

Il est intéressant de combiner l'utilisation de cette clause avec une structure de données « **%ROWTYPE** » si le curseur est défini dans la spécification d'un paquetage.

L'avantage de cette technique est de pouvoir recompiler le corps sans avoir à modifier la spécification.

# Ouverture

Dès que vous ouvrez le curseur, l'exécution de l'ordre SQL est lancée. Cette phase d'ouverture s'effectue dans la section « **BEGIN** » du bloc.

La syntaxe d'ouverture d'un curseur est :

```
OPEN NOM_CURSOR [( VALEUR_ARGUMENT[,...])] ;
SQL> declare
  2      CURSOR c_employe IS SELECT NOM, PRENOM, SALAIRE, COMMISSION
  3                          FROM EMPLOYES ORDER BY NOM;
  4  begin
  5      open  c_employe;
```

Attention, vous ne pouvez pas ouvrir un curseur qui est déjà ouvert ; si tel est le cas vous obtiendrez une erreur.

```
SQL> declare
  2      CURSOR c_employe IS SELECT NOM, PRENOM, SALAIRE, COMMISSION
  3                          FROM EMPLOYES ORDER BY NOM;
  4  begin
  5      open  c_employe;
  6      open  c_employe;
...
declare
*
ERREUR à la ligne 1 :
ORA-06511: PL/SQL : curseur déjà ouvert
ORA-06512: à ligne 2
ORA-06512: à ligne 7
```

## *Attention*

Lorsque vous ouvrez un curseur, le PL/SQL exécute la requête. Le modèle de lecture cohérente d'Oracle garantit que, quel que soit le moment où vous effectuez la récupération des données, elles refléteront l'image des données telles qu'elles étaient au moment de l'ouverture du curseur.

En d'autres termes, de l'ouverture à la fermeture du curseur, les données ramenées par le curseur ne tiendront pas compte des éventuelles insertions, mises à jour et suppressions effectuées après l'ouverture du curseur.

```
SQL> declare
  2      CURSOR c_categories
  3      IS SELECT CODE_CATEGORIE, NOM_CATEGORIE FROM CATEGORIES
  4          WHERE   CODE_CATEGORIE = 10;
  5      v_categorie  c_categories%ROWTYPE;
  6  begin
  7    open c_categories;
  8    UPDATE CATEGORIES SET NOM_CATEGORIE = 'Nouveau nom'
  9    WHERE   CODE_CATEGORIE = 10;
 10    fetch c_categories into v_categorie;
 11    dbms_output.put_line('curseur - NOM_CATEGORIE : '||
 12                      v_categorie.NOM_CATEGORIE);
 13    SELECT CODE_CATEGORIE, NOM_CATEGORIE INTO v_categorie
 14    FROM CATEGORIES WHERE   CODE_CATEGORIE = 10;
 15    dbms_output.put_line('select  - NOM_CATEGORIE : '||
 16                      v_categorie.NOM_CATEGORIE);
 17    close c_categories;
 18  end;
 19  /
curseur - NOM_CATEGORIE : Viande en conserve
select  - NOM_CATEGORIE : Nouveau nom
```

Les arguments spécifiés lors de la déclaration du curseur sont définis lors de son ouverture. Chaque argument est affecté à une seule valeur selon deux modèles : par position ou par nom.

## Association par position

Dans ce cas, chaque argument est remplacé par la valeur occupant la même position dans la liste.

```
SQL> declare
  2      CURSOR c_produit (
  3              v_no_fournisseur PRODUITS.NO_FOURNISSEUR%TYPE,
  4              v_code_categorie PRODUITS.CODE_CATEGORIE%TYPE :=1)
  5          IS SELECT NOM_PRODUIT,PRIX_UNITAIRE FROM PRODUITS
  6              WHERE  NO_FOURNISSEUR = v_no_fournisseur AND
  7                     CODE_CATEGORIE = v_code_categorie;
  8  begin
  9     open c_produit(2);
```

Dans le cas présent, vous pouvez remarquer l'ouverture du curseur `c_produit` déclaré auparavant ; l'ouverture comporte un seul argument, en l'occurrence `v_no_fournisseur` affecté à 2. L'argument `v_code_categorie` ne figurant pas dans la déclaration, il est affecté avec sa valeur par défaut.

```
SQL> declare
  2      CURSOR c_produit (
  3              v_no_fournisseur PRODUITS.NO_FOURNISSEUR%TYPE,
  4              v_code_categorie PRODUITS.CODE_CATEGORIE%TYPE :=1)
  5          IS SELECT NOM_PRODUIT,PRIX_UNITAIRE FROM PRODUITS
  6              WHERE  NO_FOURNISSEUR = v_no_fournisseur AND
  7                     CODE_CATEGORIE = v_code_categorie;
  8  begin
  9     open c_produit;
...
   open c_produit;
   *
ERREUR à la ligne 9 :
ORA-06550: Ligne 9, colonne 3 :
PLS-00306: numéro ou types d'arguments erronés dans appel à 'C_PRODUIT'
ORA-06550: Ligne 9, colonne 3 :
PL/SQL: SQL Statement ignored
```

## *Attention*

Les arguments doivent être obligatoirement renseignés s'il n'y a pas de valeur par défaut déclarée.

Les arguments associés par position sont affectés dans l'ordre de leur déclaration dans le curseur. Vous ne pouvez pas affecter le deuxième sans renseigner le premier.

## Association par nom

Dans ce cas, chaque argument peut être indiqué dans un ordre quelconque en faisant apparaître la correspondance de façon implicite sous la forme :

```
OPEN NOM_CURSOR ( NOM_ARGUMENT => VALEUR_ARGUMENT [,...]);
SQL> declare
  2      CURSOR c_produit (
  3              v_no_fournisseur PRODUITS.NO_FOURNISSEUR%TYPE :=1,
  4              v_code_categorie PRODUITS.CODE_CATEGORIE%TYPE :=1)
  5          IS SELECT NOM_PRODUIT,PRIX_UNITAIRE FROM PRODUITS
```

```
 6                      WHERE  NO_FOURNISSEUR = v_no_fournisseur AND
 7                             CODE_CATEGORIE = v_code_categorie;
 8  begin
 9    open c_produit( v_code_categorie => 2);
```

# Traitement des lignes

L'ordre « **OPEN** » a forcé l'exécution de l'ordre SQL associé au curseur. Il faut maintenant récupérer les lignes de l'ordre « **SELECT** » et les traiter une par une, en stockant la valeur de chaque colonne de l'ordre SQL dans une variable réceptrice.

La commande « **FETCH** » par défaut ne retourne qu'un seul enregistrement. Pour récupérer l'ensemble des enregistrements de l'ordre SQL, il faut prévoir une boucle.

La syntaxe utilisée est la suivante :

```
FETCH NOM_CURSOR { INTO {NOM_ENREGISTREMENT | NOM_VARIABLE[,...]}
   | BULK COLLECT INTO { TABLEAU_VARIABLE [,...]
   | TABLEAU_ENREGISTREMENT [,...]}  [LIMIT NB_ENREGISTREMENTS] };
```

| | |
|---|---|
| **BULK COLLECT** | La clause permet de récupérer un tableau d'enregistrements à la place d'un seul enregistrement à la fois. |
| **LIMIT** | L'argument permet de limiter le nombre d'enregistrements qui sont récupérés dans le tableau. |

La commande « **FETCH** » retourne un enregistrement ; cette instruction transfère les valeurs projetées par l'ordre « **SELECT** » dans un enregistrement ou dans une liste de variables.

```
SQL> declare
 2        CURSOR c_prod ( a_pays FOURNISSEURS.PAYS%TYPE)
 3             IS
 4             SELECT REF_PRODUIT, NOM_PRODUIT, SOCIETE
 5             FROM PRODUITS NATURAL JOIN FOURNISSEURS
 6             WHERE PAYS LIKE a_pays;
 7     v_prod  c_prod%ROWTYPE;
 8  begin
 9      open c_prod ('France');
10      fetch c_prod INTO v_prod;
11      dbms_output.put_line( 'Produit : '||v_prod.NOM_PRODUIT);
12      dbms_output.put_line( ' Société : '||v_prod.SOCIETE);
13      close c_prod;
14  end;
15  /
Produit : Chartreuse verte
Société : Aux joyeux ecclésiastiques
```

### *Attention*

Lorsque vous exécutez l'instruction « **FETCH** », le curseur doit impérativement être ouvert. Dans le cas contraire, une erreur se produit.

Vous ne pouvez pas non plus utiliser l'instruction « **FETCH** » lorsque le curseur a déjà été fermé.

```
SQL> declare
  2      CURSOR c_emp IS SELECT * FROM EMPLOYES;
  3      TYPE TAB_EMP  IS TABLE OF EMPLOYES%ROWTYPE;
  4      t_emp  TAB_EMP;
  5  begin
  6      fetch c_emp BULK COLLECT INTO t_emp;
  7  end;
  8  /
declare
*
ERREUR à la ligne 1 :
ORA-01001: curseur non valide
ORA-06512: à ligne 7
```

La commande « **FETCH** » peut aussi être combinée à la clause « **BULK COLLECT** » pour renvoyer une collection d'enregistrements.

```
SQL> declare
  2      TYPE TAB_EMP_ID  IS TABLE OF EMPLOYES.NO_EMPLOYE%TYPE;
  3      TYPE TAB_EMP_NOM IS TABLE OF EMPLOYES.NOM%TYPE;
  4      t_emp_id  TAB_EMP_ID;
  5      t_emp_nom TAB_EMP_NOM;
  6      CURSOR c_emp IS SELECT NO_EMPLOYE,NOM FROM EMPLOYES;
  7  begin
  8      open c_emp;
  9      fetch c_emp BULK COLLECT INTO t_emp_id, t_emp_nom;
 10      for i in 1..4
 11      loop
 12          dbms_output.put_line( t_emp_id(i)||' '||t_emp_nom(i));
 13      end loop;
 14      close c_emp;
 15  end;
 18  /
8 Callahan
5 Buchanan
4 Peacock
3 Leverling
```

Dans les versions antérieures, les collections que vous référenciez ne pouvaient stocker que des valeurs scalaires. En d'autres termes, vous ne pouviez pas extraire une ligne de données dans une structure d'enregistrement qui était une ligne de collection. À partir de la version Oracle10g, cette restriction n'existe plus.

```
SQL> declare
  2      CURSOR c_emp IS SELECT * FROM EMPLOYES;
  3      TYPE TAB_EMP  IS TABLE OF EMPLOYES%ROWTYPE;
  4      t_emp  TAB_EMP;
  5  begin
  6      open c_emp;
  7      fetch c_emp BULK COLLECT INTO t_emp;
  8      for i in 1..9
  9      loop
 10          dbms_output.put_line( t_emp(i).NO_EMPLOYE||' '||
 11                      t_emp(i).NOM||' '||t_emp(i).PRENOM);
 12      end loop;
 13  end;
 14  /
8 Callahan Laura
```

```
5 Buchanan Steven
4 Peacock Margaret
3 Leverling Janet
1 Davolio Nancy
9 Dodsworth Anne
7 King Robert
6 Suyama Michael
2 Fuller Andrew
```

Le moteur **SQL** initialise et étend automatiquement les collections référencées dans la clause
« **BULK COLLECT** ». Il remplit les collections à partir de l'indice 1, insère les éléments
séquentiellement et remplace les valeurs de tout élément préalablement défini.

L'argument « **LIMIT** » permet de limiter le nombre d'enregistrements lus par un ordre
« **FETCH** » dans le cas où la clause « **BULK COLLECT** » est définie.

```
SQL> declare
  2      CURSOR c_dc IS
  3      SELECT ROWID ID, NO_COMMANDE, REF_PRODUIT
  4      FROM DETAILS_COMMANDES;
  5      TYPE          t_details_commandes IS TABLE OF c_dc%ROWTYPE;
  6      t_dc          t_details_commandes;
  7  begin
  8      open c_dc;
  9      loop
 10          fetch c_dc bulk collect into t_dc limit 100000;
 11          exit when t_dc.COUNT = 0;
 12          dbms_output.put_line('Taille tableau :'||t_dc.COUNT);
 13      end loop;
 14      close c_dc;
 15  end;
 16  /
Taille tableau :100000
Taille tableau :100000
Taille tableau :100000
Taille tableau :100000
Taille tableau :76091
```

Chaque exécution d'un ordre **SQL** dans le langage **PL/SQL** est effectuée par l'interpréteur de
commandes **SQL** et non pas par l'interpréteur de commandes **PL/SQL**. Ainsi, chaque exécution est
accomplie avec un changement de contexte entre ces deux langages, ce qui peut influencer
négativement les performances.

Il est préférable de lire plusieurs enregistrements à la fois, mais une taille de tableau trop importante
peut aussi diminuer les performances. Il faut trouver un juste milieu qui, suivant les performances de
votre serveur et la volumétrie lue, peut être entre **1 000** et **10 000** enregistrements.

Dans l'exemple suivant, une table TEST est créée avec un volume de 3,8 millions d'enregistrements ;
elle va nous permettre de comparer différents modes d'affectation des variables **PL/SQL** à partir des
blocs **SQL**. Un curseur est déclaré et parcouru de toutes les manières possibles. Pour la comparaison,
une interrogation de type « **SELECT ... BULK COLLECT INTO** » est également effectuée.

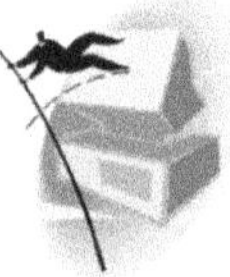

```
SQL> CREATE TABLE TEST AS SELECT * FROM DETAILS_COMMANDES;
SQL> INSERT INTO TEST SELECT * FROM TEST;

476091 ligne(s) créée(s).

SQL> INSERT INTO TEST SELECT * FROM TEST;

952182 ligne(s) créée(s).
```

 

```
SQL> INSERT INTO TEST SELECT * FROM TEST;

1904364 ligne(s) créée(s).

SQL> COMMIT;
SQL> SELECT count(*) FROM TEST;

  COUNT(*)
----------
   3808728

SQL> declare
  2      CURSOR c_dc IS SELECT ROWID ID, NO_COMMANDE,REF_PRODUIT,
  3      PRIX_UNITAIRE,QUANTITE,REMISE,RETOURNE,ECHANGE
  4      FROM TEST;
  5      TYPE        t_details_commandes IS TABLE OF c_dc%ROWTYPE;
  6      t_dc        t_details_commandes;
  7      e_dc        c_dc%ROWTYPE;
  8      v_debut     SIMPLE_INTEGER := 0;
  9      v_fin       SIMPLE_INTEGER := 0;
 10  begin
 11  -------------------------------------------------------------------
 12  -- SELECT BULK COLLECT INTO
 13  -------------------------------------------------------------------
 14      v_debut     := dbms_utility.get_time;
 15      SELECT ROWID ID, NO_COMMANDE,REF_PRODUIT,PRIX_UNITAIRE,
 16                  QUANTITE,REMISE,RETOURNE,ECHANGE
 17                  BULK COLLECT INTO t_dc FROM TEST;
 18      v_fin       := dbms_utility.get_time - v_debut ;
 19      dbms_output.put_line( rpad('1.-SELECT BULK COLLECT INTO',40)
 20                      ||':'||to_char(v_fin,'999,999'));
 21  -------------------------------------------------------------------
 22  -- CURSOR FETCH ROW
 23  -------------------------------------------------------------------
 24      v_debut     := dbms_utility.get_time;
 25      open c_dc;
 26      loop
 27          fetch c_dc into e_dc;
 28          exit when c_dc%NOTFOUND;
 29      end loop;
 30      close c_dc;
 31      v_fin       := dbms_utility.get_time - v_debut ;
 32      dbms_output.put_line( rpad('2.-CURSOR FETCH ROW',40)
 33                      ||':'||to_char(v_fin,'999,999'));
 34  -------------------------------------------------------------------
 35  -- CURSOR BULK COLLECT INTO
 36  -------------------------------------------------------------------
 37      v_debut     := dbms_utility.get_time;
 38      open c_dc;
 39      fetch c_dc bulk collect into t_dc;
 40      close c_dc;
 41      v_fin       := dbms_utility.get_time - v_debut ;
 42      dbms_output.put_line( rpad('3.-CURSOR BULK COLLECT INTO',40)
 43                      ||':'||to_char(v_fin,'999,999'));
```

```
44   ---------------------------------------------------------------
45   -- CURSOR BULK COLLECT INTO LIMITS 10
46   ---------------------------------------------------------------
47      t_dc.DELETE;
48      v_debut     := dbms_utility.get_time;
49      open c_dc;
50      loop
51           fetch c_dc bulk collect into t_dc limit 10;
52           exit when t_dc.COUNT = 0;
53      end loop;
54      close c_dc;
55      v_fin       := dbms_utility.get_time - v_debut ;
56      dbms_output.put_line(
57           rpad('4.-CURSOR BULK COLLECT INTO LIMITS 10',40)
58                          ||':'||to_char(v_fin,'999,999'));
59   ---------------------------------------------------------------
60   -- CURSOR BULK COLLECT INTO LIMITS 100
61   ---------------------------------------------------------------
62      t_dc.DELETE;
63      v_debut     := dbms_utility.get_time;
64      open c_dc;
65      loop
66           fetch c_dc bulk collect into t_dc limit 100;
67           exit when t_dc.COUNT = 0;
68      end loop;
69      close c_dc;
70      v_fin       := dbms_utility.get_time - v_debut ;
71      dbms_output.put_line(
72           rpad('5.-CURSOR BULK COLLECT INTO LIMITS 100',40)
73                          ||':'||to_char(v_fin,'999,999'));
74   ---------------------------------------------------------------
75   -- CURSOR BULK COLLECT INTO LIMITS 1000
76   ---------------------------------------------------------------
77      t_dc.DELETE;
78      v_debut     := dbms_utility.get_time;
79      open c_dc;
80      loop
81           fetch c_dc bulk collect into t_dc limit 1000;
82           exit when t_dc.COUNT = 0;
83      end loop;
84      close c_dc;
85      v_fin       := dbms_utility.get_time - v_debut ;
86      dbms_output.put_line(rpad('-',50,'-'));
87      dbms_output.put_line(
88           rpad('6.-CURSOR BULK COLLECT INTO LIMITS 1000',40)
89                          ||':'||to_char(v_fin,'999,999'));
90      dbms_output.put_line(rpad('-',50,'-'));
91   ---------------------------------------------------------------
92   -- CURSOR BULK COLLECT INTO LIMITS 10000
93   ---------------------------------------------------------------
94      t_dc.DELETE;
95      v_debut     := dbms_utility.get_time;
96      open c_dc;
97      loop
98           fetch c_dc bulk collect into t_dc limit 10000;
```

   

```
 99            exit when t_dc.COUNT = 0;
100        end loop;
101        close c_dc;
102        v_fin        := dbms_utility.get_time - v_debut ;
103        dbms_output.put_line(
104            rpad('7.-CURSOR BULK COLLECT INTO LIMITS 10000',40)
105                        ||':'||to_char(v_fin,'999,999'));
106  -------------------------------------------------------------------
107  -- CURSOR BULK COLLECT INTO LIMITS 100000
108  -------------------------------------------------------------------
109        t_dc.DELETE;
110        v_debut      := dbms_utility.get_time;
111        open c_dc;
112        loop
113            fetch c_dc bulk collect into t_dc limit 100000;
114            exit when t_dc.COUNT = 0;
115        end loop;
116        close c_dc;
117        v_fin        := dbms_utility.get_time - v_debut ;
118        dbms_output.put_line(
119            rpad('8.-CURSOR BULK COLLECT INTO LIMITS 100000',40)
120                        ||':'||to_char(v_fin,'999,999'));
121  end;
122  /
1.-SELECT BULK COLLECT INTO              :       857
2.-CURSOR FETCH ROW                      :     5,853
3.-CURSOR BULK COLLECT INTO              :       685
4.-CURSOR BULK COLLECT INTO LIMITS 10    :     1,320
5.-CURSOR BULK COLLECT INTO LIMITS 100   :       733
----------------------------------------------------
6.-CURSOR BULK COLLECT INTO LIMITS 1000  :       652
----------------------------------------------------
7.-CURSOR BULK COLLECT INTO LIMITS 10000:       664
8.-CURSOR BULK COLLECT INTO LIMITS 10000:       724
```

L'interrogation du curseur enregistrement par enregistrement, dans le deuxième exemple, est la plus mauvaise solution car les changements de contexte entre le **SQL** et le **PL/SQL** alourdissent beaucoup le traitement.

Les performances s'améliorent avec la récupération de tous les enregistrements dans un tableau, dans le troisième exemple. Attention, les performances dans ce cas sont fonction de la configuration de votre serveur de base de données, car chaque session a un espace mémoire dédié. Ainsi, dans le cas où votre tableau dépasse cet espace, il va être transféré dans un espace de stockage sur disque et vos performances vont être diminuées.

La meilleure solution du point de vue des performances, stable dans le temps et indépendante de la configuration du serveur, est l'utilisation de l'argument « **LIMIT** » avec la lecture d'entre **1 000** et **10 000** enregistrements.

Pour des requêtes de volumes de données plus conséquentes, supérieures de cinq à dix fois la taille de la table TEST, il faut préférer plutôt des tailles pour l'argument « **LIMIT** » de **10 000** ou **100 000** enregistrements.

# Statut d'un curseur

Pour chaque exécution d'un ordre de manipulation du curseur, le moteur SQL renvoie une information appelée statut, qui indique si l'ordre a été exécuté avec succès ou non. Cette information est disponible dans le programme par l'intermédiaire de quatre attributs rattachés à chaque curseur.

Les statuts du curseur explicite sont :

| | |
|---|---|
| **%FOUND** | C'est un attribut de type booléen ; il est « **TRUE** » si exécution correcte de l'ordre SQL. |
| **%NOTFOUND** | C'est un attribut de type booléen ; il est « **TRUE** » si exécution incorrecte de l'ordre SQL. |
| **%ISOPEN** | C'est un attribut de type booléen ; il est « **TRUE** » si curseur ouvert. |
| **%ROWCOUNT** | Nombre de lignes traitées par l'ordre SQL ; il évolue à chaque ligne distribuée. |

La syntaxe de consultation d'un attribut est :

```
NOM_CURSOR%ATTRIBUT;
SQL> declare
  2      CURSOR c_produit(v_no_fournisseur PRODUITS.NO_FOURNISSEUR%TYPE:=1,
  3              v_code_categorie PRODUITS.CODE_CATEGORIE%TYPE ) IS
  4        SELECT NOM_PRODUIT,PRIX_UNITAIRE FROM PRODUITS
  5        WHERE NO_FOURNISSEUR = v_no_fournisseur
  6          AND CODE_CATEGORIE = v_code_categorie;
  7        v_produit c_produit%ROWTYPE;
  8  begin
  9     open c_produit( v_code_categorie => 1);
 10     if c_produit%ISOPEN then
 11     dbms_output.put_line('La valeur %ROWCOUNT : '||c_produit%ROWCOUNT);
 12     loop
 13             fetch c_produit into v_produit;
 14             exit when c_produit%NOTFOUND;
 15             dbms_output.put_line('Le produit : '''||v_produit.NOM_PRODUIT
 16                 ||''' est au prix '|| v_produit.PRIX_UNITAIRE);
 17             dbms_output.put_line( 'La valeur %ROWCOUNT : '||
 18                             c_produit%ROWCOUNT );
 19         end loop;
 20     end if;
 21     close c_produit;
 22  end;
 23  /
La valeur %ROWCOUNT : 0
Le produit : 'Chai' est au prix 90
La valeur %ROWCOUNT : 1
Le produit : 'Chang' est au prix 95
La valeur %ROWCOUNT : 2
```

Dans l'exemple précédent, vous pouvez remarquer le traitement des informations retournées par le curseur. Le traitement s'effectue dans une boucle « **LOOP** » et la condition de sortie est la fin des enregistrements trouvés par le curseur.

Les attributs du curseur peuvent avoir les valeurs suivantes :

|  |  | %FOUND | %ISOPEN | %NOTFOUND | %ROWCOUNT |
|---|---|---|---|---|---|
| **OPEN** | **avant** | exception | FALSE | exception | Exception |
| | **après** | NULL | TRUE | NULL | 0 |
| **premier FETCH** | **avant** | NULL | TRUE | NULL | 0 |
| | **après** | TRUE | TRUE | FALSE | 1 |
| **FETCH suivants** | **avant** | TRUE | TRUE | FALSE | 1 |
| | **après** | TRUE | TRUE | FALSE | Enregistrements |
| **dernier FETCH** | **avant** | TRUE | TRUE | FALSE | Enregistrements |
| | **après** | FALSE | TRUE | TRUE | Enregistrements |
| **CLOSE** | **avant** | FALSE | TRUE | TRUE | Enregistrements |
| | **après** | exception | FALSE | exception | Exception |

Comme vous avez pu voir dans le module précédent, dans le cas d'un curseur implicite, un attribut est associé à un curseur par la notation « **SQL%ATTRIBUT** ». La valeur de l'attribut est relative au dernier ordre SQL exécuté avant son utilisation.

Le contrôle à l'aide de l'attribut « **SQL%NOTFOUND** » ne peut pas être utilisé avec la commande « **SELECT...INTO** », étant donné que cette commande donne lieu à une exception qui interrompt le cours normal du programme (voir les exceptions).

```
SQL> begin
  2     UPDATE EMPLOYES SET COMMISSION = 500 WHERE NO_EMPLOYE = 8;
  3     if SQL%FOUND then
  4       dbms_output.put_line( 'La valeur %ROWCOUNT : '||SQL%ROWCOUNT );
  5     end if;
  6  end;
  7  /
La valeur %ROWCOUNT : 1
```

# Fermeture

Chaque fois que vous ouvrez un curseur, n'oubliez pas de le fermer pour pouvoir libérer la place mémoire.

Le moteur PL/SQL vérifie implicitement et ferme tous les curseurs restant ouverts en fin d'appel d'une procédure, d'une fonction ou d'un bloc anonyme. Toutefois, le coût induit est non négligeable et il existe des cas où, par souci d'efficacité, le PL/SQL ne vérifie pas immédiatement et ne ferme donc pas les curseurs ouverts.

La base de données a un nombre limite de curseurs pour toutes les sessions ; si vous laissez trop de curseurs ouverts, vous pouvez dépasser la valeur fixée par le paramètre d'initialisation de la base, « **OPEN_CURSORS** ». Dans ce cas, vous recevrez le message suivant :

```
ORA-01000: Nombre maximum de curseurs ouverts atteint.
```

La valeur par défaut du paramètre « **OPEN_CURSORS** » est de 300, vous pouvez utiliser la commande « **SHOW PARAMETER** » pour voir la valeur par défaut de votre base de données pour votre session.

```
SQL> show parameter open_cursors

NAME                                     TYPE        VALUE
------------------------------------     ----------- ------
open_cursors                             integer     300
```

La syntaxe de fermeture d'un curseur est : **CLOSE NOM_CURSOR ;**

Le premier curseur recherche tous les employés qui encadrent au moins un autre employé. Le deuxième curseur utilise l'argument pour retrouver les employés encadrés par ce manager. Le deuxième curseur est ouvert, traité et fermé pour chaque manager trouvé à partir du premier curseur.

```
SQL> declare
  2     CURSOR c_manager  IS SELECT NO_EMPLOYE, NOM, PRENOM FROM EMPLOYES
  3         WHERE NO_EMPLOYE IN (SELECT REND_COMPTE FROM EMPLOYES);
  4     CURSOR c_employes  ( a_mgr EMPLOYES.REND_COMPTE%TYPE ) IS
  5      SELECT NO_EMPLOYE,NOM,PRENOM FROM EMPLOYES WHERE REND_COMPTE=a_mgr;
  6         v_mgr     c_manager%ROWTYPE;
  7         v_emp     c_employes%ROWTYPE;
  8  begin
  9    open c_manager;
 10    if c_manager%ISOPEN then
 11    loop
 12      fetch c_manager into v_mgr;
 13      exit when c_manager%NOTFOUND;
 14      dbms_output.put_line('Manager : '||v_mgr.NOM||' '||v_mgr.PRENOM);
 15      open c_employes( v_mgr.NO_EMPLOYE);
 16      loop
 17        fetch c_employes into v_emp;
 18        exit when c_employes%NOTFOUND;
 19        dbms_output.put_line('-          Employé : '||
 20                              v_emp.NOM||' '|| v_emp.PRENOM);
 21      end loop;
 22      close c_employes;
 23     end loop;
 24    end if;
 25    close c_manager;
 26  end;
 27  /
Manager : Fuller Andrew
-          Employé : Callahan Laura
-          Employé : Buchanan Steven
-          Employé : Peacock Margaret
-          Employé : Leverling Janet
-          Employé : Davolio Nancy
-          Employé : Fuller Andrew
Manager : Buchanan Steven
-          Employé : Dodsworth Anne
-          Employé : Suyama Michael
```

### *Attention*

La gestion de l'ouverture et de la fermeture d'un curseur est très simple, quand il s'agit des blocs anonymes ou si le curseur est ouvert et fermé dans le même bloc.

Dans les applications plus complexes, il est possible d'utiliser les curseurs dans plusieurs fonctions et procédures : une procédure peut ouvrir le curseur, une autre peut lire les informations et une autre ferme le curseur. Dans ce cas, il faut être attentif aux contrôles de validité du curseur mais également prendre soin de la fermeture du curseur.

# Les boucles et les curseurs

Dans la mesure où l'utilisation principale d'un curseur est le parcours d'un ensemble de lignes ramenées par l'exécution du « **SELECT** » associé, il peut être intéressant d'utiliser une syntaxe plus simple pour l'ouverture du curseur et le parcours de la boucle.

Oracle propose une variante de la boucle « **FOR** » qui déclare implicitement la variable de parcours, ouvre le curseur, réalise les « **FETCH** » successifs et ferme le curseur.

La syntaxe pour l'utilisation d'un curseur dans une boucle « **FOR** » est :

```
FOR NOM_ENREGISTREMENT IN NOM_CURSEUR LOOP INSTRUCTIONS; END LOOP;
SQL> declare
  2      CURSOR c_produit (
  3            v_no_fournisseur PRODUITS.NO_FOURNISSEUR%TYPE := 2,
  4            v_code_categorie PRODUITS.CODE_CATEGORIE%TYPE )
  5          IS SELECT NOM_PRODUIT,PRIX_UNITAIRE FROM PRODUITS
  6            WHERE  NO_FOURNISSEUR = v_no_fournisseur AND
  7                   CODE_CATEGORIE = v_code_categorie;
  8  begin
  9    for v_produit in c_produit(v_code_categorie => 2) loop
 10       dbms_output.put_line( v_produit.NOM_PRODUIT||' -- '||
 11                        v_produit.PRIX_UNITAIRE);
 12    end loop;
 13  end;
 14  /
Chef Anton's Cajun Seasoning -- 110
Louisiana Hot Spiced Okra -- 85
Chef Anton's Gumbo Mix -- 106
Louisiana Fiery Hot Pepper Sauce -- 105
```

Vous pouvez, dans cet exemple, observer la définition d'un curseur sur la table PRODUITS ; le curseur est automatiquement ouvert par la boucle « **FOR** » et l'incrémentation s'effectue du premier enregistrement trouvé jusqu'au dernier. À la sortie de la boucle, le curseur est fermé automatiquement. Remarquez que la variable v_produits est définie automatiquement comme une variable de type enregistrement en lecture seule.

Il est également possible de ne pas déclarer le curseur dans la section « **DECLARE** », mais de spécifier celui-ci directement dans l'instruction « **FOR** ».

```
SQL> begin
  2    for v_clients in ( SELECT SOCIETE, VILLE FROM CLIENTS
  3                     WHERE PAYS LIKE 'France') loop
  4       dbms_output.put_line(v_clients.SOCIETE||' -- '|| v_clients.VILLE);
  5    end loop;
  6  end;
```

```
  7  /
Blondel père et fils -- Strasbourg
Bon app' -- Marseille
Du monde entier -- Nantes
Folies gourmandes -- Lille
France restauration -- Nantes
La corne d'abondance -- Versailles
La maison d'Asie -- Toulouse
Paris spécialités -- Paris
Spécialités du monde -- Paris
Victuailles en stock -- Lyon
Vins et alcools Chevalier -- Reims
```

Vous pouvez remarquer que cette syntaxe évite la déclaration du curseur.

Le langage PL/SQL offre la possibilité, pour la constitution de la requête, d'utiliser les variables déclarées dans notre bloc ou toute autre variable accessible.

L'exemple ci-dessous nous montre la déclaration d'un curseur qui utilise deux variables précédemment déclarées, v_no_fournisseur et v_code_categorie.

Dans l'exécution du bloc, les variables sont initialisées avant l'utilisation du curseur.

```
SQL> declare
  2      v_no_fournisseur PRODUITS.NO_FOURNISSEUR%TYPE ;
  3      v_code_categorie PRODUITS.CODE_CATEGORIE%TYPE ;
  4      CURSOR c_produit
  5          IS SELECT NOM_PRODUIT,PRIX_UNITAIRE FROM PRODUITS
  6             WHERE  NO_FOURNISSEUR = v_no_fournisseur AND
  7                    CODE_CATEGORIE = v_code_categorie;
  8  begin
  9    v_no_fournisseur := 2;
 10    v_code_categorie := 2;
 11    for v_produit in c_produit loop
 12        dbms_output.put_line( v_produit.NOM_PRODUIT||' -- '||
 13                         v_produit.PRIX_UNITAIRE);
 14    end loop;
 15  end;
 16  /
Chef Anton's Cajun Seasoning -- 110
Louisiana Hot Spiced Okra -- 85
Chef Anton's Gumbo Mix -- 106
Louisiana Fiery Hot Pepper Sauce - 105
```

## *Attention*

Prenez garde aux noms des variables lorsque vous mélangez les variables PL/SQL et les colonnes de la base dans les requêtes à l'intérieur d'un bloc PL/SQL.

Si votre variable a le même nom que la colonne, Oracle utilise toujours la colonne. Il n'y a pas d'erreur à la compilation, mais vous n'obtenez pas le résultat attendu.

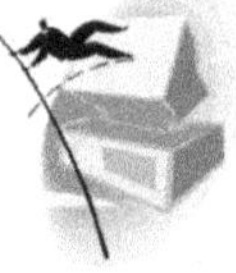

```
SQL> declare
  2      code_categorie CATEGORIES.CODE_CATEGORIE%TYPE   :=1;
  3      CURSOR c_categorie IS SELECT CODE_CATEGORIE,NOM_CATEGORIE
  4             FROM CATEGORIES WHERE CODE_CATEGORIE = code_categorie;
  5      v_categorie c_categorie%ROWTYPE;
  6  begin
  7    for v_categorie in c_categorie loop
```

```
  8         dbms_output.put_line( code_categorie||' '||
  9             v_categorie.CODE_CATEGORIE||' '|| v_categorie.NOM_CATEGORIE);
 10     end loop;
 11   end;
 12   /
1 1 Boissons
1 2 Condiments
1 3 Desserts
1 4 Produits laitiers
1 5 Pâtes et céréales
1 6 Viandes
1 7 Produits secs
1 8 Poissons et fruits de mer

SQL> declare
  2     v_code_categorie CATEGORIES.CODE_CATEGORIE%TYPE   :=1;
  3     CURSOR c_categorie IS SELECT CODE_CATEGORIE,NOM_CATEGORIE
  4             FROM CATEGORIES WHERE CODE_CATEGORIE = v_code_categorie;
  5     v_categorie c_categorie%ROWTYPE;
  6   begin
  7     for v_categorie in c_categorie loop
  8         dbms_output.put_line( v_code_categorie||' '||
  9             v_categorie.CODE_CATEGORIE||' '|| v_categorie.NOM_CATEGORIE);
 10     end loop;
 11   end;
 12   /
1 1 Boissons
```

Vous pouvez voir, ci-dessus, la déclaration du curseur `c_categorie` basée sur la table
`CATEGORIES` ; les enregistrements que l'on veut afficher sont ceux de la catégorie 1. Le nom de la
colonne `CODE_CATEGORIE` et celui de la variable PL/SQL `code_categorie` sont identiques
dans la clause « **WHERE** » ; la variable PL/SQL n'est pas visible et la condition est alors toujours
valable.

```
SQL> SELECT count(*) FROM TEST;

  COUNT(*)
----------
   3808728

1 ligne sélectionnée.

SQL> declare
  2       CURSOR c_dc IS SELECT ROWID ID, NO_COMMANDE,REF_PRODUIT,
  3                 PRIX_UNITAIRE,QUANTITE,REMISE,RETOURNE,ECHANGE
  4                 FROM TEST;
  5     TYPE        t_details_commandes IS TABLE OF c_dc%ROWTYPE;
  6     t_dc        t_details_commandes := t_details_commandes();
  7     i_dc        SIMPLE_INTEGER := 1;
  8     v_debut     SIMPLE_INTEGER := 0;
  9     v_fin       SIMPLE_INTEGER := 0;
 10   begin
 11   -----------------------------------------------------------------
 12   -- FOR CURSOR
 13   -----------------------------------------------------------------
 14       v_debut     := dbms_utility.get_time;
```

```
15        for r_dc in c_dc loop
16            t_dc.EXTEND;
17            t_dc(i_dc) := r_dc;
18            i_dc := i_dc + 1;
19        end loop;
20        v_fin        := dbms_utility.get_time - v_debut ;
21        dbms_output.put_line(
22            rpad('1.-FOR CURSOR',40)||':'||to_char(v_fin,'999,999'));
23    ------------------------------------------------------------------
24    -- CURSOR BULK COLLECT INTO LIMITS 12
25    ------------------------------------------------------------------
26        v_debut      := dbms_utility.get_time;
27        open c_dc;
28        loop
29            fetch c_dc bulk collect into t_dc limit 12;
30            exit when t_dc.COUNT = 0;
31        end loop;
32        close c_dc;
33        v_fin        := dbms_utility.get_time - v_debut ;
34        dbms_output.put_line(
35            rpad('2.-CURSOR BULK COLLECT INTO LIMITS 12',40)
36                           ||':'||to_char(v_fin,'999,999'));
37    end;
38    /
1.-FOR CURSOR                              :    1,215
2.-CURSOR BULK COLLECT INTO LIMITS 12      :    1,216
```

### Conseil

Oracle optimise la lecture des curseurs à l'aide de la boucle « **FOR** ». La lecture est faite automatiquement par plusieurs enregistrements à la fois, mais le traitement est complètement intégré dans le fonctionnement de la boucle. Il est préférable, pour de petits volumes, d'utiliser les boucles « **FOR** » pour traiter les curseurs. Ainsi, on n'a plus besoin de gérer le traitement des tableaux.

Mais ce fonctionnement n'est pas assez optimisé pour des volumes plus importants.

# Les curseurs FOR UPDATE

Jusqu'à présent, tous les exemples de curseur étaient en lecture seule. Aucune modification des données retournées par un curseur n'a été effectuée.

Lorsqu'on lance un curseur avec un ordre « **SELECT** » sur la base pour récupérer des enregistrements, aucun verrou n'est mis sur les lignes sélectionnées.

Il y a toutefois des situations où l'on souhaite verrouiller un ensemble de lignes avant même de les avoir modifiées par programme. Pour ce type de verrou, Oracle offre la clause « **FOR UPDATE** » dans la déclaration du curseur.

Lorsqu'on exécute un ordre « **SELECT...FOR UPDATE** », Oracle génère automatiquement des verrous exclusifs au niveau enregistrement sur chacune des lignes ramenées par l'ordre « **SELECT** » ; les enregistrements sont verrouillés pendant toute la durée du travail sur les lignes individuelles.

Personne ne peut modifier ces enregistrements avant qu'un ordre de « **ROLLBACK** » ou de « **COMMIT** » n'ait été exécuté dans la session qui a ouvert le curseur.

     

La syntaxe de déclaration d'un curseur en mise à jour est :

```
CURSOR NOM_CURSOR [( NOM_ARGUMENT TYPE := VALEUR_DEFAUT[,...])]
IS REQUETE FOR UPDATE [OF NOM_COLONNE[,...]]
    [{NOWAIT|WAIT NB_SECONDES}];
```

| | |
|---|---|
| `NOM_COLONNE` | Une ou plusieurs colonnes sur lesquelles porte la clause « **FOR UPDATE** ». |
| `NOWAIT` | Demande de verrouiller les enregistrements ; si les enregistrements le sont déjà, alors l'ouverture du curseur provoque une erreur. |
| `WAIT` | Demande de verrouiller les enregistrements ; si les enregistrements le sont déjà, alors le programme attend `NB_SECONDES` secondes pour le déverrouillage, sinon l'ouverture du curseur provoque une erreur. |

```
SQL> declare
  2     CURSOR c_commande IS SELECT * FROM   COMMANDES
  3        WHERE TRUNC(DATE_ENVOI,'Month')= TRUNC(SYSDATE,'Month')FOR UPDATE;
```

La clause « **FOR UPDATE** » se comporte comme si tous les enregistrements du curseur étaient modifiés par ordre « **UPDATE** ». Aussitôt qu'un curseur contenant la clause « **FOR UPDATE** » est ouvert, toutes les lignes faisant partie de l'ensemble de résultats du curseur sont verrouillées et le resteront tant que la session n'enverra pas soit un ordre « **COMMIT** » pour valider les modifications, soit un ordre « **ROLLBACK** » pour les annuler. Lorsqu'un de ces ordres est exécuté, les verrous de lignes sont relâchés.

## *Attention*

Il est impossible d'exécuter un ordre « **FETCH** » sur un curseur « **FOR UPDATE** » après avoir effectué la fin de la transaction à l'aide de la commande « **COMMIT** » ou « **ROLLBACK** ». La position dans le curseur est perdue.

Si vous avez besoin d'effectuer un « **COMMIT** » ou un « **ROLLBACK** », vous devez vous assurer qu'il n'y a plus d'ordre « **FETCH** » exécuté par la suite.

```
SQL> declare
  2      CURSOR c_employe IS SELECT NOM, PRENOM, SALAIRE, COMMISSION
  3          FROM EMPLOYES FOR UPDATE;
  7      v_employe c_employe%ROWTYPE;
  8  begin
  9      open c_employe;
 10      fetch c_employe INTO v_employe;
 11      UPDATE EMPLOYES SET SALAIRE=v_employe.salaire
 12          WHERE NOM=v_employe.nom;
 13      COMMIT;
 14      fetch c_employe INTO v_employe;
 15      close c_employe;
 16  END;
/
declare
*
ERREUR à la ligne 1 :
ORA-01002: extraction hors séquence
ORA-06512: à ligne 14
```

Dans l'exemple précédent, vous pouvez remarquer que lorsqu'on tente de récupérer l'enregistrement suivant, après l'ordre « **COMMIT** » le programme déclenche l'exception ORA-01002, rupture de séquence.

Dans le cas d'un curseur en mise à jour sur une seule table, la liste de colonnes spécifiée après le mot-clé « **OF** » de la clause « **FOR UPDATE** » ne limite pas les modifications aux colonnes listées ; la liste « **OF** » est seulement un moyen de documenter plus clairement ce qu'on a l'intention de changer.

```
SQL> declare
  2        CURSOR c_categories IS
  3        SELECT CODE_CATEGORIE, NOM_CATEGORIE, DESCRIPTION FROM CATEGORIES
  4           WHERE  CODE_CATEGORIE = 10 FOR UPDATE OF NOM_CATEGORIE;
  5        v_categorie  c_categories%ROWTYPE;
  6  begin
  7        open c_categories;
  8        fetch c_categories into v_categorie;
  9        UPDATE CATEGORIES SET DESCRIPTION = 'Nouvelle valeur'
 10        WHERE  CODE_CATEGORIE = v_categorie.CODE_CATEGORIE
 11        RETURNING CODE_CATEGORIE,NOM_CATEGORIE,DESCRIPTION
 12        INTO v_categorie;
 13        dbms_output.put_line('DESCRIPTION : '|| v_categorie.DESCRIPTION);
 14           rollback;
 15  end;
 16  /
DESCRIPTION : Nouvelle valeur
```

Dans le cas où le curseur en mise à jour interroge plusieurs tables, il est fortement conseillé de cibler les champs qui doivent être mis à jour pour définir ainsi les tables pour lesquelles les enregistrements sont verrouillés. Il faut autant que possible minimiser le verrouillage inutile d'enregistrements. Dans l'exemple suivant, seule la table PRODUITS va avoir des enregistrements verrouillés car les champs PRIX_UNITAIRE et UNITES_COMMANDEES appartiennent à cette table.

```
SQL> declare
  2    CURSOR c_cat_prod IS SELECT CODE_CATEGORIE,NOM_CATEGORIE,REF_PRODUIT,
  3       NOM_PRODUIT, PRIX_UNITAIRE, UNITES_COMMANDEES
  4       FROM CATEGORIES NATURAL JOIN PRODUITS WHERE  CODE_CATEGORIE = 10
  5       FOR UPDATE OF PRIX_UNITAIRE,UNITES_COMMANDEES;
...
```

Il faut faire attention à l'utilisation de la clause « **WAIT** », car il faut traiter l'exception qui est levée suite à l'impossibilité de verrouiller des enregistrements. La gestion des exceptions est traitée dans un module suivant.

```
SQL> UPDATE CATEGORIES SET NOM_CATEGORIE = 'Nouveau nom'
  2  WHERE  CODE_CATEGORIE = 10;

1 ligne mise à jour.

SQL> declare
  2        pragma autonomous_transaction;
  3        CURSOR c_categories IS SELECT CODE_CATEGORIE, NOM_CATEGORIE
  4           FROM CATEGORIES WHERE  CODE_CATEGORIE = 10 FOR UPDATE WAIT 5;
  5  begin
  6     open c_categories;
  7  end;
  8  /
declare
*
```

```
ERREUR à la ligne 1 :
ORA-30006: ressource occupée ; acquisition avec temporisation WAIT expirée
ORA-06512: à ligne 4
ORA-06512: à ligne 8
```

La clause « **FOR UPDATE** » peut être utilisée pour un ordre **SQL** d'interrogation « **SELECT** ». Ainsi, les enregistrements consultés sont automatiquement verrouillés par la session et le verrou est libéré uniquement par la fin de la transaction. Cette démarche est moins intéressante en **SQL** car l'exception levée par la clause « **WAIT** » ne peut pas être traitée.

Dans l'exemple suivant, dans la session courante on utilise l'interrogation de la table CATEGORIES avec la clause « **FOR UPDATE** » ; ainsi, l'enregistrement est verrouillé. La deuxième session est exécutée dans un deuxième environnement **SQL*Plus**. C'est la même syntaxe d'interrogation pour la table CATEGORIES avec la clause « **FOR UPDATE** », mais comme les enregistrements sont déjà verrouillés, l'exception « **ORA-30006: ressource occupée** » est levée.

```
SQL> SELECT * FROM CATEGORIES WHERE   CODE_CATEGORIE = 10 FOR UPDATE WAIT 5;

CODE_CATEGORIE NOM_CATEGORIE                 DESCRIPTION
-------------- ----------------------------- ----------------------------
            10 Viande en conserve            Viande en conserve

1 ligne sélectionnée.

SQL> HOST sqlplus stagiaire/pwd

...

SQL> SELECT * FROM CATEGORIES WHERE   CODE_CATEGORIE = 10 FOR UPDATE WAIT 5;
SELECT * FROM CATEGORIES WHERE   CODE_CATEGORIE = 10
                *
ERREUR à la ligne 1 :
ORA-30006: ressource occupée ; acquisition avec temporisation WAIT expirée
```

Toutes les syntaxes d'interrogation **SQL** qui peuvent être utilisées en **PL/SQL** bénéficient de la possibilité d'intégrer la clause « **FOR UPDATE** ».

```
SQL> declare
  2     TYPE  t_det_comm IS TABLE OF DETAILS_COMMANDES%ROWTYPE;
  3     t_dc  t_det_comm;
  4  begin
  5     SELECT * BULK COLLECT INTO t_dc
  6     FROM DETAILS_COMMANDES FOR UPDATE WAIT 5;
  7     dbms_output.put_line( 'DETAILS_COMMANDES : '||t_dc.COUNT);
  8     rollback;
  9  end;
 10  /
DETAILS_COMMANDES : 476091
```

# Accès concurrent et verrouillage

Pour donner un exemple de contraintes d'accès concurrent et de verrouillage, on utilise plusieurs sessions. Chaque session exécute un ensemble de traitements ; pour introduire les copies d'écran de chaque session, vous retrouvez les lignes suivantes :

```
--------------------------------------------------------------------------
-- Session numéro : NUMERO_SESSION
--------------------------------------------------------------------------
```

La première session effectue une modification de la table EMPLOYES uniquement dans le but d'avoir un moyen d'arrêter le traitement de la deuxième session.

Rappelez-vous, si une session modifie un enregistrement d'une table, les autres sessions qui lancent un ordre LMD visant l'enregistrement sont bloquées jusqu'à la validation ou au rejet de la transaction dans la première session.

```
-------------------------------------------------------------------
-- Session numéro : 1
-------------------------------------------------------------------
SQL> UPDATE EMPLOYES SET COMMISSION = 0 WHERE NO_EMPLOYE = 9;

1 ligne mise à jour.
```

Dans le cas d'un curseur sur une seule table, la liste de colonnes spécifiée après le mot-clé « **OF** » de la clause « **FOR UPDATE** » ne limite pas les modifications aux colonnes listées. Les verrous sont posés sur des lignes complètes ; la liste « **OF** » est seulement un moyen de documenter plus clairement ce qu'on a l'intention de changer.

## Attention

Dans le cadre des curseurs multitables, si l'on se contente de déclarer la requête « **FOR UPDATE** », sans ajouter une ou plusieurs colonnes après le mot-clé « **OF** », la base verrouillera tous les enregistrements de toutes les tables du curseur.

```
-------------------------------------------------------------------
-- Session numéro : 2
-------------------------------------------------------------------
SQL> declare
  2      CURSOR c_produit IS SELECT NOM_PRODUIT, PRIX_UNITAIRE, UNITES_STOCK
  3              FROM PRODUITS FOR UPDATE OF PRIX_UNITAIRE;
  4      v_produit c_produit%ROWTYPE;
  5  begin
  6    open c_produit;
  7    UPDATE EMPLOYES SET COMMISSION = 0 WHERE NO_EMPLOYE = 9;
  8    --Arrêt suite au verrou de la Session 1
  9    ROLLBACK;
 10    close c_produit;
 11  end;
 12  /
```

La deuxième session est bloquée dans son exécution à la commande de mise à jour « **UPDATE** », suite au verrou sur la table EMPLOYES posé par la première session.

```
-------------------------------------------------------------------
-- Session numéro : 3
-------------------------------------------------------------------
SQL> UPDATE PRODUITS SET UNITES_STOCK = UNITES_STOCK * 1;
```

Dans la troisième session, la mise à jour des enregistrements provoque un blocage de la session malgré le fait qu'on modifie le champ UNITES_STOCK et pas le PRIX_UNITAIRE qui a été réservé par la clause « **FOR UPDATE** » de la deuxième session.

## Attention

Attention Oracle ne verrouille pas les champs des enregistrements mais bien les enregistrements eux-mêmes.

Ainsi la liste « **OF** » de la clause « **FOR UPDATE** » ne limite pas les modifications aux colonnes listées. Les verrous sont toujours placés sur l'ensemble des enregistrements; la liste « **OF** » vous permet seulement de documenter plus clairement les modifications que vous souhaitez effectuer pour les curseurs monotables.

Prenons un exemple de curseur qui cette fois-ci utilise plusieurs tables, ainsi la liste des champs décrite dans la clause « **FOR UPDATE** » peut permettre de cibler le verrouillage sur une ou plusieurs tables auxquelles appartiennent les champs.

```
-------------------------------------------------------------------
-- Session numéro : 1
-------------------------------------------------------------------
SQL> UPDATE EMPLOYES SET COMMISSION = 0 WHERE NO_EMPLOYE = 9;
```

La deuxième session est bloquée dans son exécution à la commande de mise à jour « **UPDATE** », suite au verrou sur la table EMPLOYES posé par la première session.

Le bloc PL/SQL déclare un curseur qui utilise les deux tables PRODUITS FOURNISSEURS. Le curseur est de type « **FOR UPDATE** » et, dans la liste « **OF** », vous trouvez uniquement le champ PRIX_UNITAIRE de la table PRODUITS ; ainsi, le verrou est uniquement mis sur les enregistrements de cette table.

```
-------------------------------------------------------------------
-- Session numéro : 2
-------------------------------------------------------------------
SQL> declare
  2    CURSOR c_produit IS SELECT NOM_PRODUIT, PRIX_UNITAIRE, SOCIETE
  3     FROM PRODUITS NATURAL JOIN FOURNISSEURS FOR UPDATE OF PRIX_UNITAIRE;
  4      v_produit c_produit%ROWTYPE;
  5  begin
  6    open c_produit;
  7    UPDATE EMPLOYES SET COMMISSION = 0 WHERE NO_EMPLOYE = 9;
  8    --Arrêt suite au verrou de la Session 1
  9    ROLLBACK;
 10    close c_produit;
 11  end;
 12  /
```

Dans la troisième session, le traitement de mise à jour de la table FOURNISSEURS est accompli, mais la table PRODUITS est verrouillée et le traitement de mise à jour est mis en attente.

```
-------------------------------------------------------------------
-- Session numéro : 3
-------------------------------------------------------------------
SQL> UPDATE FOURNISSEURS SET SOCIETE = SOCIETE;

29 ligne(s) mise(s) à jour.
SQL> UPDATE PRODUITS SET UNITES_STOCK = UNITES_STOCK * 1;
```

# WHERE CURRENT OF

L'instruction « **WHERE CURRENT OF** », pour les ordres « **UPDATE** » ou « **DELETE** » au sein d'un curseur, permet de modifier facilement l'enregistrement courant, le dernier enregistrement de données ramené par l'ordre « **FETCH** ».

La syntaxe générale de la clause « **WHERE CURRENT OF** » est la suivante :

```
WHERE CURRENT OF NOM_CURSEUR ;
```

```
SQL> declare
  2       CURSOR c_employe
  3            IS
  4            SELECT NOM, PRENOM, FONCTION,
  5                   SALAIRE, COMMISSION
  6            FROM EMPLOYES
  7            FOR UPDATE OF SALAIRE, COMMISSION;
  8       v_employe c_employe%ROWTYPE;
  9  begin
 10      for v_employe in c_employe loop
 11         if v_employe.FONCTION = 'Représentant(e)'    and
 12            v_employe.SALAIRE + v_employe.COMMISSION < 3500
 13         then
 14            UPDATE EMPLOYES SET SALAIRE = SALAIRE *  1.1
 15            WHERE CURRENT OF c_employe;
 16            dbms_output.put_line( 'Employé : '||v_employe.NOM
 17                                 ||' '|| v_employe.PRENOM );
 18         end if;
 19      end loop;
 20  rollback;--     COMMIT;
 21  END;
 22  /
Employé : Peacock Margaret
Employé : Dodsworth Anne
Employé : King Robert
Employé : Suyama Michael
```

Dans le cas exposé ci-dessus, vous pouvez voir la mise à jour des salaires des représentants qui ont un salaire plus la commission inférieur à 3500.

### *Attention*

L'instruction « **WHERE CURRENT OF** » est uniquement utilisée avec les curseurs déclarés « **FOR UPDATE** ».

L'utilisation de « **WHERE CURRENT OF** », des attributs « **%TYPE** » et « **%ROWTYPE** », des boucles de curseur « **FOR** », des modules locaux et d'autres composants du PL/SQL peuvent réduire de manière significative la charge de maintenance de vos applications.

# La variable curseur

La variable curseur est essentiellement une description du type de retour du curseur ; par la suite, la requête est spécifiée au moment de l'ouverture du curseur.

Ainsi, une variable de curseur est une variable qui référence un curseur ; elle peut être ouverte pour n'importe quelle requête, et même pour différentes requêtes dans une même exécution de programme.

Le principal intérêt des variables de curseur est qu'elles offrent un mécanisme de passage des résultats de requêtes entre différents programmes PL/SQL ainsi que entre des programmes PL/SQL stockés dans la base et ceux exécutés du côté client.

Le travail avec une variable curseur est semblable aux traitements avec les curseurs, à l'exception de : la déclaration du type « **REF CURSOR** », la déclaration de la variable curseur et l'ouverture du curseur.

## Déclaration de la variable

Tout d'abord, il faut déclarer un « **TYPE** » de curseur référencé prédéfini « **REF CURSOR** ».

La syntaxe de création d'un type de curseur référencé est la suivante :

```
TYPE NOM_CURSEUR IS REF CURSOR [ RETURN TYPE_RETOUR ];
```

Le TYPE_RETOUR peut être n'importe quel enregistrement de données valide. Il est défini en utilisant l'attribut « **%ROWTYPE** » ou en référençant un enregistrement précédemment défini. La clause « **RETURN** » de l'ordre « **REF CURSOR** » est optionnelle, mais il est très fortement conseillé de définir le type de retour, autrement vous définissez uniquement une référence. La syntaxe de déclaration de la variable curseur est :

```
NOM_VARIABLE NOM_CURSEUR;
```

## Ouverture du curseur

La requête du curseur est initialisée lorsque vous ouvrez le curseur. La syntaxe de l'ordre « **OPEN** » pour les variables de curseur permet d'accepter un ordre « **SELECT** » après la clause « **FOR** » comme suit :

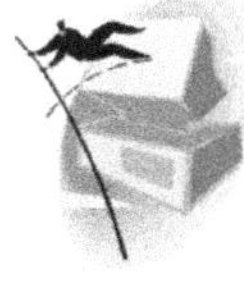

```
OPEN NOM_CURSEUR FOR REQUETE;
SQL> declare
  2      TYPE CURSOR_EMPLOYES IS
  3          REF CURSOR RETURN EMPLOYES%ROWTYPE;
  4      c_employes CURSOR_EMPLOYES;
  5      v_employes c_employes%ROWTYPE;
  6  begin
  7      open  c_employes FOR SELECT * FROM EMPLOYES WHERE REND_COMPTE=2;
  8      loop
  9          fetch c_employes into v_employes;
 10          exit when c_employes%NOTFOUND;
 11          dbms_output.put_line( 'Employé géré par Fuller : '||
 12                      v_employes.NOM||' '|| v_employes.PRENOM);
 13      end loop;
 14      close c_employes;
 15      open  c_employes FOR SELECT * FROM EMPLOYES WHERE NO_EMPLOYE
 16              NOT IN (SELECT NO_EMPLOYE FROM COMMANDES);
 17      loop
 18          fetch c_employes into v_employes;
 19          exit when c_employes%NOTFOUND;
 20          dbms_output.put_line( 'Employé sans commandes : '||
 21                      v_employes.NOM||' '|| v_employes.PRENOM);
 22      end loop;
 23      close c_employes;
 24  end;
 25  /
Employé géré par Fuller : Callahan Laura
Employé géré par Fuller : Buchanan Steven
Employé géré par Fuller : Peacock Margaret
Employé géré par Fuller : Leverling Janet
Employé géré par Fuller : Davolio Nancy
Employé géré par Fuller : Fuller Andrew
Employé sans commandes : Fuller Andrew
Employé sans commandes : Buchanan Steven
Employé sans commandes : Callahan Laura
```

La variable curseur est affectée à un objet curseur, l'ordre « **OPEN...FOR** » crée de manière implicite un objet pour cette variable. Si au moment où on effectue un « **OPEN...FOR** » de la variable de curseur, elle pointe déjà sur un objet, le nouvel objet n'est pas créé.

Si NOM_CURSEUR est une variable de curseur définie avec un type « **REF CURSOR** » sans clause « **RETURN** », vous pouvez ouvrir le curseur avec toute requête, quelle que soit sa structure.

```
SQL> declare
  2        TYPE CURSOR_NOM IS REF CURSOR;
  3        TYPE r_nom IS RECORD (
  4            code_cat CATEGORIES.CODE_CATEGORIE%TYPE,
  5            nom_cat  CATEGORIES.NOM_CATEGORIE%TYPE);
  6        c_nom CURSOR_NOM;
  7        v_nom       r_nom;
  8        v_clients CLIENTS%ROWTYPE;
  9  begin
 10        open  c_nom
 11            FOR
 12            SELECT CODE_CATEGORIE,NOM_CATEGORIE FROM CATEGORIES;
 13        loop
 14            fetch c_nom into v_nom;
 15            exit when c_nom%NOTFOUND;
 16            dbms_output.put_line( 'Catégories : '||
 17                    v_nom.code_cat||' '|| v_nom.nom_cat);
 18        end loop;
 19        close c_nom;
 20        open  c_nom
 21            FOR
 22            SELECT * FROM CLIENTS WHERE PAYS = 'France';
 23        loop
 24            fetch c_nom into v_clients;
 25            exit when c_nom%NOTFOUND;
 26            dbms_output.put_line( 'Client : '||
 27                    v_clients.societe||' '|| v_clients.ville);
 28        end loop;
 29        close c_nom;
 30  end;
 31  /
Catégories : 1 Boissons
Catégories : 2 Condiments
Catégories : 3 Desserts
Catégories : 4 Produits laitiers
Catégories : 5 Pâtes et céréales
Catégories : 6 Viandes
Catégories : 7 Produits secs
Catégories : 8 Poissons et fruits de mer
Client : Blondel père et fils Strasbourg
Client : Bon app' Marseille
Client : Du monde entier Nantes
Client : Folies gourmandes Lille
Client : France restauration Nantes
Client : La corne d'abondance Versailles
Client : La maison d'Asie Toulouse
Client : Paris spécialités Paris
Client : Spécialités du monde Paris
Client : Victuailles en stock Lyon
Client : Vins et alcools Chevalier Reims
```

Il est également possible d'utiliser la clause « **USING** » pour permettre le passage d'arguments en utilisant la syntaxe suivante :

```
OPEN NOM_CURSEUR FOR REQUETE[USING[IN|OUT|IN OUT]ARGUMENT[,... ]];
```

| | |
|---|---|
| **USING** | Cette clause permet le paramétrage de la requête SQL dynamique en utilisant une liste des arguments. |
| **IN ARGUMENT** | L'argument est passé à la requête SQL dynamique lors de son invocation. Il ne peut pas être modifié à l'intérieur de la requête SQL dynamique. |
| **OUT ARGUMENT** | L'argument est ignoré lors de l'invocation de la requête SQL dynamique. À l'intérieur de celle-ci, l'argument se comporte comme une variable PL/SQL n'ayant pas été initialisée, contenant donc la valeur « **NULL** » et supportant les opérations de lecture et d'écriture. Au terme de la requête SQL dynamique, il retourne à la valeur affectée. |
| **IN OUT ARGUMENT** | L'argument combine les deux propriétés « **IN** » et « **OUT** ». |

```
SQL> declare
  2      TYPE CURSOR_CLIENTS IS REF CURSOR;
  3      c_clients CURSOR_CLIENTS;
  4      v_client  CLIENTS%ROWTYPE;
  5      v_pays    CLIENTS.PAYS%TYPE := 'France';
  6      v_SQL     varchar2(200)
  7              := 'SELECT * FROM CLIENTS WHERE PAYS = :a_pays';
  8  begin
  9      open  c_clients FOR v_SQL  USING  v_pays;
 10      loop
 11          fetch c_clients into v_client;
 12          exit when c_clients%NOTFOUND;
 13          dbms_output.put_line( 'Client : '||
 14                  v_client.societe||' '|| v_client.ville);
 15      end loop;
 16      close c_clients;
 17  end;
 18  /
Client : Blondel père et fils Strasbourg
Client : Bon app' Marseille
Client : Du monde entier Nantes
Client : Folies gourmandes Lille
Client : France restauration Nantes
Client : La corne d'abondance Versailles
Client : La maison d'Asie Toulouse
Client : Paris spécialités Paris
Client : Spécialités du monde Paris
Client : Victuailles en stock Lyon
Client : Vins et alcools Chevalier Reims
```

En conclusion, vous pourrez associer une variable de curseur à différentes requêtes, à différents moments, au cours de l'exécution de votre programme.

Vous pouvez passer une variable de curseur comme argument d'une procédure ou d'une fonction.

Une fois l'objet curseur créé par un « **OPEN...FOR** », cet objet de curseur reste accessible tant qu'il est référencé par au moins une variable de curseur active.

Le fait qu'une variable de curseur soit vraiment une variable ouvre de nombreuses opportunités à vos programmes.

- *Les exceptions prédéfinies*

- *Les exceptions anonymes*

- *Les exceptions utilisateur*

- *La propagation*

# 7

# Les exceptions

## Objectifs

À la fin de ce module, vous serez à même d'effectuer les tâches suivantes :

- Décrire les types d'exceptions.
- Gérer les exceptions Oracle nommées.
- Déclarer des exceptions utilisateur.
- Gérer la propagation des exceptions.

## Contenu

# Gestion des erreurs

La technique des exceptions permet aux programmes de traiter ces événements inattendus sans que le programmeur ait à tester leurs occurrences à chaque étape du programme.

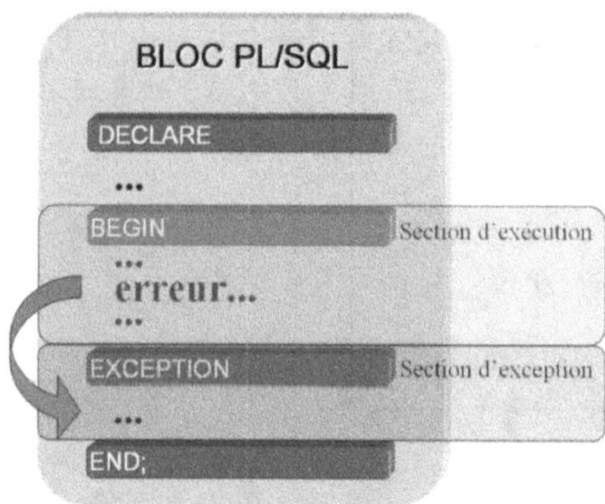


Pourquoi un mécanisme spécifique du langage pour les exceptions ? Les programmeurs ont traditionnellement trois façons de traiter les conditions exceptionnelles :

**Les ignorer** - Cette approche peut être en effet ce qu'il convient de faire pour le prototypage rapide d'un outil utilisé seulement par un groupe de personnes. Cependant, ce choix rend difficile le développement d'un produit de qualité.

**Terminer** - Détecter les exceptions, sans fournir de mécanisme de recouvrement. Ceci est certainement préférable à un comportement indéfini lorsque quelque chose se passe mal ; mais cela peut être inacceptable pour une large variété d'applications.

**Mettre à jour un code d'erreur global ou avoir des fonctions qui retournent des codes d'erreur -** Ceci peut fonctionner, mais les programmes prudents passeront une part significative du temps d'exécution à tester les codes d'erreurs. Oublier d'en tester est une source de bogues.

Le langage PL/SQL gère les erreurs du programme comme des exceptions, des situations qui ne devraient pas se produire.

On distingue les classes d'exceptions suivantes :

- Les erreurs système Oracle.

- Les erreurs induites par une action de l'utilisateur.

- Les avertissements de l'application à l'utilisateur.

Les exceptions sont détectées et traitées grâce à une architecture de gestionnaires d'exceptions. Le mécanisme des gestionnaires d'exceptions permet de séparer proprement le code de traitement d'erreur des ordres exécutables.

Lorsqu'une erreur système ou applicative se produit, une exception est déclenchée ou générée. Les traitements en cours dans la section d'exécution du bloc PL/SQL courant s'arrêtent et le contrôle est passé à la section d'exception distincte du programme si elle existe, afin qu'elle effectue le traitement de l'erreur. Une fois ce traitement effectué, on ne revient pas dans le bloc ayant généré l'exception, on le quitte complètement.

Les gestionnaires d'exceptions ont les avantages suivants :

- Un traitement d'erreur piloté par événement. Quelle que soit l'exception générée, c'est le même gestionnaire d'erreurs, résidant dans la section d'exception, qui la traitera.

- Une isolation nette du code de traitement d'erreurs. Le mécanisme de gestion d'exceptions permet de transférer le contrôle hors de la séquence d'exécution normale vers un code spécialisé dès que survient une exception.

- Une meilleure fiabilité du traitement d'erreurs. S'il existe un gestionnaire, l'exception est traitée dans son bloc d'origine ou dans un bloc englobant. Et s'il n'y a pas de gestionnaire explicite, l'exécution normale du code s'arrête.

Les sections suivantes expliquent comment définir, déclencher et traiter les exceptions en PL/SQL.

### Les types d'exceptions

Il y a quatre types d'exception en PL/SQL :

- Les exceptions système nommées sont des exceptions auxquelles PL/SQL a attribué des noms et qui sont déclenchées à la suite d'une erreur de traitement de PL/SQL ou Oracle.

- Les exceptions utilisateur nommées, sont déclenchées à la suite d'erreurs dans le code applicatif. Elles sont nommées lors de leur déclaration, dans la section du même nom. On les déclenche explicitement durant l'exécution du programme.

- Les exceptions système anonymes se déclenchent à la suite d'une erreur de traitement de PL/SQL ou Oracle, mais PL/SQL ne leur a pas attribué de nom. Seules les erreurs les plus courantes sont nommées ; les autres sont numérotées, et on peut leur attribuer des noms avec une instruction spéciale pour le compilateur « **PRAGMA EXCEPTION_INIT** ».

- Les exceptions utilisateur anonymes sont définies et déclenchées par le programmeur. Celui-ci définit un code, compris entre - 20 000 et -20 999, et un message d'erreur. Il déclenche l'exception, si le fonctionnement du programme a un comportement non conforme, avec l'ordre « **RAISE_APPLICATION_ERROR** ».

Les exceptions système, nommées et anonymes, sont déclenchées par PL/SQL lorsqu'un programme viole une règle Oracle. Chacune de ces erreurs Oracle possède un code numérique. PL/SQL possède des noms prédéfinis pour les plus courantes de ces erreurs.

# La section EXCEPTION

Un bloc PL/SQL peut se composer de quatre parties : l'en-tête, la section de déclaration, la section d'exécution et la section d'exception.

Lorsqu'une exception est déclenchée dans la section d'exécution d'un bloc PL/SQL, la section « **EXCEPTION** » prend le contrôle. PL/SQL vérifie si, parmi les différents gestionnaires d'exception, l'un traite cette exception spécifique.

La syntaxe d'une section d'exception est la suivante :

```
EXCEPTION

    WHEN NOM_EXCEPTION[OR NOM_EXCEPTION...]THEN INSTRUCTIONS ;[,...]

    [WHEN OTHERS THEN INSTRUCTIONS ;]

END;
```

Une section d'exception unique peut contenir plusieurs gestionnaires d'exception. Ces derniers ont une structure comparable à celle de l'ordre conditionnel « **CASE** ».

```
SQL> declare
  2      v_nom_categorie CATEGORIES.NOM_CATEGORIE%TYPE;
  3  begin
  4      declare
  5          v_nom_categorie CATEGORIES.NOM_CATEGORIE%TYPE;
  6      begin
  7          SELECT NOM_CATEGORIE INTO v_nom_categorie FROM CATEGORIES
  8          WHERE CODE_CATEGORIE = 100;
```

```
 9          dbms_output.put_line( 'Vous ne verrez pas cette ligne!');
10      end;
11      dbms_output.put_line( 'Suite de traitements.');
12   end;
13   /
declare
*
ERREUR à la ligne 1 :
ORA-01403: aucune donnée trouvée
ORA-06512: à ligne 7

SQL> declare
  2      v_nom_categorie CATEGORIES.NOM_CATEGORIE%TYPE;
  3   begin
  4      declare
  5          v_nom_categorie CATEGORIES.NOM_CATEGORIE%TYPE;
  6      begin
  7        SELECT NOM_CATEGORIE INTO v_nom_categorie FROM CATEGORIES
  8        WHERE CODE_CATEGORIE = 100;
  9        dbms_output.put_line( 'Vous ne verrez pas cette ligne!');
 10      exception
 11          when NO_DATA_FOUND then
 12              dbms_output.put_line( 'Aucune catégorie.');
 13      end;
 14      dbms_output.put_line( 'Suite de traitements.');
 15   end;
 16   /
Aucune catégorie.
Suite de traitements.
```

Dans la première requête, il n'y a pas de gestionnaire d'exception ; quand l'erreur survient, il n'y a pas de catégorie 100 et le programme est arrêté, affichant un message d'erreur. La deuxième requête assure le traitement d'une exception, « **NO_DATA_FOUND** » (voir les exceptions prédéfinies Oracle) ; après le traitement de cette exception, on ne revient pas dans le bloc ayant généré l'exception ; on le quitte complètement mais le programme se continue normalement.

Une exception déclenchée est traitée si son nom correspond à l'un des noms situés à droite d'une des clauses « **WHEN** » de la section d'exception.

## *Attention*

Notez que la clause « **WHEN** » traite les erreurs associées à des exceptions nommées, et non à des codes d'erreurs. Si la correspondance est établie, les ordres associés à l'exception sont exécutés.

Si aucun gestionnaire ne correspond à l'exception déclenchée, les ordres associés à la clause « **WHEN OTHERS** » sont exécutés si elle est présente.

```
SQL> declare
  2      v_nom_categorie CATEGORIES.NOM_CATEGORIE%TYPE;
  3   begin
  4      declare
  5          v_nom_categorie CATEGORIES.NOM_CATEGORIE%TYPE;
  6      begin
  7        SELECT NOM_CATEGORIE INTO v_nom_categorie FROM CATEGORIES;
  8        dbms_output.put_line( 'Vous ne verez pas cette ligne !');
  9      exception
 10          when NO_DATA_FOUND then
 11      dbms_output.put_line( 'Aucune catégorie n''a été retrouvé.');
```

```
12        end;
13        dbms_output.put_line( 'Suite de traitements.');
14   end;
15   /
declare
*
ERREUR à la ligne 1 :
ORA-01422: l'extraction exacte ramène plus que le nombre de lignes demandé
ORA-06512: à ligne 7

SQL> declare
  2        v_nom_categorie CATEGORIES.NOM_CATEGORIE%TYPE;
  3   begin
  4        declare
  5             v_nom_categorie CATEGORIES.NOM_CATEGORIE%TYPE;
  6        begin
  7          SELECT NOM_CATEGORIE INTO v_nom_categorie FROM CATEGORIES;
  8        exception
  9             when NO_DATA_FOUND then
 10               dbms_output.put_line( 'Aucune catégorie.');
 11             when OTHERS then
 12                 dbms_output.put_line( 'Une autre erreur.');
 13        end;
 14        dbms_output.put_line( 'Suite de traitements.');
 15   end;
 16   /
Une autre erreur.
Suite de traitements.
```

Vous pouvez remarquer que, dans la deuxième requête, le mot-clé « **OTHERS** » permet de traiter toutes les autres exceptions.

### *Attention*

La clause « **WHEN OTHERS** » est facultative ; lorsqu'elle est absente, toute exception non traitée est immédiatement déclenchée dans le bloc englobant, s'il existe. Si aucun bloc PL/SQL ne gère l'exception, le code d'erreur et le message associé sont directement renvoyés à l'utilisateur, et l'application est arrêtée.

# Les exceptions prédéfinies

Toutes les erreurs possèdent un numéro d'identification unique. Mais elles ne peuvent être interceptées dans un bloc PL/SQL que si un nom est associé au numéro de l'erreur Oracle. Dans le langage PL/SQL, les erreurs Oracle les plus courantes possèdent des synonymes afin de faciliter leur interception dans les blocs PL/SQL.

Les exceptions pour lesquelles PL/SQL possède des synonymes sont déclarées dans le package « **STANDARD** » de PL/SQL.

Voici la liste des exceptions prédéfinies les plus utilisées :

### *ACCESS_INTO_NULL*

On a tenté d'affecter une valeur à un objet non initialisé.

```
ORA-6530 SQLCODE= -6530
```

### CASE_NOT_FOUND

Il n'y a pas de choix WHEN correspondant dans une instruction CASE et l'option ELSE n'a pas été définie.

```
ORA-6592 SQLCODE= -6592
```

### COLECTION_IS_NULL

On a tenté d'utiliser des méthodes d'une collection, autre que « **EXISTS** », ou essayé d'affecter une valeur à un élément pour une collection non initialisée.

```
ORA-6531 SQLCODE= -6531
```

### CURSOR_ALREADY_OPEN

On a tenté d'ouvrir un curseur qui l'était déjà. Il faut fermer un curseur avant de l'ouvrir ou de le rouvrir.

```
ORA-6511 SQLCODE= -6511
```

### DUP_VAL_ON_INDEX

Un ordre INSERT ou UPDATE a tenté d'insérer un doublon dans une colonne ou un groupe de colonnes soumis à un index unique.

```
ORA-00001 SQLCODE= -1
```

### INVALID_CURSOR

On a référencé un curseur invalide. Cela arrive en général lorsque l'on FETCH ou que l'on ferme, CLOSE, un curseur avant de l'ouvrir.

```
ORA-01001 SQLCODE= -1001
```

### INVALID_NUMBER

PL/SQL exécute un ordre SQL qui ne parvient pas à convertir une chaîne de caractères en nombre.

```
ORA-01722 SQLCODE= -1722
```

### LOGIN_DENIED

Un programme tente de se connecter à Oracle avec une combinaison login/mot de passe invalide.

```
ORA-01017 SQLCODE= -1017
```

### NO_DATA_FOUND

Cette exception est déclenchée dans trois cas :

- Lorsqu'on exécute un ordre SELECT INTO qui ne ramène aucun enregistrement.
- Lorsqu'on référence une ligne non initialisée d'une table PL/SQL.
- Lorsqu'on tente de lire après la fin d'un fichier avec le package « **UTL_FILE** ».

```
ORA-01403 SQLCODE= +100
```

### NOT_LOGGED_ON

Un programme a tenté d'exécuter un appel à la base, en général un ordre LMD, avant d'être connecté.

```
ORA-01012 SQLCODE= -1012
```

### PROGRAM_ERROR

Erreur interne de PL/SQL. Le texte du message conseille de "Contacter le Support Oracle."

```
ORA-06501 SQLCODE= -6501
```

### RAWTYPE_MISMATCH

On a tenté d'affecter une variable enregistrement incompatible avec l'enregistrement retourné par la commande « **FETCH** ».

```
ORA-06504 SQLCODE= -6504
```

### SELF_IS_NULL

Le programme a tenté d'accéder à une méthode d'un objet qui n'a pas été initialisé.

```
ORA-30625 SQLCODE= -30625
```

### STORAGE_ERROR

Le programme a épuisé la mémoire disponible, ou la mémoire est corrompue.

```
ORA-06500 SQLCODE= -6500
```

### SUBSCRIPT_BEYOND_COUNT

Le programme a tenté d'utiliser pour un tableau associatif une trop grande valeur d'indice.

```
ORA-06533 SQLCODE= -06533
```

### SUBSCRIPT_OUTSIDE_LIMIT

Le programme a tenté d'utiliser pour un tableau une valeur d'indice hors limites.

```
ORA-06532 SQLCODE= -06532
```

### SYS_INVALID_ROWID

La conversion d'une chaîne de caractères en « **ROWID** » n'est pas possible.

```
ORA-01410CODE= -1410
```

### TIMEOUT_ON_RESOURCE

Le délai maximum d'attente d'une ressource par Oracle a expiré.

```
ORA-00051 SQLCODE= -51
```

### TOO_MANY_ROWS

Un ordre « **SELECT INTO** » a ramené plus d'une ligne.

```
ORA-01422 SQLCODE= -1422
```

### VALUE_ERROR

Cette exception est déclenchée par PL/SQL lorsqu'il rencontre, en dehors d'un ordre LMD, une erreur de conversion, de troncature ou de bornes sur des données numériques ou alphanumériques.

```
ORA-06502 SQLCODE= -6502
```

### ZERO_DIVIDE

Un programme a tenté une division par zéro.

```
ORA-01476 SQLCODE= -1476
```

# Les exceptions anonymes

Le langage PL/SQL a besoin, pour les gestionnaires d'exceptions, que l'erreur soit désignée par son nom et non par son code d'erreur interne, pour l'identifier.

Précédemment, nous avons vu que seulement une partie des codes d'erreur Oracle comporte des noms prédéfinis.

On utilisera la clause « **WHEN OTHERS** » pour traiter toutes les exceptions non gérées, y compris les erreurs système non définies par PL/SQL. Il est toutefois souhaitable de pouvoir déterminer au sein du gestionnaire d'exceptions la nature de l'erreur survenue.

Oracle fournit les fonctions « **SQLCODE** » et « **SQLERRM** », qui renvoient respectivement le code et le message d'erreur correspondant à l'exception.

```
SQL> declare
  2      DELETE CATEGORIES WHERE CODE_CATEGORIE = 2;
  3      exception
  4      when OTHERS then
  5          dbms_output.put_line( 'SQLCODE = '||SQLCODE);
  6          dbms_output.put_line( 'SQLERRM = '||SQLERRM);
  7  end;
  8  /
SQLCODE = -2292
SQLERRM = ORA-02292: violation de contrainte
(STAGIAIRE.FK_PRODUITS_CATEGORIE)
d'intégrité - enregistrement fils existant
```

On préférera, dans de nombreux cas, traiter ces erreurs de manière spécifique afin de mieux les documenter. Pour ce faire, on affecte un nom particulier à l'erreur Oracle ou PL/SQL que le programme est susceptible de rencontrer, puis on écrit un gestionnaire d'exceptions dédié à cette exception nommée.

La syntaxe de la fonction « **SQLERRM** » vous permet de retrouver le message d'erreur de n'importe quelle exception Oracle, comme suit :

```
SQLERRM ( CODE_ERREUR) ;
```

Vous pouvez utiliser le bloc suivant pour retrouver les exceptions Oracle, sachant que le code erreur de ces exceptions est négatif et compris entre -1 et -65 535. La plage entre -20 000 et -20 999 est réservée pour les exceptions applicatives.

```
SQL> SET SERVEROUTPUT ON
SQL> SET VERIFY OFF
SQL> begin
  2      dbms_output.put_line( 'Message : '||SQLERRM(-&code_erreur));
  3  end;
  4  /
Entrez une valeur pour code_erreur : 1
Message : ORA-00001: violation de contrainte unique (.)

Procédure PL/SQL terminée avec succès.

SQL> begin
  2      for i in -2299..-2275 loop
  3          dbms_output.put_line(RPAD( SQLERRM(i),64)||' ...');
  4      end loop;
  5  end;
  6  /
```

```
ORA-02299: impossible de valider (.) - clés en double trouvées    ...
ORA-02298: impossible de valider (.) - clés parents introuvables ...
ORA-02297: impossible de désactiver la contrainte (.) - des dépe ...
ORA-02296: impossible d'activer la contrainte (.) - valeurs null ...
ORA-02295: plusieurs clauses ENABLE/DISABLE trouvées pour la con ...
ORA-02294: impossible d'activer (.) - contrainte modifiée pendan ...
ORA-02293: impossible de valider (.) - violation d'une contraint ...
ORA-02292: violation de contrainte (.) d'intégrité - enregistrem ...
ORA-02291: violation de contrainte d'intégrité (.) - clé parent  ...
ORA-02290: violation de contraintes (.) de vérification          ...
ORA-02289: la séquence n'existe pas                              ...
ORA-02288: mode OPEN non valide                                  ...
ORA-02287: numéro de séquence non autorisé ici                   ...
ORA-02286: aucune option n'a été indiquée pour ALTER SEQUENCE    ...
ORA-02285: spécifications START WITH dupliquées                  ...
ORA-02284: spécifications INCREMENT BY dupliquées                ...
ORA-02283: modification du numéro de la séquence de démarrage im ...
ORA-02282: spécifications ORDER/NOORDER dupliquées ou incompatib ...
ORA-02281: spécifications CACHE/NOCACHE dupliquées ou incompatib ...
ORA-02280: spécifications CYCLE/NOCYCLE dupliquées ou incompatib ...
ORA-02279: spécifications MINVALUE/NOMINVALUE dupliquées ou inco ...
ORA-02278: spécifications MAXVALUE/NOMAXVALUE dupliquées ou inco ...
ORA-02277: nom de séquence non valide                            ...
ORA-02276: type de la valeur par défaut incompatible avec type d ...
ORA-02275: une telle contrainte référentielle existe déjà dans l ...
```

# EXCEPTION_INIT

Pour associer un nom à un code d'erreur interne, on se servira d'une pragma, une instruction spéciale du compilateur, qui est traitée lors de la compilation plutôt que durant l'exécution.

L'instruction « **PRAGMA EXCEPTION_INIT** » demande au compilateur d'associer une exception utilisateur à un code d'erreur Oracle spécifique. Une fois l'erreur associée à un nom, il est possible de la déclencher à volonté et d'écrire un gestionnaire d'exceptions qui la traitera. Bien que dans la majorité des cas, on laisse à Oracle le soin de déclencher les exceptions système, il devient possible de les déclencher soi-même.

L'instruction « **PRAGMA EXCEPTION_INIT** » doit apparaître dans la section de déclaration d'un bloc, après la déclaration du nom d'exception qui est utilisé dans l'instruction, comme dans la syntaxe suivante :

```
DECLARE

    NOM_EXCEPTION EXCEPTION ;

    PRAGMA EXCEPTION_INIT( NOM_EXCEPTION, CODE_ERREUR) ;

BEGIN

    ...

EXCEPTION

    WHEN NOM_EXCEPTION THEN INSTRUCTIONS ;

END ;
```

**CODE_ERREUR**          C'est le code d'erreur Oracle. Il comprend le signe moins si le code d'erreur est négatif, ce qui est généralement le cas.

Le programme suivant montre la déclaration d'une exception associée à l'erreur « **ORA-02292** ». Cette erreur survient lorsque l'on tente d'effacer un enregistrement qui est encore référencé comme clé étrangère. Un enregistrement fils est un enregistrement qui référence une clé étrangère dans la table parent.

```
SQL> DELETE COMMANDES WHERE NO_COMMANDE = 215094;
DELETE COMMANDES WHERE NO_COMMANDE = 215094
*
ERREUR à la ligne 1 :
ORA-02292: violation de contrainte (STAGIAIRE.DET_COMM_COMM_FK) d'intégrité
- enregistrement fils existant

SQL> declare
  2      DELETE_CASCADE_ENFANT EXCEPTION;
  3      PRAGMA EXCEPTION_INIT(DELETE_CASCADE_ENFANT, -2292);
  4      v_no_commande COMMANDES.NO_COMMANDE%TYPE;
  5  begin
  6      v_no_commande := &no_commande;
  7      DELETE COMMANDES WHERE NO_COMMANDE = v_no_commande;
  8  exception
  9  when DELETE_CASCADE_ENFANT then
 10      dbms_output.put_line( 'Exception : DELETE_CASCADE_ENFANT ');
 11      DELETE DETAILS_COMMANDES WHERE NO_COMMANDE = v_no_commande;
 12          DELETE COMMANDES WHERE NO_COMMANDE = v_no_commande;
 13  end;
 14  /
Entrez une valeur pour no_commande : 215094
Exception : DELETE_CASCADE_ENFANT
```

Dans le traitement de l'exception, tous les enregistrements correspondants de la table enfant `DETAILS_COMMANDES` sont effacés.

L'exemple suivant, dans le même style, contrôle la mise à jour de la clé étrangère dans la table `PRODUITS`.

```
SQL> declare
  2      PARENT_INTROUVABLE EXCEPTION;
  3      PRAGMA EXCEPTION_INIT(PARENT_INTROUVABLE, -2291);
  4  begin
  5      UPDATE PRODUITS set CODE_CATEGORIE = 11 WHERE REF_PRODUIT = 120;
  6  exception
  7   when PARENT_INTROUVABLE then
  8    dbms_output.put_line( 'Exception : Clé parent introuvable ');
  9  end;
 10  /
Exception : Clé parent introuvable
```

# Les exceptions utilisateur

Les exceptions déclarées par **PL/SQL** dans le package STANDARD se rapportent aux erreurs internes ou système.

Les problèmes rencontrés par un utilisateur dans une application sont pour la plupart spécifiques à cette application. Un programme peut nécessiter la gestion d'erreurs telles que « solde négatif dans un compte » ou « impossible d'antidater une visite ». Bien qu'elles diffèrent en nature d'une « division par zéro », ces erreurs constituent néanmoins des exceptions aux traitements normaux et vos programmes se doivent de les gérer élégamment.

L'absence de distinction structurelle entre erreurs internes et erreurs spécifiques à l'application est l'une des caractéristiques les plus utiles de la gestion des exceptions en PL/SQL.

Une exception doit être nommée afin de pouvoir être traitée. Elle doit être déclarée dans la section de déclaration du bloc PL/SQL, en spécifiant le nom sous laquelle on souhaite la déclencher par programme, suivi du mot-clé « **EXCEPTION** », comme dans la syntaxe suivante :

```
DECLARE

    NOM_EXCEPTION EXCEPTION ;

    PRAGMA EXCEPTION_INIT( NOM_EXCEPTION, CODE_ERREUR) ;

BEGIN

...RAISE NOM_EXCEPTION ;

EXCEPTION

    WHEN NOM_EXCEPTION THEN INSTRUCTIONS ;

END ;
```

| | |
|---|---|
| **EXCEPTION** | Mot-clé pour la définition de l'exception. |
| **RAISE** | L'instruction permet de lancer une exception utilisateur. |

```
SQL> declare
  2      UPDATE_EMPLOYES EXCEPTION;
  3      v_no_employe EMPLOYES.NO_EMPLOYE%TYPE;
  4      v_salaire    EMPLOYES.SALAIRE%TYPE;
  5  begin
  6    v_no_employe := &no_employe;
  7    v_salaire    := &salaire;
  8    for emp in ( SELECT SALAIRE FROM EMPLOYES
  9                 WHERE NO_EMPLOYE = v_no_employe) loop
 10        if v_salaire < emp.salaire then
 11            dbms_output.put_line('Le salaire actuel est '||emp.salaire);
 12            RAISE UPDATE_EMPLOYES;
 13        end if;
 14    end loop;
 15    UPDATE EMPLOYES SET SALAIRE=v_salaire WHERE NO_EMPLOYE=v_no_employe;
 16  exception
 17    when UPDATE_EMPLOYES then
 18        dbms_output.put_line( 'Exception : UPDATE_EMPLOYES ');
 19  end;
 20  /
Entrez une valeur pour no_employe : 8
Entrez une valeur pour salaire : 1800
Le salaire actuel est 2000
Exception : UPDATE_EMPLOYES
```

Le bloc PL/SQL commence par la définition d'une exception UPDATE_EMPLOYES. Si le salaire saisi est inférieur au salaire actuel, la modification de l'employé n'est pas effectuée et l'exception est lancée.

## Attention

Il est possible de déclarer des exceptions avec le même nom que les exceptions système. Dans ce cas, les exceptions utilisateur cachent les exceptions système ; alors pour pouvoir accéder aux exceptions système, il faut les préfixer par le nom du package « **STANDARD** ».

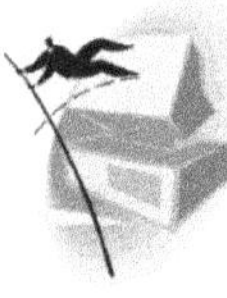

```
SQL> declare
  2     NO_DATA_FOUND EXCEPTION;
  3     v_employe EMPLOYES%ROWTYPE;
  4  begin
  5     SELECT * INTO v_employe FROM EMPLOYES WHERE NO_EMPLOYE = 0;
  6  exception
  7     WHEN NO_DATA_FOUND THEN
  8       dbms_output.put_line( 'Exception NO_DATA_FOUND');
  9     WHEN STANDARD.NO_DATA_FOUND THEN
 10       dbms_output.put_line( 'Exception STANDARD.NO_DATA_FOUND');
 11  end;
 12  /
Exception STANDARD.NO_DATA_FOUND
```

Comme vous pouvez le voir, l'exception exécutée est l'exception système
« **STANDARD.NO_DATA_FOUND** ».

Les exceptions peuvent être déclenchées par le moteur PL/SQL ou par le programmeur de trois
manières différentes :

- Le moteur PL/SQL déclenche une exception système nommée. Ces exceptions sont
  déclenchées automatiquement par le programme. Le déclenchement d'exception système
  par PL/SQL n'est pas contrôlable.

- Le programmeur déclenche une exception nommée. Le développeur peut utiliser un
  appel explicite à l'ordre RAISE pour déclencher une erreur nommée.

- Le programmeur déclenche une erreur utilisateur anonyme. Ces exceptions sont
  déclenchées par l'appel explicite à la procédure « **RAISE_APPLICATION_ERROR** »
  du package « **DBMS_STANDARD** ».

## RAISE_APPLICATION_ERROR

La procédure « **RAISE_APPLICATION_ERROR** » facilite les notifications d'erreurs applicatives
entre le serveur et le client. Cette procédure standard est le seul moyen de faire gérer une erreur
survenue sur le serveur par une application cliente.

La syntaxe d'appel de cette procédure est la suivante :

**RAISE_APPLICATION_ERROR( CODE_ERREUR, MESSAGE[,{TRUE |FALSE }]) ;**

| | |
|---|---|
| **CODE_ERREUR** | Le code d'erreur renvoyé doit être compris entre -20 000 et -20 999 pour ne pas entrer en conflit avec les codes d'erreur Oracle. |
| **MESSAGE** | Une chaîne de caractères comportant le message qui sera affichée par « **SQLERRM** ». La taille du message d'erreur doit être limitée à 2Ko. |
| **TRUE \| FALSE** | Paramètre optionnel. Permet de savoir si l'erreur doit être placée sur la pile des erreurs, TRUE, ou bien si l'erreur doit remplacer toutes les autres erreurs FALSE. |

Les effets de « **RAISE_APPLICATION_ERROR** » sont semblables au déclenchement d'une
exception par l'ordre « **RAISE** ».

```
SQL> begin
  2     RAISE_APPLICATION_ERROR(-20000,
  3                 'Exception utilisateur anonyme.');
  4  end;
  5  /
```

```
begin
*
ERREUR à la ligne 1 :
ORA-20000: Exception utilisateur anonyme.
ORA-06512: à ligne 2
```

# Propagation d'une exception

Les règles de portée déterminent le bloc dans lequel une exception peut être déclenchée. Les règles de propagation concernent la manière dont une exception est traitée une fois déclenchée.

```
SQL> declare
  2        MY_EXCEPTION EXCEPTION;
  3  begin --bloc 1
  4        begin --bloc 2
  5            begin --bloc 3
  6                RAISE MY_EXCEPTION;
  7              dbms_output.put_line( 'Suite traitements bloc 1.');
  8            exception
  9                when MY_EXCEPTION then
 10                    dbms_output.put_line( 'Exception MY_EXCEPTION');
 11            end;
 12            dbms_output.put_line( 'Suite traitements bloc 2.');
 13        end;
 14        dbms_output.put_line( 'Suite traitements bloc 3.');
 15  exception
 16        when OTHERS then
 17            dbms_output.put_line( 'Une autre erreur.');
 18  end;
 19  /
Exception MY_EXCEPTION
Suite traitements bloc 2.
Suite traitements bloc 3.
```

Le bloc intérieur `bloc 3` déclenche l'exception `MY_EXCEPTION`. Ce bloc comporte un gestionnaire d'exception pour `MY_EXCEPTION`. Après l'exécution du gestionnaire, PL/SQL ferme ce bloc et continue normalement l'exécution du programme.

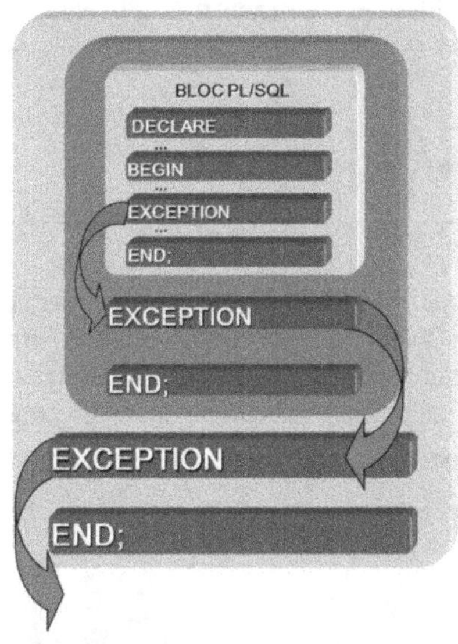

Lorsqu'une exception est déclenchée, PL/SQL cherche dans le bloc courant un gestionnaire pour cette exception. Si aucun gestionnaire n'est trouvé, PL/SQL propage l'exception au bloc englobant le bloc courant. PL/SQL essaie ensuite de traiter l'exception en la déclenchant à nouveau dans le bloc englobant, et ainsi de suite jusqu'à ce qu'il n'y ait plus de bloc dans lequel déclencher l'exception. Lorsque tous les blocs ont été parcourus, PL/SQL renvoie un message d'exception non gérée à l'application qui exécutait le bloc de niveau maximum. Une exception non gérée arrête l'exécution du programme.

```
SQL> declare
  2        MY_EXCEPTION EXCEPTION;
  3  begin --bloc 1
  4      begin --bloc 2
  5          begin --bloc 3
  6            RAISE MY_EXCEPTION;
  7            dbms_output.put_line( 'Suite traitements bloc 1.');
  8          end;
  9          dbms_output.put_line( 'Suite traitements bloc 2.');
 10      end;
 11      dbms_output.put_line( 'Suite traitements bloc 3.');
 12  exception
 13      when MY_EXCEPTION then
 14          dbms_output.put_line( 'Exception MY_EXCEPTION');
 15      when OTHERS then
 16          dbms_output.put_line( 'Une autre erreur.');
 17  end;
 18  /
Exception MY_EXCEPTION
```

Le bloc intérieur `bloc 3` déclenche l'exception `MY_EXCEPTION` gérée dans le `bloc 1`. PL/SQL cherche d'abord un gestionnaire pour `MY_EXCEPTION` dans cette section ; comme il n'en existe pas, PL/SQL ferme ce bloc. PL/SQL continue la recherche dans le bloc supérieur `bloc 2`, mais il ne comporte pas de gestionnaire pour cette exception, alors le bloc est fermé. Le bloc principal `bloc 1` a un gestionnaire pour l'exception `MY_EXCEPTION` ; après l'exécution du gestionnaire, le bloc est fermé et l'application est alors fermée.

Dans cet exemple, vous pouvez voir que l'exécution des instructions du `bloc 2` et du `bloc 1` n'a pas été effectuée étant donné que l'exception a été traitée dans le `bloc 1`.

### Attention

Les exceptions sont utilisées comme traitement d'erreurs et n'ont pas la possibilité de naviguer dans votre programme. N'utilisez pas « **RAISE** » à la place de « **GOTO** ».

# La boucle FORALL

Le traitement de la boucle « **FORALL** » peut générer des erreurs dans l'exécution des ordres SQL qui peuvent lever des exceptions. Il est possible de traiter tous les ordres et de sauvegarder les exceptions pour les traiter par lots. La syntaxe permettant de sauvegarder les exceptions et ne pas arrêter le traitement à la première exception est la suivante :

```
FORALL INDICE IN EXPRESSION1..EXPRESSION2 [SAVE EXCEPTIONS]
    COMMANDE LMD;
```

Le code d'erreur Oracle pour une exception générée par la boucle « **FORALL** » est « **ORA-24381** ». Dans le bloc de traitements des exceptions, vous pouvez accéder au tableau des enregistrements « **SQL%BULK_EXCEPTIONS** » qui répertorient toutes les exceptions trouvées. Chaque enregistrement a deux champs :

| | |
|---|---|
| **ERROR_INDEX** | Le numéro d'ordre de l'exception dans l'ordre d'exécution de la boucle « **FORALL** ». |
| **ERROR_CODE** | Le code d'erreur correspondant à l'exception. Vous pouvez utiliser la fonction « **SQLERRM** » pour retrouver le message d'erreur. |

Il faut également préciser que « **SQL%BULK_EXCEPTIONS** » est un tableau ; ainsi, toutes les méthodes de collections lui sont accessibles.

```
SQL> DESC CATEGORIES
Nom                                        NULL ?    Type
 ------------------------------------      --------  ------------------------

 CODE_CATEGORIE                            NOT NULL  NUMBER(6)
 NOM_CATEGORIE                             NOT NULL  VARCHAR2(25)
 DESCRIPTION                               NOT NULL  VARCHAR2(100)

SQL> declare
  2      forall_exception EXCEPTION;
  3      PRAGMA EXCEPTION_INIT (forall_exception, -24381);
  4      TYPE t_nom_cat IS TABLE OF VARCHAR2(50);
  5      TYPE t_id_cat IS TABLE OF NUMBER;
  6      liste_nom_cat t_nom_cat := t_nom_cat (
  7          'Boissons',
  8          'Condiments',
  9           NULL,
 10          'Produits laitiers',
 11          'Pâtes et céréales',
 12          'Viandes',
 13          'Produits secs',
 14          'Poissons et fruits de mer',
 15          'Conserves',
 16          RPAD ('Viande en conserve',50,'*'));
 17      liste_id_cat t_id_cat := t_id_cat(
 18          1,2,3,4,5,6,7,8,9,10);
 19  begin
 20      forall i in liste_nom_cat.FIRST..liste_nom_cat.LAST
 21      save exceptions
 22          UPDATE CATEGORIES
 23          SET NOM_CATEGORIE = liste_nom_cat(i)
 24          WHERE CODE_CATEGORIE = liste_id_cat(i);
 25  exception
 26   when forall_exception then
 27      dbms_output.put_line(rpad('-',68,'-'));
 28      dbms_output.put_line('Enregistrements modifiés : '
 29                          ||SQL%ROWCOUNT);
 30      dbms_output.put_line(rpad('-',68,'-'));
 31      for i in 1..SQL%BULK_EXCEPTIONS.COUNT loop
 32       dbms_output.put_line ('Erreur : '
 33       ||i || ' enregistrement : '
 34       ||SQL%BULK_EXCEPTIONS (i).ERROR_INDEX
 35       ||' le nom de la catégorie : '
```

```
36              ||nvl(liste_nom_cat( SQL%BULK_EXCEPTIONS(i).ERROR_INDEX),
37                   '-------------'));
38          dbms_output.put_line ('L''erreur Oracle est '
39            || SQLERRM( -1 * SQL%BULK_EXCEPTIONS (i).ERROR_CODE));
40          dbms_output.put_line(rpad('-',68,'-'));
41        end loop;
42        rollback;
43    end;
44    /
    -------------------------------------------------------------------
Enregistrements modifiés : 8
    -------------------------------------------------------------------
Erreur : 1 enregistrement : 3 le nom de la catégorie : -------------
L'erreur Oracle est ORA-01407: impossible de mettre à jour () avec
NULL
    -------------------------------------------------------------------
Erreur : 2 enregistrement : 10 le nom de la catégorie : Viande en
conserve*******************************
L'erreur Oracle est ORA-12899: valeur trop grande pour la colonne
(réelle : , maximum : )
    -------------------------------------------------------------------
```

La table CATEGORIES a dix enregistrements mais huit seulement ont été mis à jour à l'aide des valeurs du tableau liste_nom_cat. La première exception est due au troisième poste du tableau initialisé à « **NULL** » alors que le champ NOM_CATEGORIE ne peut pas être « **NULL** ». La deuxième exception est levée car le champ NOM_CATEGORIE a une taille de 25 caractères et le dixième poste du tableau a une taille de 50 caractères.

- *Les procédures*

- *Les fonctions*

- *IN OUT*

- *NOCOPY*

- *SHOW ERRORS*

# 8

# Les sous-programmes

## Objectifs

À la fin de ce module, vous serez à même d'effectuer les tâches suivantes :

- Décrire les types des blocs nommés.
- Créer des procédures.
- Créer des fonctions.
- Appeler des procédures et fonctions.
- Déboguer le code de création des blocs nommés.

## Contenu

# Les sous-programmes

Dans les précédents chapitres, nous avons présenté des exemples de programmes PL/SQL qui ne peuvent pas être partagés et dont le code est entré directement dans SQL*Plus pour y être exécuté.

Le langage PL/SQL est un langage algorithmique complet ; il bénéficie de la possibilité de structuration du code, avec un procédé de décomposition de gros blocs de code en plus petits modules qui peuvent être appelés par d'autres modules.

Le PL/SQL fournit les structures suivantes, qui permettent de structurer le code de différentes façons :

| | |
|---|---|
| **Bloc Anonyme** | Un bloc PL/SQL non nommé qui exécute une ou plusieurs actions. Un bloc anonyme permet au développeur de contrôler la portée des identifiants et la gestion des exceptions. |
| **Procédure** | Un bloc PL/SQL nommé qui ne renvoie aucune information, exécute une ou plusieurs actions et est appelé comme une commande PL/SQL. On peut passer et récupérer de l'information d'une procédure à travers sa liste d'arguments. |
| **Fonction** | Un bloc PL/SQL nommé qui renvoie une seule valeur et est utilisé comme une expression PL/SQL. On peut passer de l'information à une fonction à travers sa liste d'arguments. |
| **Package** | Un ensemble nommé de procédures, fonctions, types et variables. Un package n'est pas vraiment un module, c'est une application. |
| **Trigger** | Un bloc PL/SQL de type procédure qui est lancé automatiquement à chaque occurrence de l'événement déclenchant et n'accepte aucun argument. L'événement déclenchant peut être une opération LMD portant sur une table de base de données ou sur certains types de vues. Le lancement des déclencheurs est également provoqué par un événement système tel que le démarrage ou la fermeture d'une instance de base de données ou certains types d'opérations LDD. |

# Les blocs nommés

Le bloc détermine à la fois la portée des identifiants et la façon dont les exceptions sont gérées et propagées. Un bloc peut aussi contenir des sous-blocs imbriqués, chacun ayant sa propre portée.

Tous les différents types de modules ont une structure de bloc commune.

Les blocs PL/SQL nommés, les procédures et les fonctions ont l'en-tête du bloc qui contient la déclaration du nom et du type du bloc. Contrairement aux deux autres types de blocs PL/SQL nommés, le bloc anonyme ne porte aucun nom ; il utilise simplement le mot réservé « **DECLARE** » pour marquer le début de sa section déclarative.

En l'absence de nom, le bloc anonyme ne peut pas être appelé par un autre bloc. Les blocs anonymes sont utilisés comme des scripts de commandes PL/SQL, pouvant contenir des appels de procédures et de fonctions. Ils peuvent également servir de blocs imbriqués dans des procédures, des fonctions ou d'autres blocs anonymes.

Le bloc est décomposé en quatre sections, comme suit :

| | |
|---|---|
| **En-tête :** | Seulement utile pour les blocs nommés, l'en-tête indique comment un bloc nommé ou un programme doit être appelé. |
| **Déclaration :** | La partie du bloc PL/SQL qui contient les déclarations de variables, curseurs et sous-blocs qui sont référencés dans les sections d'exécution et de gestion des exceptions. |
| **Exécution :** | La partie du bloc PL/SQL qui contient les commandes exécutables, le code exécuté par le moteur PL/SQL. Tout bloc doit comprendre au moins une commande exécutable dans la section d'exécution. |
| **Exception :** | La section qui gère les exceptions au déroulement normal du programme. Cette section est optionnelle. Si elle existe, elle hérite du contrôle lorsqu'une erreur est détectée. Cette section gère alors les erreurs et passe la main au bloc appelant. |

# Les blocs locaux

Avant de parler de la syntaxe de mise en œuvre des procédures ou des fonctions, nous allons détailler les possibilités d'emplacement de ces blocs nommés.

Les procédures et les fonctions peuvent être stockées dans la base de données, mais elles peuvent être également stockées 'localement' dans la section déclarative d'un bloc PL/SQL.

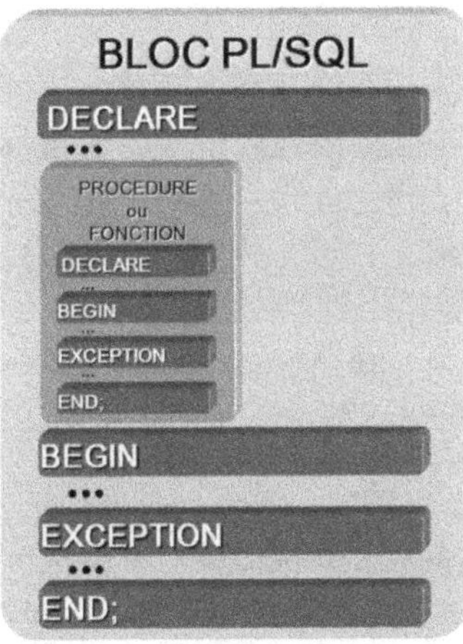


La syntaxe de stockage dans la base de données ainsi que la syntaxe détaillée de création des procédures et des fonctions sont décrites plus loin dans ce module. Cette section vous parle des implications de déclarations des blocs nommés 'localement', ainsi que des règles des corrélations entre eux.

## *Attention*

Les déclarations des blocs nommés « localement » doivent être faites à la fin de la section déclarative « **DECLARE** », sans quoi il y a une erreur de compilation.

Vous ne pouvez pas déclarer des variables après la déclaration d'un bloc. Ainsi, toutes les variables du bloc anonyme doivent être déclarées avant la déclaration des blocs.

```
SQL> declare
  2       FUNCTION SumSalaires RETURN NUMBER IS
  3          v_sum EMPLOYES.SALAIRE%TYPE;
  4       begin
```

```
    5       SELECT SUM(SALAIRE) INTO v_sum FROM EMPLOYES;
    6       RETURN v_sum;
    7     end;
    8     v_sumsalaires EMPLOYES.SALAIRE%TYPE;
    9  begin
   10    dbms_output.put_line( 'La somme des salaires :'||SumSalaires);
   11  end;
   12  /
     v_sumsalaires EMPLOYES.SALAIRE%TYPE;
     *
ERREUR à la ligne 8 :
ORA-06550: Ligne 8, colonne 5 :
PLS-00103: Symbole "V_SUMSALAIRES" rencontré à la place d'un des symboles
suivants :
begin function package pragma procedure form
ORA-06550: Ligne 11, colonne 4 :
PLS-00103: Symbole "end-of-file" rencontré à la place d'un des symboles
suivants :
end not pragma final instantiable order overriding static
member constructor map


SQL> declare
    2       FUNCTION SumSalaires RETURN NUMBER IS
    3          v_sum EMPLOYES.SALAIRE%TYPE;
    4       begin
    5         SELECT SUM(SALAIRE) INTO v_sum FROM EMPLOYES;
    6         RETURN v_sum;
    7       end;
    8  begin
    9    dbms_output.put_line( 'La somme des salaires : '||SumSalaires);
   10  end;
   11  /
La somme des salaires : 36561
```

Le bloc nommé, une fois déclaré 'localement', est un identifiant PL/SQL soumis aux mêmes règles de portée et visibilité que les autres identifiants PL/SQL, c'est-à-dire qu'il est visible uniquement dans le bloc dans lequel il est déclaré.

```
SQL> declare
    2       PROCEDURE AfficheCommande
    3               ( a_no_commande COMMANDES.NO_COMMANDE%TYPE )
    4       IS
    5           PROCEDURE AfficheDetailsCommande
    6                   ( a_no_commande COMMANDES.NO_COMMANDE%TYPE )
    7           IS
    8           begin
    9             for i_dcomm in ( SELECT NOM_PRODUIT,A.PRIX_UNITAIRE,
   10                                 A.QUANTITE, REMISE
   11                             FROM DETAILS_COMMANDES A, PRODUITS B
   12                             WHERE A.REF_PRODUIT = B.REF_PRODUIT
   13                             AND NO_COMMANDE = a_no_commande )
   14             loop
   15               dbms_output.put_line( '--   Produit : '||
   16                     i_dcomm.NOM_PRODUIT||' '||i_dcomm.PRIX_UNITAIRE
   17                     ||' '||i_dcomm.QUANTITE||' '||i_dcomm.REMISE );
   18             end loop;
   19           end;
```

```
20        begin
21          for i_comm in ( SELECT NO_COMMANDE,SOCIETE,DATE_COMMANDE
22                           FROM COMMANDES NATURAL JOIN CLIENTS
23                           WHERE NO_COMMANDE = a_no_commande)
24          loop
25            dbms_output.put_line( 'Commnade :'||i_comm.NO_COMMANDE
26                     ||' '||i_comm.SOCIETE||' '||
27                     TO_CHAR( i_comm.DATE_COMMANDE,'DD/MM/YYYY'));
28            AfficheDetailsCommande( a_no_commande);
29          end loop;
30        end;
31  begin
32        AfficheCommande( 10972);
33  end;
34  /
Commnade :10972 La corne d'abondance 24/03/1998
--    Produit : Alice Mutton 195 6 0
--    Produit : Geitost 12,5 7 0


Procédure PL/SQL terminée avec succès.


...
30        end;
31  begin
32        AfficheDetailsCommande( 10972);
33  end;
34  /
      AfficheDetailsCommande( 10972);
       *
ERREUR à la ligne 32 :
ORA-06550: Ligne 32, colonne 3 :
PLS-00201: l'identificateur 'AFFICHEDETAILSCOMMANDE' doit être déclaré
ORA-06550: Ligne 32, colonne 3 :
PL/SQL: Statement ignored
```

Les « ... » dans la deuxième partie de l'exemple précédent représente le même script que dans la première partie jusqu'à la ligne 30. Ainsi, vous pouvez voir que la procédure `AfficheDetailsCommande` n'est pas connue dans le bloc anonyme ; elle a été déclarée « localement » dans la procédure `AfficheCommande`.

Les noms des blocs locaux étant des identifiants, ils doivent être déclarés avant qu'on puisse s'y référer. Lorsqu'il s'agit de blocs mutuellement référentiels, un problème se présente.

```
SQL> declare
  2        PROCEDURE ProcedureB;
  3        PROCEDURE ProcedureA IS
  4        begin
  5          dbms_output.put_line( 'ProcedureA');
  6          ProcedureB;
  7        end;
  8        PROCEDURE ProcedureB IS
  9        begin
 10          dbms_output.put_line( 'ProcedureB');
 11        end;
 12  begin
 13        ProcedureA;
 14  end;
```

```
 15   /
ProcedureA
ProcedureB

Procédure PL/SQL terminée avec succès.
```

ProcedureA appelle ProcedureB, alors ProcedureB doit être déclarée avant ProcedureA, de sorte que la référence à ProcedureB puisse être résolue. Pour y remédier, vous pouvez utiliser une déclaration préalable, consistant simplement en un nom du bloc et ses paramètres formels.

```
SQL> declare
  2      v_quantite PRODUITS.UNITES_STOCK%TYPE;
  3      v_prod     PRODUITS.REF_PRODUIT%TYPE := &numero_du_produit;
  4      FUNCTION UnitesCommandes( a_ref_produit
  5                                    PRODUITS.REF_PRODUIT%TYPE)
  6      RETURN NUMBER;
  7
  8      FUNCTION UnitesStock( a_ref_produit
  9                                    PRODUITS.REF_PRODUIT%TYPE)
 10      RETURN NUMBER AS
 11      begin
 12
 13        for v_produit in ( SELECT * FROM PRODUITS
 14                          WHERE REF_PRODUIT = a_ref_produit)
 15        loop
 16           case
 17             when v_produit.UNITES_STOCK      > 0 then
 18                   RETURN v_produit.UNITES_STOCK;
 19             when v_produit.UNITES_COMMANDEES > 0 then
 20                   RETURN UnitesCommandes(a_ref_produit);
 21             else
 22                   RETURN -1;
 23           end case;
 24        end loop;
 25        RETURN NULL;
 26      end;
 27
 28      FUNCTION UnitesCommandes( a_ref_produit
 29                                    PRODUITS.REF_PRODUIT%TYPE)
 30      RETURN NUMBER IS
 31      begin
 32        for v_produit in ( SELECT * FROM PRODUITS
 33                          WHERE REF_PRODUIT = a_ref_produit)
 34        loop
 35           case
 36             when v_produit.UNITES_COMMANDEES > 0 then
 37                   RETURN v_produit.UNITES_COMMANDEES;
 38             when v_produit.UNITES_STOCK      > 0 then
 39                   RETURN UnitesStock(a_ref_produit);
 40             else
 41                   RETURN -1;
 42           end case;
 43        end loop;
 44        RETURN NULL;
 45      end;
 46   begin
```

```
47    v_quantite := UnitesStock(v_prod);
48    case
49      when v_quantite > 0 then
50        dbms_output.put_line( 'Les unités en stock ou commandées '
51                                            ||v_quantite);
52      when v_quantite = -1 then
53        dbms_output.put_line( 'Il n''y a pas d'''||
54                                  'unités en stock ou commandées ');
55      else
56        dbms_output.put_line( 'Il n''y a pas de produit');
57    end case;
58  end;
59  /
Entrez une valeur pour numero_du_produit : 1
Les unités en stock ou commandées 39

Procédure PL/SQL terminée avec succès.

SQL> /
Entrez une valeur pour numero_du_produit : 17
Il n'y a pas d'unités en stock ou commandées

Procédure PL/SQL terminée avec succès.

SQL> /
Entrez une valeur pour numero_du_produit : 500
Il n'y a pas de produit
```

La fonction `UnitesStock` appelle la fonction `UnitesCommandes`, alors `UnitesCommandes` doit être déclarée avant `UnitesStock` de sorte que la référence à `UnitesCommandes` puisse être résolue. En même temps, `UnitesCommandes` appelle la fonction `UnitesStock`, alors `UnitesStock` doit être déclarée avant `UnitesCommandes` de sorte que la référence à `UnitesStock` puisse être résolue.

Ces deux conditions ne peuvent être vraies au même moment. Pour y remédier, nous pouvons utiliser une déclaration préalable, consistant simplement en un nom de fonction et ses paramètres formels, ce qui permet l'existence de fonctions mutuellement référentielles.

# Les erreurs de compilation

La manière historique d'afficher des erreurs de compilation dans l'environnement **SQL*Plus** permet de contrôler les erreurs de syntaxe pendant la création des blocs et d'afficher les informations sur ces erreurs. Cette manière n'est pas très ergonomique ; il vaut mieux utiliser des outils comme **SQLDeveloper** ou d'autres outils qui facilitent l'écriture du code.

La commande « **SHOW ERRORS** » affiche toutes les erreurs associées au dernier objet procédural créé. Cette commande extrait de la vue du dictionnaire de données « **USER_ERRORS** » les erreurs associées à la tentative de compilation la plus récente pour cet objet. Elle indique aussi les numéros de la ligne et de la colonne pour chaque erreur, ainsi que le texte du message d'erreur.

```
SQL> CREATE OR REPLACE PROCEDURE ProcedureErreur IS
  2  begin
  3    Cette ligne n'est pas du PL/SQL;
  4  end;
  5  /
```

```
Avertissement : Procédure créée avec erreurs de compilation.

SQL> SHOW ERRORS
Erreurs pour PROCEDURE PROCEDUREERREUR :

LINE/COL ERROR
-------- ------------------------------------------------------------
3/9      PLS-00103: Symbole "LIGNE" rencontré à la place d'un des
         symboles suivants :
         := . ( @ % ;
```

Pour visualiser les erreurs associées à des objets procéduraux qui ont été créés, vous pouvez donc interroger directement la vue « **USER_ERRORS** ».

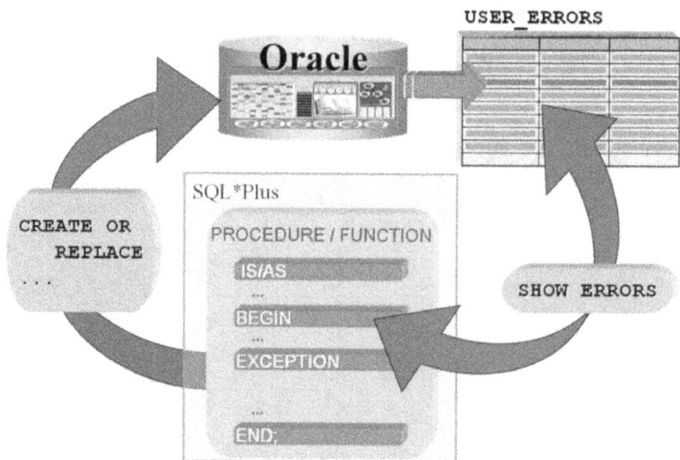


Les informations concernant les sous-programmes sont accessibles au moyen des diverses vues du dictionnaire de données. Il y a trois vues du dictionnaire de données accessibles au niveau utilisateur « **USER_ERRORS** », « **USER_OBJECTS** » et « **USER_SOURCE** », mais vous pouvez également utiliser leurs vues correspondantes « **ALL_** » ou « **DBA_** ».

## USER_ERRORS

La vue « **USER_ERRORS** » contient les informations concernant les erreurs de compilation des objets compilés par l'utilisateur. Les colonnes de cette vue sont :

| | |
|---|---|
| **NAME** | Le nom de l'objet. |
| **TYPE** | Le type de l'objet. Il peut être un des objets suivants : « **VIEW** » « **PROCEDURE** » « **FUNCTION** » « **PACKAGE** » « **PACKAGE BODY** » « **TRIGGER** » « **TYPE** » « **TYPE BODY** » « **LIBRARY** » « **JAVA SOURCE** » « **JAVA CLASS** » « **DIMENSION** » |
| **SEQUENCE** | Le numéro d'ordre de l'erreur pour l'objet correspondant. |
| **LINE** | Le numéro de la ligne. |

| | |
|---|---|
| `POSITION` | La position. |
| `TEXT` | Le message d'erreur ; il s'agit du message du compilateur qui généralement fait référence à un code qui ne devrait pas se trouver là. Il s'agit généralement d'une erreur précédente au point indiqué. |
| `ATTRIBUTE` | Indique s'il s'agit d'une erreur ou d'un message d'attention. |
| `MESSAGE_NUMBER` | Le code d'erreur « `SQLCODE` ». |

Dans l'exemple suivant, les messages d'erreur émis lors de la création de la procédure `ProcedureErreur` sont recherchés :

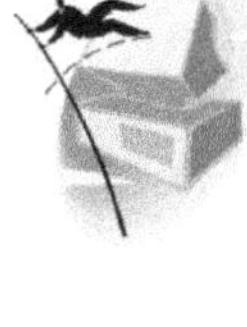

```
SQL> SELECT LINE L, POSITION P, TEXT FROM USER_ERRORS
  2   WHERE NAME = 'PROCEDUREERREUR' AND TYPE = 'PROCEDURE'
  3   ORDER BY SEQUENCE;

--- --- ------------------------------------------------------------
  3   9 PLS-00103: Symbole "LIGNE" rencontré à la place d'un des sym
       boles suivants :

           := . ( @ % ;
```

## USER_OBJECTS

La vue « `USER_OBJECTS` » contient les informations concernant chacun des objets, y compris les sous-programmes stockés que possède l'utilisateur courant. Les colonnes de cette vue sont :

| | |
|---|---|
| `OBJECT_NAME` | Le nom de l'objet. |
| `OBJECT_ID` | L'identifiant de l'objet dans le dictionnaire de données. |
| `DATA_OBJECT_ID` | L'identifiant de l'emplacement de stockage de la description de l'objet. |
| `OBJECT_TYPE` | Le type de l'objet. |
| `CREATED` | La date de création. |
| `LAST_DDL_TIME` | La date de la dernière modification. |
| `STATUS` | L'état de l'objet qui peut être : « `VALID` » « `INVALID` » « `N/A` » |

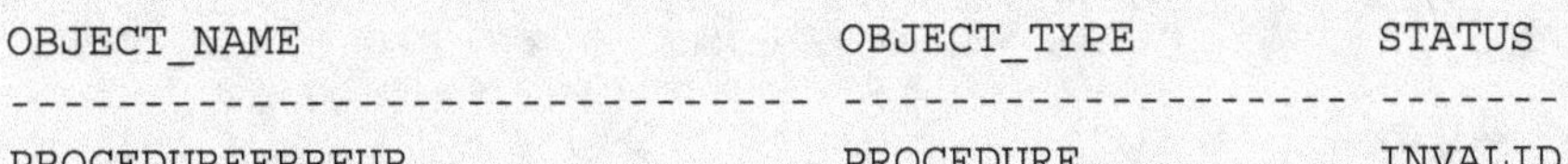

```
SQL> SELECT OBJECT_NAME, OBJECT_TYPE, STATUS FROM USER_OBJECTS
  2   WHERE OBJECT_NAME = 'PROCEDUREERREUR';

OBJECT_NAME                    OBJECT_TYPE         STATUS
------------------------------ ------------------- -------
PROCEDUREERREUR                PROCEDURE           INVALID
```

## USER_SOURCE

La vue « `USER_SOURCE` » contient les informations concernant chacun des objets, y compris les sous-programmes stockés que possède l'utilisateur courant. Les colonnes de cette vue sont :

| | |
|---|---|
| `NAME` | Le nom de l'objet. |
| `TYPE` | Le type de l'objet. Il peut être un des objets suivants : « `VIEW` » « `PROCEDURE` » |

« **FUNCTION** »
« **PACKAGE** »
« **PACKAGE BODY** »
« **TRIGGER** »
« **TYPE** »
« **TYPE BODY** »
« **LIBRARY** »
« **JAVA SOURCE** »
« **JAVA CLASS** »
« **DIMENSION** »

**LINE**     Le numéro de la ligne.

**TEXT**     Le script PL/SQL de l'objet.

```
SQL> SELECT TYPE,LINE,TEXT FROM USER_SOURCE WHERE NAME='PROCEDUREERREUR';

TYPE          LINE TEXT
------------- ---- ---------------------------------------
PROCEDURE        1 PROCEDURE ProcedureErreur IS
PROCEDURE        2 begin
PROCEDURE        3   Cette ligne ce n'est pas du PL/SQL;
PROCEDURE        4 end;
```

# L'outil SQLDeveloper

L'environnement de développement **SQLDeveloper** a déjà été présenté pour l'utilisation des requêtes SQL. Cette partie présentera ces caractéristiques pour le langage **PL/SQL**.

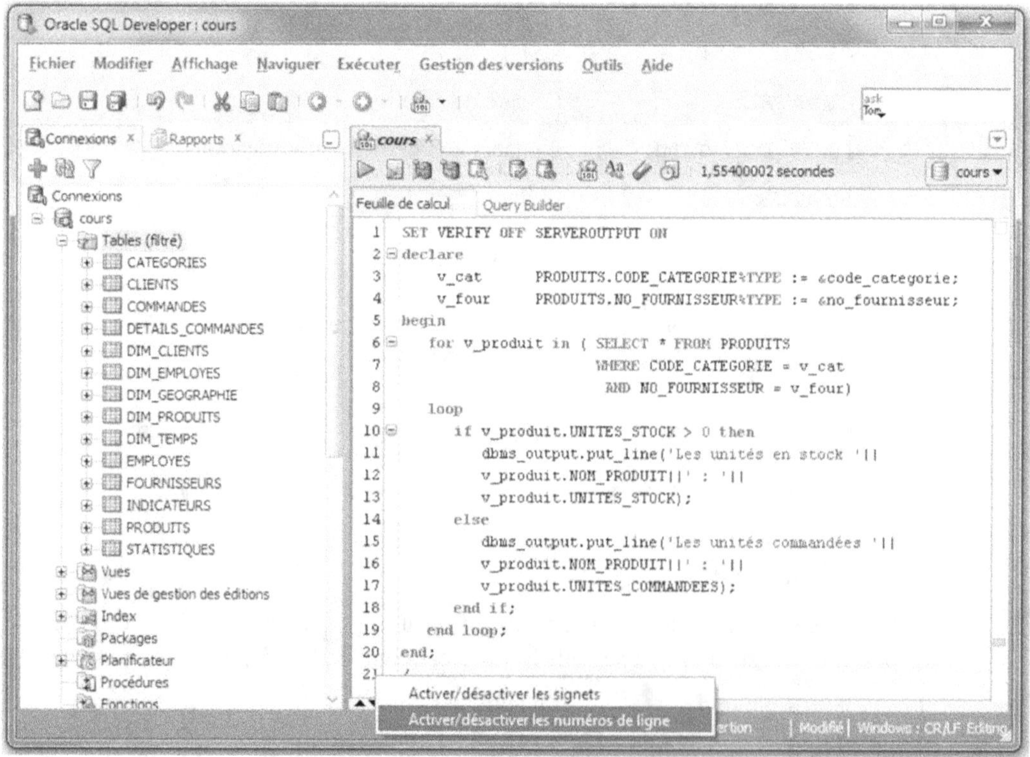

Vous pouvez activer l'affichage des numéros des lignes, ce qui facilite la recherche des erreurs dans le cas où vos blocs en contiennent.

```
    end loop;
END;
Rapport d'erreur :
ORA-06550: Ligne 9, colonne 17 :
PLS-00201: l'identificateur 'V_PRODUIT.UNITES_STOCK' doit être déclaré
ORA-06550: Ligne 8, colonne 10 :
PL/SQL: Statement ignored
06550. 00000 -  "line %s, column %s:\n%s"
```

Vous pouvez utiliser des variables de substitution ; à l'exécution, SQLDeveloper vous ouvre automatiquement une fenêtre pour saisir chacune d'elles.

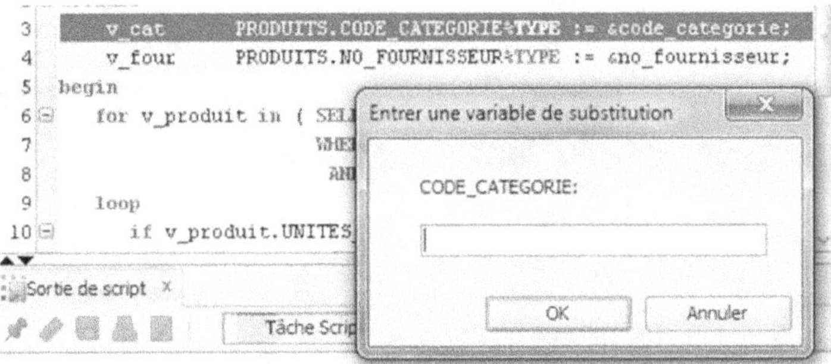

Pour afficher les informations du package « **DBMS_OUTPUT** », il faut comme pour l'environnement SQL*Plus activer le paramètre « **SERVEROUTPUT** » pour connaître les informations qui ont été écrites dans le tampon.

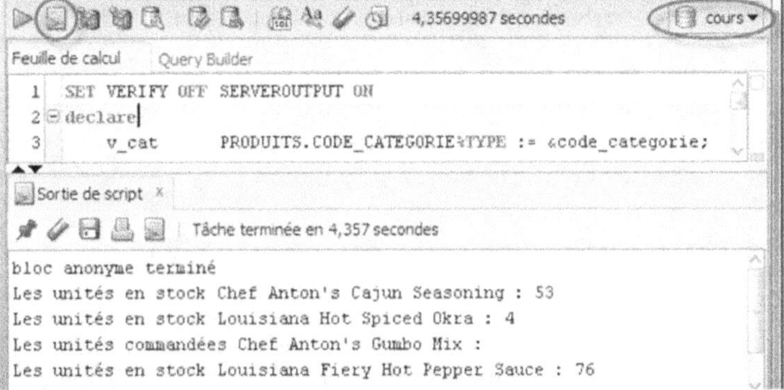

L'exécution d'un script peut être effectué par la commande « Exécuter un script (F5) » ou « Exécuter l'instruction (Ctrl+Entrée) », mais l'affichage du résultat est toujours présenté dans la fenêtre « Sortie de script ». Il faut faire attention à quelle base de données est connectée votre feuille de calcul. Celle-ci est précisée dans la liste déroulante située en haut à droite de votre feuille. Dans le cas où vous avez initialisé la connexion à plusieurs bases de données, il faut s'assurer que c'est sur la bonne base de données que vous exécutez le bloc.

```
            v_produit.NOM_PRODUIT||' : '||
            v_produit.UNITES_STOCK);
        else
            dbms_output.put_line('Les unités commandées '||
            v_produit.NOM_PRODUIT||' : '||
            v_produit.UNITES_COMMANDEES);
        end if;
    end loop;
end;
```

Il est également possible de plier les blocs ou les structures de contrôle, comme les boucles ou les structures de test. Par la suite il suffit de passer le curseur de la souris sur le symbole de dépliage dans la barre à gauche de la feuille de calcul pour qu'une fenêtre s'affiche avec le code qui a été plié.

Dans le cas où l'ensemble de script n'est pas affiché, vous pouvez appuyer sur la touche « `Ctrl` » et déplacer le curseur de votre souris dans la barre de déroulement et faire ainsi défiler à l'écran les parties invisibles de votre code.

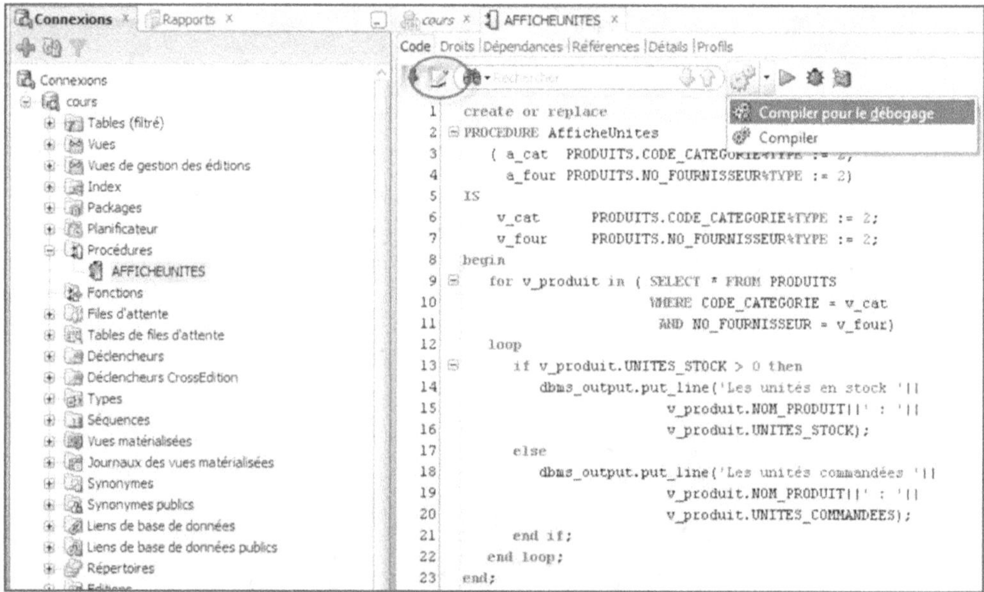

Vous pouvez bénéficier d'une aide d'écriture du code en utilisant les « Fragments de code » que vous pouvez afficher à partir du menu « Affichage ». Il est également possible de créer de nouvelles syntaxes ou de modifier celles que vous avez ajoutées.

Une fois qu'une procédure est stockée dans la base de données, vous pouvez la voir dans l'arborescence parmi la liste des procédures existantes. Vous avez la possibilité de modifier le code de la procédure en activant le mode édition ou passer en mode lecture seule. Une fois que vous avez modifié le code, vous pouvez le compiler pour la production ou pour effectuer un débogage du code.

La compilation pour le débogage permet d'enrichir la compilation pour un parcours du programme pas à pas avec un suivi de modifications des variables locales.

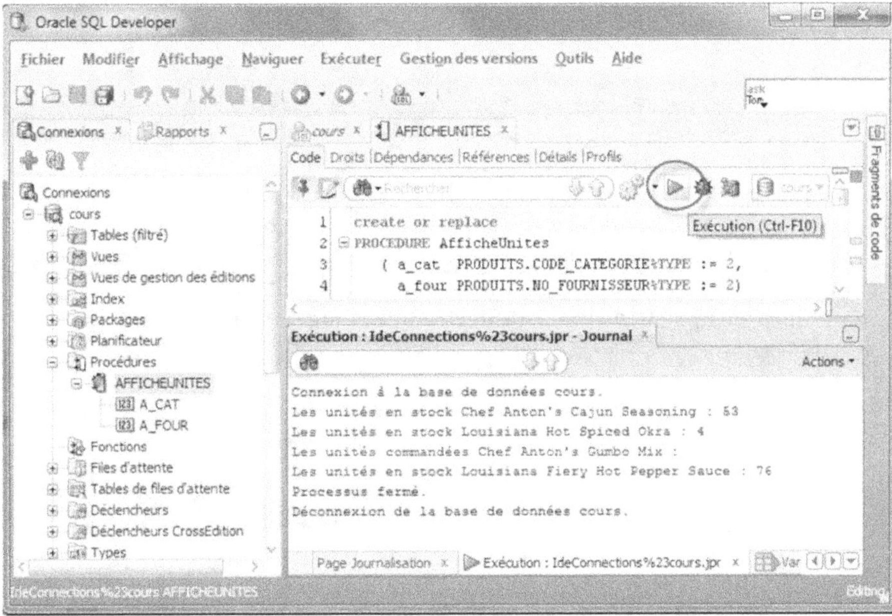

Il est possible d'exécuter le programme stocké dans la base de données. SQLDeveloper ouvre automatiquement une fenêtre vous permettant de saisir le code nécessaire pour personnaliser l'alimentation des arguments du programme que vous voulez exécuter. Le code ainsi saisi peut être enregistré dans un fichier. Il est également possible de charger des scripts que vous avez déjà stockés dans un fichier.

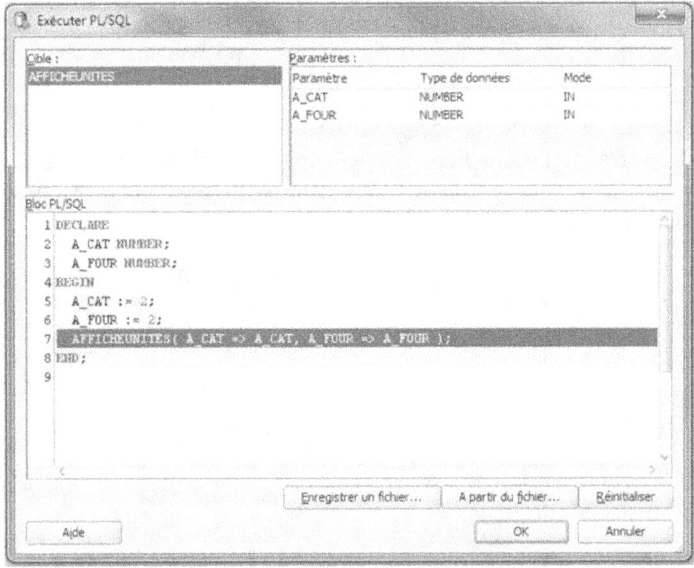

De la même manière que vous exécutez un programme, vous pouvez lancer le mode de débogage qui vous permet de suivre pas à pas l'évolution du programme et les valeurs des variables du bloc. Une fois que l'exécution est lancée, vous bénéficiez de la fenêtre d'exécution du bloc **PL/SQL** vous permettant de personnaliser les arguments.

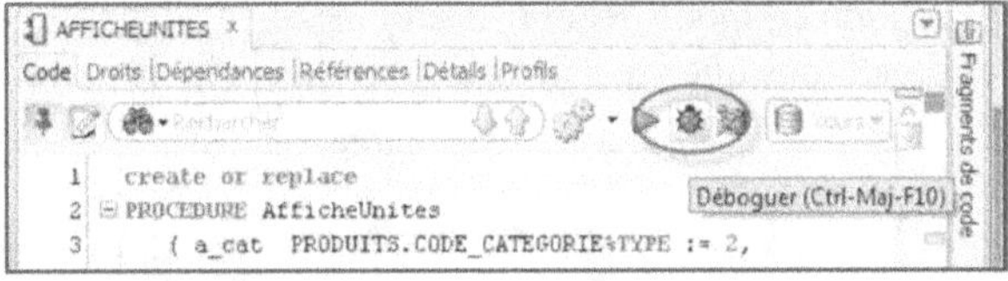

Vous pouvez également définir des points d'arrêt par simple clic dans la barre de gauche de la fenêtre de code dans la zone d'affichage des numéros de lignes. Vous pouvez activer un point d'arrêt en sélectionnant la ligne et appuyer sur la touche « F5 » ou simplement en appuyant sur la touche droite de la souris dans la zone d'affichage des numéros de lignes.

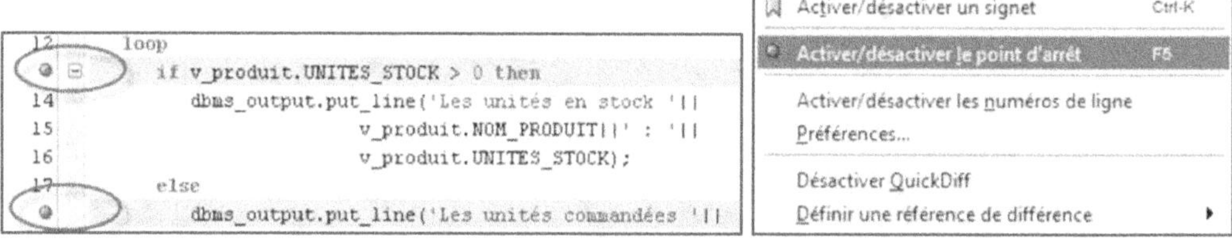

La gestion des points d'arrêt est effectuée dans une fenêtre qui peut être activée à l'aide du menu « Affichage ».

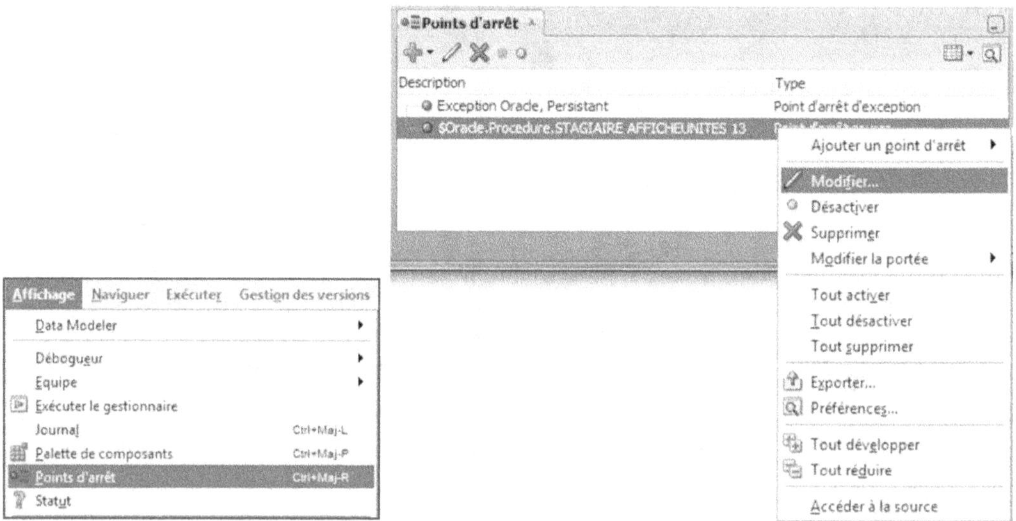

Vous avez ainsi la possibilité de modifier et personnaliser un point d'arrêt avec des conditions d'itération ou des conditions liées aux valeurs des variables du programme. Ce mode de traitement vous permet d'avoir des points d'arrêts décrits au plus près des besoins d'analyse du mode de fonctionnement de vos programmes.

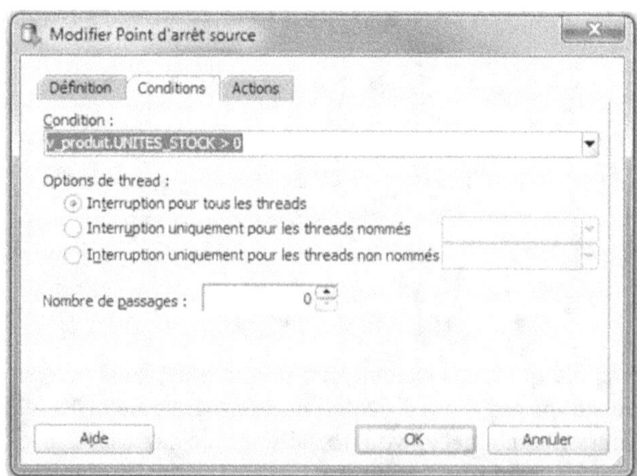

Une fois que l'exécution en mode débogage est lancée, le programme s'arrête au premier point d'arrêt défini suivant les conditions que vous avez utilisées dans la description de vos points d'arrêts.

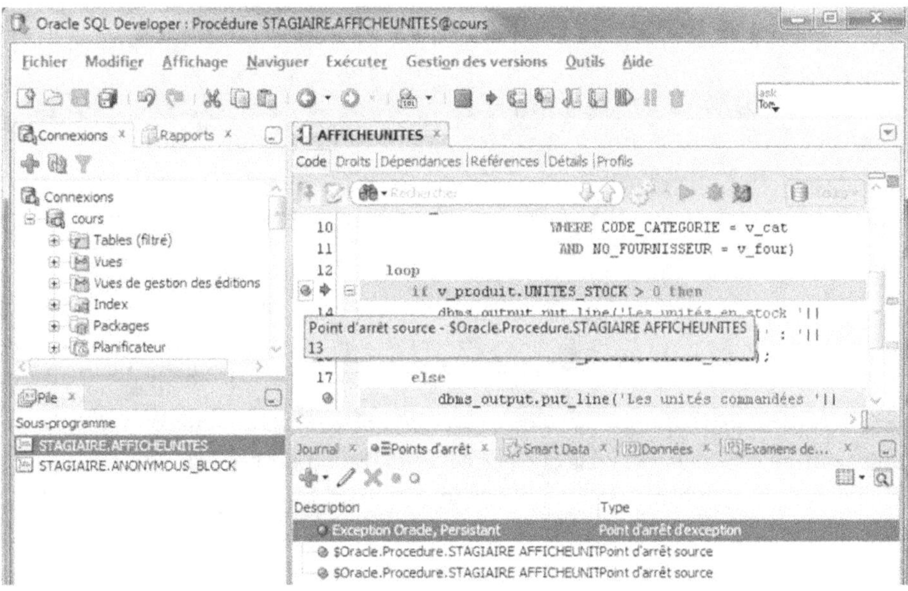

Pendant l'exécution, vous avez accès contextuellement à toutes les valeurs des variables locales de votre programme. Ainsi, vous pouvez visualiser les valeurs actuelles, mais également les modifier ou ajouter des suivis pour toute l'exécution.

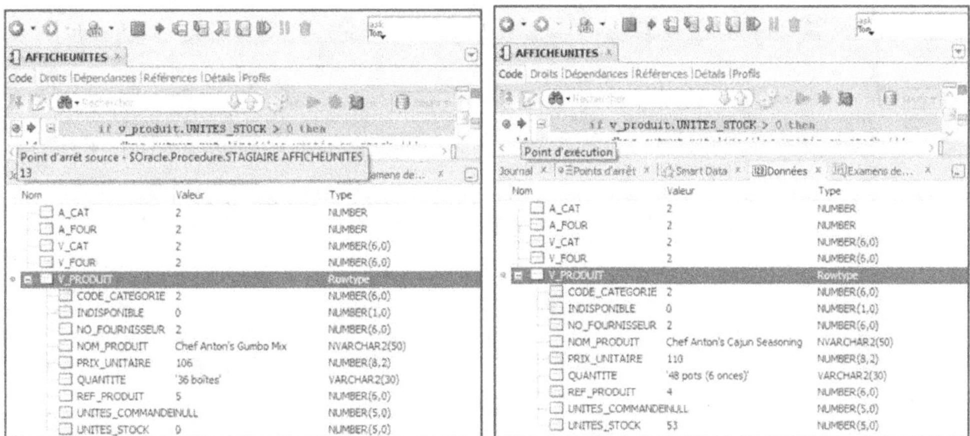

Toutes les variables de votre bloc peuvent être modifiées pour effectuer davantage de contrôles et de tests. Pour la modification d'une variable, il faut faire un clic droit sur la ligne qui décrit la variable, ce qui ouvre une fenêtre de saisie.

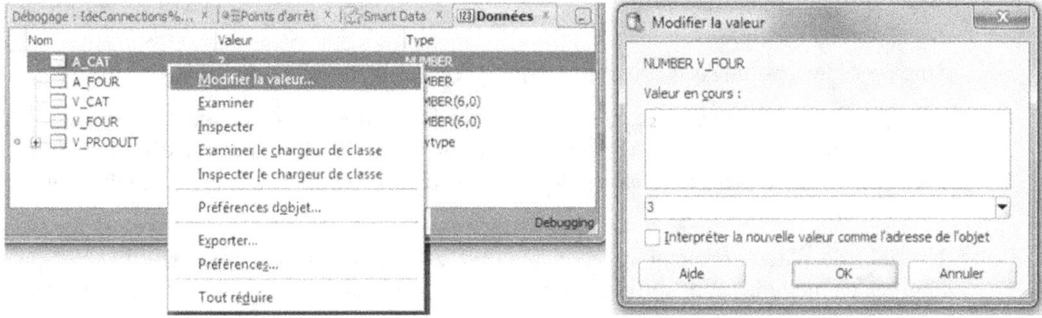

La gestion du parcours du programme pendant l'exécution est effectuée à l'aide du menu « Exécuter », qui permet de définir comment continuer l'analyse du code.

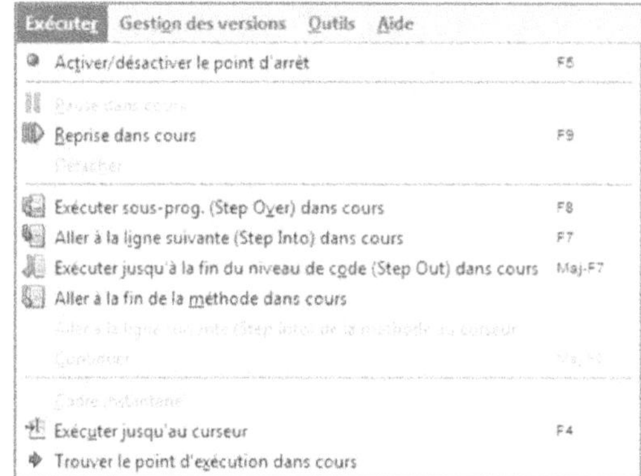

Les mêmes options peuvent être effectuées à l'aide de la barre d'outils, qui contient les mêmes icônes que le menu « Exécuter », mais elle permet également d'arrêter l'exécution.

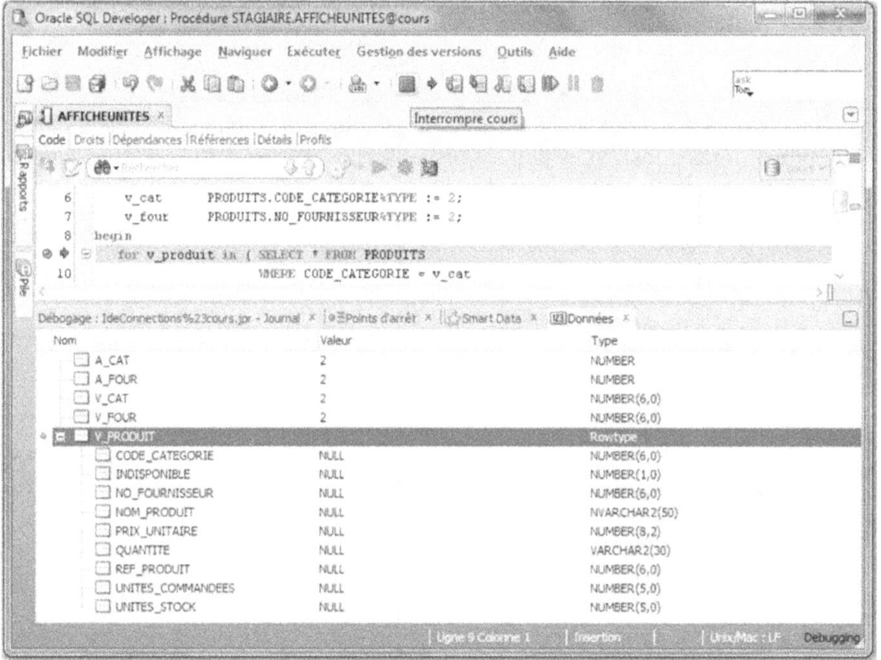

# Les procédures

Une procédure est un sous-programme qui effectue un traitement particulier.

Lorsqu'une procédure est créée, elle est d'abord compilée puis stockée dans la base de données sous sa forme compilée. Ce code compilé peut ensuite être exécuté à partir d'un autre bloc PL/SQL ; le code source de la procédure est également stocké et n'a nul besoin d'être analysé une seconde fois à l'exécution.

Un gain de place en mémoire contribuera à cette amélioration de performances car la procédure chargée en mémoire pour son exécution sera partagée par tous les objets qui la demandent.

Une procédure est un bloc PL/SQL comprenant une section déclarative, une section exécutable et une section de gestion des exceptions et, comme dans un bloc anonyme, seule la section exécutable est requise.

À l'instar des autres objets du dictionnaire de données, les sous-programmes sont créés au moyen de l'instruction « **CREATE** ». Examinons le code suivant, qui crée une procédure dans la base :

```
[CREATE [OR REPLACE]] PROCEDURE NOM_PROCEDURE
      [(NOM_ARGUMENT [{IN | OUT | IN OUT}] TYPE [,...])]{IS | AS}
BEGIN

...

EXCEPTION

   WHEN NOM_EXCEPTION THEN INSTRUCTIONS ;
END [NOM_PROCEDURE];
```

| | |
|---|---|
| **CREATE** | Cette option permet de stocker la procédure dans la base de données. Si vous n'utilisez pas cette option, il s'agit d'un bloc nommé déclaré `localement`. |
| **OR REPLACE** | Cette option permet d'effectuer en une seule opération la modification du code d'une procédure qui implique la suppression de la procédure, puis sa recréation. |
| **NOM_PROCEDURE** | C'est le nom de la procédure ; il est placé directement après le mot-clé « **PROCEDURE** ». Le nom de la procédure peut, au moment de sa déclaration, être inclus après l'instruction « **END** » finale, pour mettre en évidence la fin de la procédure et permettre au compilateur PL/SQL de signaler le plus tôt possible toute discordance entre les instructions « **BEGIN** » et « **END** ». |
| **NOM_ARGUMENT** | Liste optionnelle des arguments définis pour transférer de l'information à la procédure et pour récupérer de l'information à partir du programme appelant. |
| **IS \| AS** | Les deux mots clés sont équivalents ; ils déterminent le début de la section des déclarations. |

## *Attention*

La création d'une procédure est une opération LDD, comme toute autre instruction « **CREATE** », aussi un « **COMMIT** » implicite est exécuté avant et après la création de la procédure.

## Corps de procédure

Le corps d'une procédure est un bloc PL/SQL comprenant des sections déclarative, exécutable et de gestion des exceptions. La section déclarative est située entre les mots-clés « **IS** » ou « **AS** » et le mot-clé « **BEGIN** ». La section exécutable, la seule qui soit requise, est située entre les mots-clés « **BEGIN** » et « **EXCEPTION** ».

### *Note*

Notez que le mot-clé « **DECLARE** » n'est pas inclus dans une déclaration de procédure ou de fonction.

Le mot-clé utilisé ici est « **IS** » ou « **AS** ».

```
SQL> CREATE OR REPLACE PROCEDURE AugmenterSalaire
  2  IS
  3      CURSOR c_employe IS SELECT NOM,PRENOM,FONCTION,SALAIRE,COMMISSION
  4          FROM EMPLOYES FOR UPDATE OF SALAIRE, COMMISSION;
  5  begin
  6    for v_employe in c_employe loop
```

```
 7        case v_employe.FONCTION
 8        when 'Représentant(e)' then
 9           UPDATE EMPLOYES SET SALAIRE = SALAIRE * 1.25
12                    WHERE CURRENT OF c_employe;
13        else
14           UPDATE EMPLOYES SET SALAIRE = SALAIRE * 1.1
15                    WHERE CURRENT OF c_employe;
16        end case;
17     end loop;
18  end AugmenterSalaire;
19  /
```

```
Procédure créée.
```

La création de la procédure n'implique pas l'exécution du code ; elle est d'abord compilée puis stockée dans la base de données sous sa forme compilée, le code compilé pouvant ensuite être exécuté à partir d'un autre bloc PL/SQL.

On peut accoler directement le nom de la procédure après le mot-clé « **END** » ; ce nom sert d'étiquette permettant de relier explicitement la fin du programme et son début. Utiliser une étiquette « **END** » est une bonne habitude. Il est tout particulièrement important de s'en servir lorsqu'une procédure fait plus d'une page, ou fait partie d'une série de procédures et de fonctions dans un corps de package.

## Appel de procédure

On appelle une procédure comme on appelle une commande exécutable PL/SQL.

La syntaxe pour exécuter une procédure est la suivante :

```
NOM_PROCEDURE [(VALEUR_ARGUMENT [,...])] ;
```

Si la procédure n'a aucun argument, il faut l'appeler sans parenthèse ou sans aucun argument entre les parenthèses comme dans l'exemple suivant.

```
SQL> begin AugmenterSalaire; end;
  2  /

Procédure PL/SQL terminée avec succès.


SQL> begin AugmenterSalaire();end;
  2  /

Procédure PL/SQL terminée avec succès.
```

Vous pouvez également utiliser l'instruction « **CALL** » ou « **EXECUTE** » pour appeler une procédure stockée. La syntaxe est la suivante :

```
SQL> CREATE OR REPLACE PROCEDURE SumSalaires IS
  2     v_sum EMPLOYES.SALAIRE%TYPE;
  3  begin
  4     SELECT SUM( SALAIRE ) INTO v_sum FROM EMPLOYES;
  5     dbms_output.put_line( v_sum);
  6  end;
  7  /

Procédure créée.

SQL> CALL SumSalaires();
36561
```

```
Appel terminé.

SQL> EXECUTE SumSalaires();
36561

Procédure PL/SQL terminée avec succès.

SQL> EXEC SumSalaires();
36561

Procédure PL/SQL terminée avec succès.
```

# Les fonctions

Une fonction est très semblable à une procédure. Toutes deux peuvent recevoir des arguments, être stockées directement dans la base et chacune de ces structures représente une forme différente de bloc PL/SQL, comprenant une section déclarative, une section exécutable et une section de gestion des exceptions.

La différence entre une procédure et une fonction réside en ce qu'un appel de procédure est en soi une instruction PL/SQL, tandis qu'un appel de fonction fait partie d'une expression.

La syntaxe de création d'une fonction est :

```
[CREATE [OR REPLACE]] FUNCTION NOM_FONCTION
  [(NOM_ARGUMENT [{IN|OUT|IN OUT}]TYPE [,...])]RETURN TYPE_VALEUR
{IS | AS}
BEGIN
 ...
    RETURN EXPRESSION ;
EXCEPTION
    WHEN NOM_EXCEPTION THEN INSTRUCTIONS ;
END [NOM_FONCTION];
```

| | |
|---|---|
| **CREATE** | Cette option permet de stocker la fonction dans la base de données. Si vous n'utilisez pas cette option, il s'agit d'un bloc nommé déclaré 'localement'. |
| **TYPE_VALEUR** | C'est le type de la valeur de retour de la fonction ; il est requis et sert à déterminer le type de l'expression contenant l'appel de fonction. |

## Instruction RETURN

Une fonction doit contenir au moins une clause « **RETURN** » dans sa section d'exécution. Elle peut contenir plus d'une clause RETURN, mais seul l'un d'eux est exécuté à chaque appel de la fonction. La clause « **RETURN** » qui est exécutée par la fonction détermine la valeur renvoyée par cette fonction. Lorsqu'un « **RETURN** » est exécuté, la fonction s'arrête immédiatement et rend le contrôle au bloc PL/SQL appelant.

Voici la syntaxe générale de cette instruction : **RETURN EXPRESSION ;**

```
SQL> CREATE OR REPLACE FUNCTION NombreProduits
  2   RETURN number
```

```
  3   IS
  4     v_nombre_produits number;
  5   begin
  6     SELECT count(*) INTO v_nombre_produits FROM PRODUITS;
  7     RETURN v_nombre_produits;
  8   end  NombreProduits;
  9   /
```

```
Fonction créée.
```

## Attention

Lors de l'exécution de « **RETURN** », si l'expression n'est pas du type spécifié dans la clause « **RETURN** » de la définition de la fonction, une conversion dans ce type est effectuée.

```
SQL> CREATE OR REPLACE FUNCTION RetourNombre RETURN number IS
  2   begin RETURN UID; end  RetourNombre;
  3   /
```

```
Fonction créée.
```

```
SQL> begin
  2      dbms_output.put_line('L''identifiant utilisateur :'||RetourNombre);
  3   end;
  4   /
L'identifiant utilisateur :64
```

```
Procédure PL/SQL terminée avec succès.
```

```
SQL> CREATE OR REPLACE FUNCTION RetourNombre RETURN number IS
  2   begin
  3     RETURN 'Erreur de conversion.';
  4   end  RetourNombre;
  5   /
```

```
Fonction créée.
```

```
SQL> begin
  2      dbms_output.put_line('L''identifiant utilisateur :'||RetourNombre);
  3   end;
  4   /
begin
*
ERREUR à la ligne 1 :
ORA-06502: PL/SQL : erreur numérique ou erreur sur une valeur: erreur de
conversion des caractères en chiffres
ORA-06512: à "STAGIAIRE.RETOURNOMBRE", ligne 3
ORA-06512: à ligne 2
```

La fonction **RetourNombre** retourne une valeur numérique. Elle peut être appelée à partir du bloc PL/SQL anonyme suivant. Remarquez que l'appel de fonction n'est pas une instruction en soi ; il est utilisé comme partie d'une expression. Comme vous pouvez le remarquer, le contrôle de la valeur de retour se fait à l'exécution de la fonction et non à la compilation de cette fonction.

```
SQL> CREATE OR REPLACE FUNCTION NombreProduits
  2   RETURN number
  3   IS
```

```
  4       v_nombre_produits number;
  5   begin
  6      SELECT count(*) INTO v_nombre_produits FROM PRODUITS;
  7   end   NombreProduits;
  8   /

Fonction créée.

SQL> begin
  2      dbms_output.put_line('Nombre produits :'||NombreProduits);
  3   end;
  4   /
begin
*
ERREUR à la ligne 1 :
ORA-06503: PL/SQL : La fonction ne ramène aucune valeur
ORA-06512: à "STAGIAIRE.NOMBREPRODUITS", ligne 7
ORA-06512: à ligne 2
```

La fonction `NombreProduits` ne retourne aucune valeur ; comme vous l'avez constaté, l'erreur est survenue à l'exécution et non à la compilation.

```
SQL> CREATE OR REPLACE FUNCTION SalEmployes
  2   RETURN number
  3   IS
  4      v_sum_salaire   EMPLOYES.SALAIRE%TYPE;
  5      v_avg_salaire   EMPLOYES.SALAIRE%TYPE;
  6   begin
  7     SELECT AVG(SALAIRE) INTO v_avg_salaire FROM EMPLOYES;
  8     SELECT SUM(SALAIRE) INTO v_sum_salaire FROM EMPLOYES
  9     WHERE FONCTION = 'Représentant(e)';
 10     if v_avg_salaire < v_sum_salaire then
 11        RETURN v_sum_salaire;
 12     else
 13        RETURN v_avg_salaire;
 14     end if;
 15   end SalEmployes;
 16   /

Fonction créée.
```

Une fonction peut contenir plus d'une instruction « **RETURN** », bien que seule l'une d'entre elles soit exécutée. Dans cet exemple, une seule fonction comprend plusieurs instructions « **RETURN** », une seule d'entre elles étant exécutée.

```
SQL> declare
  2          TYPE EMPLOYE IS RECORD ( NOM            VARCHAR2(30),
  3                                   PRENOM         VARCHAR2(30),
  4                                   FONCTION       VARCHAR2(40));
  5          TYPE TABLEAU_EMPLOYES IS TABLE OF EMPLOYE NOT NULL
  6               INDEX BY BINARY_INTEGER;
  7          t_emp TABLEAU_EMPLOYES;
  8          FUNCTION ListeEmployes
  9          RETURN TABLEAU_EMPLOYES
 10          IS
 11             t_emp TABLEAU_EMPLOYES;
 12          begin
 13             SELECT NOM, PRENOM, FONCTION BULK COLLECT INTO t_emp
```

```
14              FROM EMPLOYES;
15              RETURN t_emp;
16          end;
17  begin
18     t_emp := ListeEmployes;
19     for i in 1..9 loop
20         dbms_output.put_line( t_emp(i).NOM||' '||t_emp(i).PRENOM
21                                 ||' '||t_emp(i).FONCTION );
22     end loop;
23  end;
24  /
Callahan Laura Assistante commerciale
Buchanan Steven Chef des ventes
Peacock Margaret Représentant(e)
Leverling Janet Représentant(e)
Davolio Nancy Représentant(e)
Dodsworth Anne Représentant(e)
King Robert Représentant(e)
Suyama Michael Représentant(e)
Fuller Andrew Vice-Président
```

Vous n'êtes pas obligé d'utiliser dans la clause « **RETURN** » uniquement des variables scalaires ; vous pouvez utiliser tout type de variable.

## Clause RETURN dans une procédure

La clause « **RETURN** » peut être utilisée dans les procédures ; cette syntaxe ne comporte aucune expression et par conséquent ne retourne aucune valeur. La clause « **RETURN** » est utilisée pour arrêter tout simplement l'exécution de la procédure et rend le contrôle au programme appelant.

```
SQL> CREATE OR REPLACE PROCEDURE
  2      AffCommandesEmp(a_no_employe EMPLOYES.NO_EMPLOYE%TYPE := 0,
  3              a_deb   COMMANDES.DATE_COMMANDE%TYPE := SYSDATE,
  4              a_fin   COMMANDES.DATE_COMMANDE%TYPE := SYSDATE)
  5  IS
  6  begin
  7    case
  8      when a_no_employe <= 0 then
  9          dbms_output.put_line( 'Employé mal initialisé');
 10          RETURN ;
 11      when a_deb > a_fin then
 12          dbms_output.put_line( 'date de debut > date de fin ');
 13          RETURN ;
 14      else
 15          NULL;
 16    end case;
 17    for r_comm in (   SELECT NO_COMMANDE,CODE_CLIENT,DATE_COMMANDE
 18                      FROM EMPLOYES NATURAL JOIN COMMANDES
 19                      WHERE NO_EMPLOYE = a_no_employe AND
 20                          FONCTION LIKE 'Rep%'         AND
 21                          DATE_COMMANDE BETWEEN a_deb AND a_fin)
 22    loop
 23      dbms_output.put_line( r_comm.NO_COMMANDE||' '||
 24              r_comm.CODE_CLIENT||' '||r_comm.DATE_COMMANDE);
 25    end loop;
 26  end;
 27  /
```

```
Procédure créée.

SQL> exec AffCommandesEmp( 1, '06/05/1998','06/05/1998');
11075 RICSU 06/05/98
11077 RATTC 06/05/98
```

# L'appel de fonction

Une fonction est appelée comme une partie d'une commande exécutable PL/SQL. En comparaison avec une procédure, une fonction doit toujours retourner une valeur ce qui implique qu'à chaque utilisation d'une fonction, il faut affecter la valeur de retour de la fonction à une variable. C'est une contrainte à laquelle on ne peut pas déroger.

```
SQL> CREATE OR REPLACE FUNCTION Age( a_no_emp
  2                                    EMPLOYES.NO_EMPLOYE%TYPE)
  3  RETURN NUMBER
  4  IS
  5  begin
  6      for i_emp in ( SELECT TRUNC(( SYSDATE -  DATE_NAISSANCE)/356) AGE
  7                     FROM EMPLOYES WHERE NO_EMPLOYE = a_no_emp )
  8      loop
  9          RETURN i_emp.AGE;
 10      end loop;
 11  end;
 12  /

Fonction créée.

SQL> begin Age(2); end;
  2  /
  Age(2);
  *
ERREUR à la ligne 2 :
ORA-06550: Ligne 2, colonne 3 :
PLS-00221: 'AGE' n'est pas une procédure ou est indéfini
ORA-06550: Ligne 2, colonne 3 :
PL/SQL: Statement ignored
```

L'appel a échoué, il s'agit d'une fonction et non pas d'une procédure ; mais comme on n'utilise aucune variable pour acquérir la variable de retour, le compilateur cherche une procédure. Dans l'exemple suivant, il y a utilisation d'une variable de liaison pour accueillir la variable de retour de la fonction.

```
SQL> VARIABLE age NUMBER
SQL> declare
  2      v_age NUMBER(3)
  3  begin
  4      dbms_output.put_line( 'Variable PL/SQL     v_age :'||v_age);
  6      v_age := Age(3);
  7      :age  := v_age;
  8      dbms_output.put_line( 'Variable de liaison :age  :'||:age);
  9  end;
 10  /
Variable PL/SQL     v_age :55
```

```
Variable de liaison :age   :43

Procédure PL/SQL terminée avec succès.

SQL> PRINT age

      AGE
----------
       43
```

Une fonction peut être utilisée directement dans une requête SQL, ce qui n'est pas le cas d'une procédure.

```
SQL> CREATE OR REPLACE FUNCTION Age( a_date_naisance DATE) RETURN NUMBER IS
  2   begin RETURN TRUNC(( SYSDATE - a_date_naisance)/356); end;
  3  /

Fonction créée.

SQL> SELECT NOM, PRENOM, AGE( DATE_NAISSANCE) FROM EMPLOYES;

NOM            PRENOM        AGE(DATE_NAISSANCE)
------------   ------------  --------------------
Callahan       Laura                          49
Buchanan       Steven                         52
Peacock        Margaret                       48
Leverling      Janet                          43
Davolio        Nancy                          38
Dodsworth      Anne                           37
King           Robert                         47
...
```

Une fonction peut retourner un tableau imbriqué, auquel cas vous pouvez utiliser la fonction « **TABLE** » qui permet de traiter la collection comme une vraie table. Ainsi, vous pouvez l'utiliser dans une requête SQL comme une source de données. La seule contrainte est que le tableau doit être déclaré comme type avant d'être utilisé comme type de retour de la fonction.

```
SQL> CREATE OR REPLACE TYPE r_pays_prod_q IS OBJECT
  2    ( PAYS         VARCHAR2(15),
  3      PRODUIT      NVARCHAR2(50),
  4      QUANTITE     NUMBER(5))
  5  /

Type créé.

SQL> CREATE OR REPLACE TYPE t_aff IS TABLE OF r_pays_prod_q;
  2  /

Type créé.

SQL> CREATE OR REPLACE FUNCTION AffichePaysProduits
  2  RETURN t_aff
  3  IS
  4      t_p t_aff;
  5  begin
  6     SELECT r_pays_prod_q(PAYS,PRODUIT,QUANTITE)
  7     BULK COLLECT INTO t_p FROM
  8       ( SELECT PAYS, NOM_PRODUIT PRODUIT, SUM(DC.QUANTITE) QUANTITE,
```

```
 9          NTILE(100) OVER(PARTITION BY PAYS ORDER BY SUM(DC.QUANTITE)) NT
10          FROM CLIENTS NATURAL JOIN COMMANDES
11                     NATURAL JOIN DETAILS_COMMANDES DC
12                          JOIN PRODUITS USING(REF_PRODUIT)
13          WHERE ANNEE = 2011 GROUP BY PAYS, NOM_PRODUIT)
14     WHERE NT >= 98 ;
15     return t_p;
16  end AffichePaysProduits;
17  /
```

Fonction créée.

```
SQL> SELECT * FROM TABLE( AffichePaysProduits)
  2  WHERE PAYS IN ( 'France','Italie');


PAYS            PRODUIT                          QUANTITE
--------------- -------------------------------- ----------
France          Konbu                               26311
France          Dried Apples                        26976
France          Mustard                             27265
Italie          Escargots de Bourgogne               7213
Italie          Outback Lager                        7380
Italie          Syrup                                7426
```

La fonction `AffichePaysProduits` affiche les 2% des produits les plus achetés pour tous les pays. La requête SQL n'affiche que les enregistrements pour la France et l'Italie.

# La fonction PIPE ROW

Lorsque vous utilisez une fonction qui retourne un tableau imbriqué ou un tableau pré-dimensionné, vous avez la possibilité d'envoyer les enregistrements du tableau au fur et à mesure que vous les avez initialisés. Ainsi, vous n'êtes pas obligé d'alimenter un tableau et ensuite le retourner, ce qui peut s'avérer compliqué si sa taille est importante.

La mise en œuvre de cette fonctionnalité est effectuée en utilisant l'argument « **PIPELINED** » pour le type de retour et, par la suite, il faut utiliser la fonction « **PIPE ROW** » pour retourner enregistrement par enregistrement vers le programme appelant. Attention, car dans ce cas la clause « **RETURN** » ne renvoie aucune information mais elle doit être présente.

La syntaxe de mise en œuvre de la fonction est la suivante :

```
 [CREATE [OR REPLACE]] FUNCTION NOM_FONCTION ...

RETURN TYPE_TABLEAU PIPELINED {IS | AS}

BEGIN

  ...

    PIPE ROW( enregistrement_tableau) ;

  ...

    RETURN ;

END [NOM_FONCTION];
```

L'exemple suivant montre la comparaison entre deux fonctions qui renvoient tous les enregistrements de la table `DETAILS_COMMANDES`. La première n'utilise pas la fonction « **PIPE ROW** » et la deuxième la met en œuvre.

```
SQL> CREATE OR REPLACE TYPE r_details_commandes IS OBJECT
  2      ( NO_COMMANDE     NUMBER(6),
  3        REF_PRODUIT     NUMBER(6),
  4        PRIX_UNITAIRE   NUMBER(8,2),
  5        QUANTITE        NUMBER(5),
  6        REMISE          NUMBER(8,2),
  7        RETOURNE        NUMBER(1),
  8        ECHANGE         NUMBER(1))
  9  /

Type créé.

SQL> CREATE OR REPLACE TYPE t_details_commandes
  2          IS TABLE OF r_details_commandes;
  3  /

Type créé.

SQL> CREATE OR REPLACE FUNCTION AfficheTableauNP
  2  RETURN t_details_commandes
  3  IS
  4      t_p  t_details_commandes := t_details_commandes();
  5      r_dc r_details_commandes;
  6      i    SIMPLE_INTEGER := 1;
  7  begin
  8      for r_dc in (SELECT * FROM DETAILS_COMMANDES)
  9      loop
 10        t_p.EXTEND();
 11        t_p(i) := r_details_commandes( r_dc.NO_COMMANDE,
 12                r_dc.REF_PRODUIT, r_dc.PRIX_UNITAIRE, r_dc.QUANTITE,
 13                r_dc.REMISE, r_dc.RETOURNE, r_dc.ECHANGE);
 14        i := i + 1;
 15      end loop;
 16      return t_p;
 17  end AfficheTableauNP;
 18  /

Fonction créée.

SQL> CREATE OR REPLACE FUNCTION AfficheTableauP
  2  RETURN t_details_commandes PIPELINED
  3  IS
  4      r_dc r_details_commandes;
  5      i    SIMPLE_INTEGER := 1;
  6  begin
  7      for r_dc in (SELECT * FROM DETAILS_COMMANDES)
  8      loop
  9        PIPE ROW (r_details_commandes( r_dc.NO_COMMANDE,
 10                r_dc.REF_PRODUIT, r_dc.PRIX_UNITAIRE, r_dc.QUANTITE,
 11                r_dc.REMISE, r_dc.RETOURNE, r_dc.ECHANGE));
 12      end loop;
 13      return;
 14  end AfficheTableauP;
 15  /
```

```
Fonction créée.

SQL> declare
  2      nb_enreg       SIMPLE_INTEGER := 0;
  3      v_debut        SIMPLE_INTEGER := 0;
  4      v_fin          SIMPLE_INTEGER := 0;
  5  begin
  6      select count(*) INTO nb_enreg from table(AfficheTableauNP);
  7      select count(*) INTO nb_enreg from table(AfficheTableauP);
  8      v_debut      := dbms_utility.get_time;
  9      for i in 1..5 loop
 10      select count(*) INTO nb_enreg from table(AfficheTableauNP);
 11      end loop;
 12      v_fin        := dbms_utility.get_time - v_debut ;
 13      dbms_output.put_line( rpad('NOT PIPELINED',40,'.')||':'||
 14                         to_char(v_fin,'999,999'));
 15      v_debut      := dbms_utility.get_time;
 16      for i in 1..5 loop
 17       select count(*) INTO nb_enreg from table(AfficheTableauP);
 18      end loop;
 19      v_fin        := dbms_utility.get_time - v_debut ;
 20      dbms_output.put_line( rpad('PIPELINED',40,'.')||':'||
 21                         to_char(v_fin,'999,999'));
 22  end;
 23  /
NOT PIPELINED...........................: 1,629
PIPELINED...............................:  671

Procédure PL/SQL terminée avec succès.

SQL> SET TIMING ON
SQL> SELECT count(*) FROM TABLE( AfficheTableauNP);

  COUNT(*)
----------
    476091

1 ligne sélectionnée.

Ecoulé : 00 :00 :03.43
SQL> SELECT count(*) FROM TABLE( AfficheTableauP);

  COUNT(*)
----------
    476091

1 ligne sélectionnée.

Ecoulé : 00 :00 :01.32
```

# RESULT_CACHE

À partir de la version Oracle 11g, il est possible de mettre en œuvre le cache pour les fonctions, aussi bien pour les arguments que pour le retour de la fonction. Le cache est unique pour toutes les sessions de la base de données, même pour les bases de données en mode cluster.

L'exécution d'une fonction déclenche la mise en cache de ses arguments et de ses résultats. Chaque fois qu'une fonction est appelée, la base de données contrôle d'abord le cache pour déterminer si elle a déjà été appelée avec les mêmes arguments. Dans ce cas, la fonction n'est plus exécutée et les valeurs dans le cache sont retournées. Dans le cas de la modification des données de la ou des tables qui sont identifiées comme sources pour la fonction, alors le cache est automatiquement invalidé.

La syntaxe de mise en œuvre du cache est la suivante :

```
[CREATE [OR REPLACE]] FUNCTION NOM_FONCTION ...
RETURN TYPE
RESULT_CACHE [ RELIES_ON ( table_ou_vue [,...]]
...
```

```
SQL> CREATE FUNCTION retPrenom( aPrenom IN NVARCHAR2)
  2  RETURN VARCHAR2 RESULT_CACHE
  3  is
  4  begin
  5      dbms_output.put_line('Prenom : '||aPrenom);
  6      RETURN aPrenom;
  7  end;
  8  /

Fonction créée.

SQL> declare
  2      TYPE t_prenoms IS TABLE OF NVARCHAR2(50);
  3      t_p   t_prenoms := t_prenoms();
  4      i     SIMPLE_INTEGER := 1;
  5  begin
  6      for p in ( SELECT PRENOM FROM EMPLOYES
  7                 WHERE PRENOM IN (SELECT PRENOM FROM EMPLOYES
  8                 GROUP BY PRENOM HAVING COUNT(PRENOM) > 3))
  9      loop
 10         t_p.EXTEND();
 11         t_p(i) := retPrenom( p.PRENOM);
 12         i := i + 1;
 13      end loop;
 14      dbms_output.put_line(RPAD('-',64,'-'));
 15      for i in t_p.FIRST..t_p.LAST
 16      loop
 17         dbms_output.put_line(RPAD(i,3)||' -- '||t_p(i));
 18      end loop;
 19  end;
 20  /
Prenom : Michel
Prenom : Sylvie
Prenom : Philippe
----------------------------------------------------------------
1    -- Michel
```

```
 2    -- Michel
 3    -- Michel
 4    -- Michel
 5    -- Sylvie
 6    -- Sylvie
 7    -- Sylvie
 8    -- Sylvie
 9    -- Sylvie
10    -- Philippe
11    -- Philippe
12    -- Philippe
13    -- Philippe
```

La fonction `retPrenom` affiche à chaque exécution le prénom traité, mais comme elle est mise en cache, elle n'est exécutée que trois fois, pour chaque prénom distinct. Ainsi, à chaque appel, elle retourne pour un prénom en double la valeur qui a été mise en cache.

Voici un deuxième exemple, mais cette fois-ci avec plus de données pour mieux estimer le gain des performances assuré par cette fonctionnalité. Les deux fonctions comparées récupèrent la somme de chiffre d'affaire pour un pays.

```
SQL> CREATE FUNCTION retCaPays( aPays IN VARCHAR2) RETURN NUMBER is
  2      r_ca NUMBER(20,2);
  3  begin
  4    SELECT SUM(DC.QUANTITE*DC.PRIX_UNITAIRE) CA INTO r_ca
  5    FROM CLIENTS NATURAL JOIN COMMANDES NATURAL JOIN DETAILS_COMMANDES DC
  6    WHERE PAYS = aPays GROUP BY PAYS;
  7    RETURN r_ca;
  8  end retCaPays;
  9  /


Fonction créée.


SQL> CREATE FUNCTION retCaPaysRC( aPays IN VARCHAR2) RETURN NUMBER
  2  RESULT_CACHE RELIES_ON(CLIENTS,COMMANDES,DETAILS_COMMANDES)
  3  is
  4      r_ca NUMBER(20,2);
  5  begin
  6    SELECT SUM(DC.QUANTITE*DC.PRIX_UNITAIRE) CA INTO r_ca
  7    FROM CLIENTS NATURAL JOIN COMMANDES NATURAL JOIN DETAILS_COMMANDES DC
  8    WHERE PAYS = aPays GROUP BY PAYS;
  9    RETURN r_ca;
 10  end retCaPaysRC;
 11  /


Fonction créée.


SQL> CREATE PROCEDURE Test_retCaPaysRC
  2  IS
  3    TYPE t_number IS TABLE OF NUMBER;
  4    t_num           t_number ;
  5    v_debut         SIMPLE_INTEGER := 0;
  6    v_fin           SIMPLE_INTEGER := 0;
  7  begin
  8    v_debut  := dbms_utility.get_time;
  9    SELECT retCaPaysRC(PAYS) BULK COLLECT INTO t_num FROM CLIENTS;
 10    v_fin    := dbms_utility.get_time - v_debut;
```

```
11   dbms_output.put_line('Avec RESULT_CACHE : '||v_fin);
12   v_debut  := dbms_utility.get_time;
13   SELECT retCaPays(PAYS) BULK COLLECT INTO t_num FROM CLIENTS;
14   v_fin    := dbms_utility.get_time - v_debut;
15   dbms_output.put_line('Sans RESULT_CACHE : '||v_fin);
16   end;
17   /
```

Procédure créée.

```
SQL> exec Test_retCaPaysRC
Avec RESULT_CACHE : 191
Sans RESULT_CACHE : 883
```

Procédure PL/SQL terminée avec succès.

```
SQL> exec Test_retCaPaysRC
Avec RESULT_CACHE : 0
Sans RESULT_CACHE : 883
```

Procédure PL/SQL terminée avec succès.

```
SQL> UPDATE DETAILS_COMMANDES SET QUANTITE=QUANTITE WHERE ROWNUM<10;
```

9 ligne(s) mise(s) à jour.

```
SQL> exec Test_retCaPaysRC
Avec RESULT_CACHE : 852
Sans RESULT_CACHE : 847
```

Procédure PL/SQL terminée avec succès.

```
SQL> exec Test_retCaPaysRC
Avec RESULT_CACHE : 849
Sans RESULT_CACHE : 848
```

Procédure PL/SQL terminée avec succès.

```
SQL> COMMIT;
```

Validation effectuée.

```
SQL> exec Test_retCaPaysRC
Avec RESULT_CACHE : 184
Sans RESULT_CACHE : 850
```

Procédure PL/SQL terminée avec succès.

```
SQL> exec Test_retCaPaysRC
Avec RESULT_CACHE : 0
Sans RESULT_CACHE : 852
```

La deuxième exécution de la procédure Test_retCaPaysRC permet de voir que l'exécution de l'ensemble des fonctions qui sont déjà en cache est instantanée. Une fois que la table DETAILS_COMMANDES est modifiée, les deux exécutions suivantes ne bénéficient pas du fonctionnement du cache car la transaction n'a pas été validée. Une fois que la transaction est validée, le cache est activé et pris en compte pour les deux fonctions.

### *Attention*

Attention, les fonctions doivent impérativement être conçues pour avoir la même valeur de retour pour le même set d'arguments en entrée.

Dans le cas contraire, des erreurs sont à prévoir car le cache va garder la première version de l'exécution avec le résultat correspondant. La fonction n'est plus exécutée jusqu'à la mise à jour des tables ou le vidage du cache par manque de mémoire.

# La suppression des blocs

Comme les tables, les procédures et les fonctions peuvent faire l'objet d'une suppression, provoquant leur élimination du dictionnaire de données. Voici la syntaxe de suppression d'une procédure :

**DROP {PROCEDURE | FUNCTION} NOM;**

Si l'objet à supprimer est une fonction, vous devez utiliser « **DROP FUNCTION** » et, s'il s'agit d'une procédure, vous devrez utiliser « **DROP PROCEDURE** ».

Si le sous-programme n'existe pas, l'instruction « **DROP** » provoquera une erreur.

```
SQL> DROP FUNCTION SalEmployes;
DROP FUNCTION SalEmployes
*
ERREUR à la ligne 1 :
ORA-04043: objet SALEMPLOYES inexistant
```

Lors de la création d'une procédure ou d'une fonction, l'objet ne doit pas exister, sinon l'opération « **CREATE** » provoquera une erreur.

```
SQL> CREATE FUNCTION NombreProduits
  2   RETURN number
  3   IS
  4     v_nombre_produits number;
  5   begin
  6     SELECT count(*) INTO v_nombre_produits FROM PRODUITS;
  7   end  NombreProduits;
  8  /
CREATE FUNCTION NombreProduits
                *
ERREUR à la ligne 1 :
ORA-00955: ce nom d'objet existe déjà
```

Il faut soit détruire l'objet avant la création, soit utiliser l'option « **OR REPLACE** » dans la syntaxe de création.

```
SQL> DROP FUNCTION NombreProduits;

Fonction supprimée.

SQL> CREATE OR REPLACE FUNCTION NombreProduits RETURN number IS
  2     v_nombre_produits number;
  3   begin
  4     SELECT count(*) INTO v_nombre_produits FROM PRODUITS;
  5   end  NombreProduits;
```

```
  6  /

Fonction créée.

SQL> CREATE OR REPLACE FUNCTION NombreProduits RETURN number IS
  2    v_nombre_produits number;
  3  begin
  4    SELECT count(*) INTO v_nombre_produits FROM PRODUITS;
  5  end  NombreProduits;
  6  /

Fonction créée.
```

## Attention

L'instruction « **DROP** » est une commande LDD, aussi un « **COMMIT** » implicite est effectué tant avant qu'après l'instruction.

Il faut également être attentif avec la commande « **CREATE** » qui est aussi une commande LDD.

```
SQL> SELECT NO_EMPLOYE, SALAIRE FROM EMPLOYES WHERE REND_COMPTE = 5;

NO_EMPLOYE    SALAIRE
---------- ----------
         9       2180
         6       2534

SQL> UPDATE EMPLOYES SET SALAIRE = SALAIRE * 1.2 WHERE REND_COMPTE = 5;

2 ligne(s) mise(s) à jour.

SQL> SELECT NO_EMPLOYE, SALAIRE FROM EMPLOYES WHERE REND_COMPTE = 5;

NO_EMPLOYE    SALAIRE
---------- ----------
         9       2616
         6     3040,8

SQL> CREATE OR REPLACE FUNCTION NombreProduits RETURN number IS
  2    v_nombre_produits number;
  3  begin
  4    SELECT count(*) INTO v_nombre_produits FROM PRODUITS;
  5  end  NombreProduits;
  6  /

Fonction créée.

SQL> ROLLBACK;

Annulation (rollback) effectuée.

SQL> SELECT NO_EMPLOYE, SALAIRE FROM EMPLOYES WHERE REND_COMPTE = 5;

NO_EMPLOYE    SALAIRE
---------- ----------
         9       2616
         6     3040,8
```

Dans l'exemple précédent, l'ordre LDD « **CREATE** » effectue un « **COMMIT** » dans la transaction en cours.

```
SQL> UPDATE EMPLOYES SET SALAIRE = 2180 WHERE NO_EMPLOYE = 9;

1 ligne mise à jour.

SQL> UPDATE EMPLOYES SET SALAIRE = 2534 WHERE NO_EMPLOYE = 6;

1 ligne mise à jour.

SQL> DROP FUNCTION NombreProduits;

Fonction supprimée.

SQL> ROLLBACK;
SQL> SELECT NO_EMPLOYE, SALAIRE FROM EMPLOYES WHERE REND_COMPTE = 5;

NO_EMPLOYE     SALAIRE
---------- ----------
         9        2180
         6        2534
```

# Les arguments

Comme dans tout autre **L3G**, vous pouvez créer des procédures et des fonctions qui reçoivent des arguments ayant différents modes et dont le passage se fera par valeur ou par référence.

Les arguments contiennent les valeurs passées au bloc lors de son appel et ils peuvent recevoir ensuite les résultats générés par celui-ci lorsqu'il se termine.. Ce sont les valeurs de ces arguments qui sont utilisées dans la procédure.

Les arguments formels servent de conteneurs pour les valeurs des arguments réels. Lorsque la procédure est appelée, les arguments formels se voient affecter les valeurs des arguments réels. Au sein de la procédure, il est fait référence à ces valeurs par le biais des arguments formels. Une fois la procédure terminée, les valeurs contenues dans les arguments formels sont repassées aux arguments réels. Ces affectations respectent les règles PL/SQL, incluant toute conversion de type nécessaire.

Les arguments formels peuvent avoir trois modes : « **IN** », « **OUT** » ou « **IN OUT** », « **IN** » étant la valeur par défaut.

La syntaxe de déclaration des arguments est :

```
NOM_ARGUMENT [{IN | OUT | IN OUT}] TYPE [,...]
```

La définition d'un argument est très proche de la déclaration d'une variable.

```
SQL>CREATE OR REPLACE PROCEDURE AugmenterSalaire(Montant IN number(10)) IS
  2  begin
  3      UPDATE EMPLOYES SET SALAIRE = SALAIRE + Montant;
  4  end AugmenterSalaire;
  5  /

Avertissement : Procédure créée avec erreurs de compilation.

SQL>CREATE OR REPLACE PROCEDURE AugmenterSalaire(Montant IN number) IS
  2  begin
  3      UPDATE EMPLOYES SET SALAIRE = SALAIRE + Montant;
```

```
4    end AugmenterSalaire;
5    /
```

```
Procédure créée.
```

### *Attention*

Il faut être attentif au fait que, dans une déclaration de procédure, une contrainte de longueur ne peut être appliquée aux arguments « **CHAR** » et « **VARCHAR2** », de même qu'une contrainte de précision et/ou d'étendue ne peut être appliquée aux arguments « **NUMBER** », puisque que ces contraintes proviennent des arguments réels.

# Les arguments IN

La valeur de l'argument réel est passée à la procédure lors de son invocation. À l'intérieur de celle-ci, l'argument formel se comporte comme une constante PL/SQL, à savoir qu'il est en lecture seule et ne peut donc être modifié. Lorsque la procédure se termine et que le contrôle repasse à l'environnement appelant, l'argument réel n'est pas modifié.

```
SQL> CREATE PROCEDURE AugmenterSalaire( Montant IN number) IS
2    begin
3        UPDATE EMPLOYES SET SALAIRE = SALAIRE + Montant;
4        Montant := 2000;
5    end AugmenterSalaire;
6    /
```

```
Avertissement : Procédure créée avec erreurs de compilation.
```

```
SQL> show errors
Erreurs pour PROCEDURE AUGMENTERSALAIRE :

LINE/COL
--------
ERROR
-----------------------------------------------------------------
...
6/5
PLS-00363: expression 'MONTANT' ne peut être utilisée comme cible
d'affectation
```

Comme vous pouvez l'observer, il est impossible d'affecter une valeur à un argument de type « **IN** ».

```
SQL> CREATE OR REPLACE FUNCTION Age( a_date_naisance DATE) RETURN NUMBER IS
2    begin
3        RETURN TRUNC(( SYSDATE - a_date_naisance)/356);
4    end;
5    /
```

```
Fonction créée.
SQL> SELECT Age( '03/02/1965') FROM DUAL;

AGE('03/02/1965')
-----------------
```

```
                    42
SQL> SELECT Age FROM DUAL;
SELECT Age FROM DUAL
        *
ERREUR à la ligne 1 :
ORA-06553: PLS-306: numéro ou types d'arguments erronés dans appel
à 'AGE'
```

Il est obligatoire de fournir à l'appel d'un bloc tous les arguments qui n'ont pas été déclarés avec des valeurs par défaut, sinon l'appel n'aboutit pas.

# Les arguments OUT

La valeur de l'argument réel est ignorée lors de l'invocation de la procédure. À l'intérieur de celle-ci, l'argument formel se comporte comme une variable PL/SQL n'ayant pas été initialisée, contenant donc la valeur « **NULL** » et supportant les opérations de lecture et d'écriture. Au terme de la procédure et au retour du contrôle à l'environnement appelant, le contenu de l'argument formel est affecté à l'argument réel.

```
SQL> declare
  2     v_nombre_produits number := 0;
  3     PROCEDURE NombreProduits( nombre_produits OUT number )
  4     IS
  5     begin
  6       dbms_output.put_line( 'La valeur est :'||nombre_produits);
  7       SELECT count(*) INTO nombre_produits FROM PRODUITS;
  8     end  NombreProduits;
  9  begin
 10     NombreProduits(v_nombre_produits);
 11     dbms_output.put_line('La valeur est :'||v_nombre_produits);
 12  end;
 13  /
La valeur est :
La valeur est :120
```

Comme vous avez pu vous en apercevoir, l'argument réel, la variable v_nombre_produits, est ignorée ; par contre, au retour, la variable v_nombre_produits est affectée au nombre_produits, l'argument formel.

```
SQL> CREATE PROCEDURE AfficheTexte( a01 IN VARCHAR2, a02 OUT NUMBER)
  2   IS begin dbms_output.put_line(a01); a02 := length(a01); end;
  3   /

Procédure créée.


SQL> exec AfficheTexte('texte');
...
PLS-00306: numéro ou types d'arguments erronés dans appel à
'AFFICHETEXTE'
...

SQL> var taille number
SQL> exec AfficheTexte('texte',:taille);
texte

Procédure PL/SQL terminée avec succès.
```

```
SQL> print taille

    TAILLE
----------
         5
```

# Les arguments IN OUT

Ce mode est une combinaison de « **IN** » et « **OUT** ». La valeur de l'argument réel est transmise à la procédure lors de son invocation. Au terme de la procédure et au retour du contrôle à l'environnement appelant, le contenu de l'argument formel est affecté à l'argument réel.

```
SQL> CREATE OR REPLACE PROCEDURE
  2            NombreProduits( nombre_produits IN OUT number ) IS
  3  begin
  4    dbms_output.put_line( 'La valeur est :'||nombre_produits);
  5    SELECT count(*) INTO nombre_produits FROM PRODUITS;
  6  end  NombreProduits;
  7  /

Procédure créée.

SQL> declare
  2    v_nombre_produits number := 0;
  3  begin
  4    NombreProduits(v_nombre_produits);
  5    dbms_output.put_line('La valeur est :'||v_nombre_produits);
  6  end;
  7  /
La valeur est :0
La valeur est :120

Procédure PL/SQL terminée avec succès.

SQL> var nombre_produits NUMBER
SQL> exec NombreProduits(:nombre_produits);
La valeur est :

Procédure PL/SQL terminée avec succès.

SQL> print nombre_produits

NOMBRE_PRODUITS
---------------
            120
```

# NOCOPY

Le passage d'un argument de sous-programme peut s'effectuer de deux manières : par référence ou par valeur. Dans le premier cas, un pointeur sur l'argument réel est passé à l'argument formel correspondant et, dans le second, la valeur de l'argument réel est copiée dans l'argument formel. Le passage par référence, qui évite la copie, est généralement plus rapide, particulièrement dans le cas d'arguments de collections.

Par défaut, PL/SQL passera les paramètres « **IN** » par référence et les paramètres « **IN OUT** » et « **OUT** » par valeur.

Oracle dispose d'un indicateur de compilation, `hint`, appelé « **NOCOPY** », utilisé lors de la déclaration des arguments « **OUT** » et « **IN OUT** ». La présence de « **NOCOPY** » indique au compilateur PL/SQL de passer l'argument par référence plutôt que par valeur.

Voici la syntaxe utilisée pour déclarer un argument avec cet indicateur :

```
NOM_ARGUMENT [{ OUT | IN OUT}] [NOCOPY] TYPE [,...]
```

### Conseil

Étant donné que « **NOCOPY** » est un indicateur de compilateur, et non une directive, il n'est pas toujours pris en considération.

L'avantage principal dont « **NOCOPY** » permet de bénéficier est, dans certains cas, une amélioration des performances, amélioration particulièrement sensible lors du passage des objets de type collection volumineux.

Le `"hint"` « **NOCOPY** » sera ignoré dans les situations suivantes :

- L'argument réel est un membre d'un tableau associatif. Cette restriction ne s'applique pas toutefois dans le cas où l'argument réel est un tableau associatif complet.

- L'argument réel est soumis à une contrainte de précision, d'étendue ou « NOT NULL ».

- Les arguments réel et formel sont tous deux des enregistrements et les contraintes portant sur les champs correspondants diffèrent.

- Le passage de l'argument réel exige une conversion implicite du type de données.

- Le sous-programme est impliqué dans un appel de procédure émis vers un serveur distant via un lien de base de données.

L'impact du `"hint"` « **NOCOPY** » est plus limité dans la version Oracle 11g car l'optimiseur est plus performant.

# Les valeurs par défaut

Comme lors de la déclaration de variables, les arguments formels d'une procédure ou d'une fonction peuvent avoir des valeurs par défaut, lesquelles ne sont pas passées par l'environnement appelant. Lorsqu'un argument réel est passé, sa valeur vient remplacer la valeur par défaut de l'argument formel.

La syntaxe suivante est utilisée pour attribuer à un argument une valeur par défaut :

```
NOM_ARGUMENT [{IN | OUT | IN OUT}] TYPE
                        [{ := | DEFAULT } VALEUR_DEFAUT]
```

```
SQL> CREATE OR REPLACE FUNCTION UnitesStock
  2          ( a_code_categorie IN PRODUITS.CODE_CATEGORIE%TYPE :=1,
  3            a_fournisseur    IN PRODUITS.NO_FOURNISSEUR%TYPE :=1)
  4   RETURN PRODUITS.UNITES_STOCK%TYPE
  5   IS
  6     v_unites_stock  PRODUITS.UNITES_STOCK%TYPE;
  7   begin
  8     SELECT SUM(UNITES_STOCK) INTO v_unites_stock FROM PRODUITS
```

```
 9      WHERE   CODE_CATEGORIE = a_code_categorie AND
10            NO_FOURNISSEUR = a_fournisseur;
11     RETURN v_unites_stock;
12   end UnitesStock;
13   /
```

```
Fonction créée.
```

```
SQL> declare
  2     v_produit  PRODUITS%ROWTYPE;
  3   begin
  4     dbms_output.put_line( 'La somme est : '||UnitesStock);
  5   end;
  6   /
La somme est : 56
```

Les deux arguments de la fonction `UNITES_STOCK` reçoivent des valeurs par défaut.

## Notation positionnelle et nommée

Le langage PL/SQL vous donne la possibilité d'associer les arguments réels aux arguments formels :

### *Association par position*

Dans ce cas, chaque argument est remplacé par la valeur occupant la même position dans la liste.

```
SQL> CREATE OR REPLACE PROCEDURE
  2       MontantCommande ( a_code_client COMMANDES.CODE_CLIENT%TYPE,
  3                         a_no_employe  COMMANDES.NO_EMPLOYE%TYPE,
  4                         a_no_commande COMMANDES.NO_COMMANDE%TYPE)
  5   IS
  6     v_montant DETAILS_COMMANDES.PRIX_UNITAIRE%TYPE;
  7   begin
  8     SELECT SUM( PRIX_UNITAIRE) * SUM( QUANTITE) INTO v_montant
  9     FROM COMMANDES NATURAL JOIN DETAILS_COMMANDES
 10     WHERE CODE_CLIENT = a_code_client AND
 11           NO_EMPLOYE  = a_no_employe  AND
 12           NO_COMMANDE = a_no_commande;
 13     dbms_output.put_line( 'NO_COMMANDE = '||a_no_commande);
 14     dbms_output.put_line( 'v_montant   = '||v_montant);
 15   end;
 16   /
```

```
Procédure créée.
```

```
SQL> begin
  2       MontantCommande('LACOR',4,10972);
  3   end;
  4   /
NO_COMMANDE = 10972
v_montant   = 2697,5
```

## *Attention*

Les arguments doivent être renseignés obligatoirement s'il n'y a pas de valeur par défaut déclarée.

Les arguments associés par position sont affectés dans l'ordre de leur déclaration. Vous ne pouvez pas affecter le deuxième sans renseigner le premier.

### Association par nom

Dans ce cas, chaque argument peut être indiqué dans un ordre quelconque en faisant apparaître la correspondance de façon implicite sous la forme :

```
( NOM_ARGUMENT => VALEUR_ARGUMENT [,...]);
```

La notation nommée est désirable lorsque la procédure, ce qui est rare il faut bien le remarquer, utilise un grand nombre d'arguments (plus de dix), car il est ainsi plus facile de déterminer à quel paramètre formel correspond chaque paramètre réel.

```
SQL> CREATE OR REPLACE PROCEDURE
  2      MontantCommande ( a_code_client COMMANDES.CODE_CLIENT%TYPE,
  3                        a_no_employe  COMMANDES.NO_EMPLOYE%TYPE := 4,
  4                        a_no_commande COMMANDES.NO_COMMANDE%TYPE)
  5  IS
  6     v_montant DETAILS_COMMANDES.PRIX_UNITAIRE%TYPE;
  7  begin
  8     SELECT SUM( PRIX_UNITAIRE) * SUM( QUANTITE) INTO v_montant
  9     FROM COMMANDES NATURAL JOIN DETAILS_COMMANDES
 10     WHERE CODE_CLIENT = a_code_client AND
 11           NO_EMPLOYE  = a_no_employe  AND
 12           NO_COMMANDE = a_no_commande;
 13     dbms_output.put_line( 'NO_COMMANDE = '||a_no_commande);
 14     dbms_output.put_line( 'v_montant   = '||v_montant);
 15  end;
 16  /


Procédure créée.


SQL> begin
  2     MontantCommande( a_code_client =>'LACOR',
  3                      a_no_commande => 10972);
  4  end;
  5  /
NO_COMMANDE = 10972
v_montant   = 2697,5
```

L'argument `a_no_employe` prend la valeur par défaut.

## *Attention*

Lorsque vous utilisez des valeurs par défaut, placez-les, pour autant que vous le pouvez, en fin de liste des arguments. Cela vous permettra d'utiliser indifféremment l'une ou l'autre notation positionnelle ou nommée.

Avant la version Oracle 11g, l'appel des fonctions dans une requête SQL n'était possible qu'en utilisant l'association par position. Cette limitation n'existe plus ; ainsi, vous pouvez utiliser les deux modalités d'association et même combiner les deux.

```
SQL> CREATE FUNCTION ftest( a01 IN NUMBER,a02 IN VARCHAR2) RETURN VARCHAR2
  2  IS begin RETURN a01||' '||a02; end ftest;
  3  /


Fonction créée.


SQL> SELECT ftest( a01=>1, a02=>'par nom') "Association",
  2  ftest( 2, 'par position') "Association",
  3  ftest( 3, a02=>'mixte') "Association" FROM DUAL;
```

```
Association            Association            Association
------------------     ------------------     ------------------
1 par nom              2 par position         3 mixte
```

# La surcharge de blocs

Deux ou plusieurs blocs peuvent avoir le même nom et une liste différente de paramètres. De tels modules (procédures ou fonctions) sont dits surchargés. Le code de ces programmes peut être très semblable ou bien complètement différent.

Voici un exemple de deux fonctions surchargées définies dans la section déclarative d'un bloc anonyme (les deux sont des modules locaux).

```
SQL> declare
  2      FUNCTION ControlValeur( a_date DATE)
  3      RETURN BOOLEAN
  4      IS
  5        begin
  6            dbms_output.put_line('ControlValeur DATE');
  7            RETURN a_date <= SYSDATE;
  8        end;
  9
 10      FUNCTION ControlValeur( a_nombre NUMBER)
 11      RETURN BOOLEAN IS
 12        begin
 13            dbms_output.put_line('ControlValeur NUMBER');
 14            RETURN a_nombre >= 0;
 15        end;
 16
 17      FUNCTION ControlValeur( a_chaine VARCHAR2)
 18      RETURN BOOLEAN IS
 19        begin
 20            dbms_output.put_line('ControlValeur VARCHAR2');
 21            RETURN a_chaine >= 'AZERTY';
 22        end;
 23  begin
 24      if ControlValeur(UID) then
 25         dbms_output.put_line( 'L''identifiant est :'||UID);
 26      end if;
 27      if ControlValeur(SYSDATE-1) then
 28         dbms_output.put_line( 'La date du jour est :'||SYSDATE);
 29      end if;
 30      if ControlValeur('Razvan BIZOÏ') then
 31         dbms_output.put_line( 'La chaîne est : Razvan BIZOÏ');
 32      end if;
 33  end;
 34  /
ControlValeur NUMBER
L'identifiant est :64
ControlValeur DATE
La date du jour est :14/06/06
ControlValeur VARCHAR2
La chaîne est : Razvan BIZOÏ
```

Le compilateur compare le paramètre réel aux paramètres des listes des deux modules et il exécute alors le code du programme dont l'en-tête correspond.

Un exemple de programme surchargé en PL/SQL est la fonction « **TO_CHAR** ». Cette fonction peut être utilisée pour convertir à la fois les nombres et des dates au format caractère. En d'autres termes, il existe deux fonctions « **TO_CHAR** » différentes. La surcharge ne fait que rendre ce fait transparent pour les développeurs.

```
SQL> declare
  2        FUNCTION ControlValeur( a_date DATE := SYSDATE)
  3        RETURN BOOLEAN
  4        IS
  5          begin
  6              dbms_output.put_line('ControlValeur DATE');
  7              RETURN a_date <= SYSDATE;
  8          end;
  9
 10        FUNCTION ControlValeur( a_nombre NUMBER := UID)
 11        RETURN BOOLEAN IS
 12          begin
 13              dbms_output.put_line('ControlValeur NUMBER');
 14              RETURN a_nombre >= 0;
 15          end;
 16  begin
 17     if ControlValeur() then
 18        dbms_output.put_line( 'L''identifiant est :'||UID);
 19     end if;
 20  end;
 21  /
   if ControlValeur() then
      *
ERREUR à la ligne 17 :
ORA-06550: Ligne 17, colonne 6 :
PLS-00307: trop de déclarations de 'CONTROLVALEUR' correspondent à
cet appel
ORA-06550: Ligne 17, colonne 3 :
PL/SQL: Statement ignored

SQL> declare
...
 17     if ControlValeur(UID) then
 18        dbms_output.put_line( 'L''identifiant est :'||UID);
 19     end if;
 20  end;
 21  /
ControlValeur NUMBER
L'identifiant est :97
```

## Attention

Il faut faire attention quand les arguments ont des valeurs par défaut car, dans ce cas, il est obligatoire d'associer les arguments pour s'assurer qu'il n'y a pas d'ambiguïté dans le choix de la fonction ou de la procédure.

# Les exceptions

Les fonctions et les procédures dans le cadre d'un l'environnement de production peuvent lever des exceptions qui n'ont pas été prévues dans le bloc en cours d'exécution. Ainsi l'exception est propagée jusqu'au bloc qui traite cette exception. Dans ce bloc, utilisant uniquement « **SQLCODE** » et « **SQLERRM** » il n'est pas possible de savoir dans quel bloc l'exception a été levée et de comprendre le parcours jusqu'au bloc courant.

```
SQL> CREATE OR REPLACE PROCEDURE proc03
  2  IS i int;            begin              i := 1 / 0;              end;
  3  /

Procédure créée.

SQL> CREATE OR REPLACE PROCEDURE proc02
  2  IS                   begin              proc03();               end;
  3  /

Procédure créée.

SQL> CREATE OR REPLACE PROCEDURE proc01
  2  IS                   begin              proc02();               end;
  3  /

Procédure créée.

SQL> CREATE OR REPLACE PROCEDURE proc00
  2  IS
  3  begin
  4     proc01();
  5  exception
  6  when others
  7     then
  8        dbms_output.put_line( 'SQLCODE = '||SQLCODE);
  9        dbms_output.put_line( 'SQLERRM = '||SQLERRM);
 10  end;
 11  /

Procédure créée.

SQL> exec proc00
SQLCODE = -1476
SQLERRM = ORA-01476: le diviseur est égal à zéro
```

Le package « **DBMS_UTILITY** » permet de tracer le parcours des différents blocs à partir du bloc qui a levé l'exception jusqu'au bloc dans lequel l'exception est traitée.

La fonction « **FORMAT_ERROR_STACK** » permet d'afficher le message d'erreur de la même manière que « **SQLERRM** » sans pouvoir lui passer le code d'erreur, mais le message n'est pas tronqué.

La deuxième fonction « **FORMAT_ERROR_BACKTRACE** » permet d'afficher le message d'erreur, pour chaque bloc, à partir du bloc qui a levé l'exception jusqu'au bloc couvrant les lignes dans lesquelles les exceptions sont apparues.

```
SQL> CREATE OR REPLACE PROCEDURE proc00
  2  IS
  3  begin
  4    proc01();
  5  exception
  6  when others
  7    then
  8        dbms_output.put_line(RPAD('-',64,'-'));
  9        dbms_output.put('Exception :');
 10        dbms_output.put(dbms_utility.format_error_stack);
 11        dbms_output.put_line(RPAD('-',64,'-'));
 12        dbms_output.put(dbms_utility.format_error_backtrace);
 13        dbms_output.put_line(RPAD('-',64,'-'));
 14        dbms_output.put_line( 'SQLCODE = '||SQLCODE);
 15        dbms_output.put_line( 'SQLERRM = '||SQLERRM);
 16  end;
 17  /

Procédure créée.

SQL>
SQL> exec proc00
----------------------------------------------------------------
Exception :ORA-01476: le diviseur est égal à zéro
----------------------------------------------------------------
ORA-06512: à "STAGIAIRE.PROC03", ligne 2
ORA-06512: à "STAGIAIRE.PROC02", ligne 2
ORA-06512: à "STAGIAIRE.PROC01", ligne 2
ORA-06512: à "STAGIAIRE.PROC00", ligne 4
----------------------------------------------------------------
SQLCODE = -1476
SQLERRM = ORA-01476: le diviseur est égal à zéro
```

# 9

# Les packages

## Objectifs

À la fin de ce module, vous serez à même d'effectuer les tâches suivantes :

- Décrire les packages.
- Créer des packages.
- Déclarer l'interface publique des packages.
- Invoquer le constructeur d'un package.
- Surcharger les blocs des packages.

## Contenu

# Utilisation des packages

Un package est une structure PL/SQL qui permet de stocker ensemble des objets logiquement associés. Il comprend deux parties distinctes : la spécification et le corps, qui sont stockés séparément dans le dictionnaire de données.

Un des intérêts de regrouper ces objets dans un package est la possibilité de s'y référer à partir d'autres blocs PL/SQL ; les packages permettent ainsi de disposer de variables PL/SQL globales.

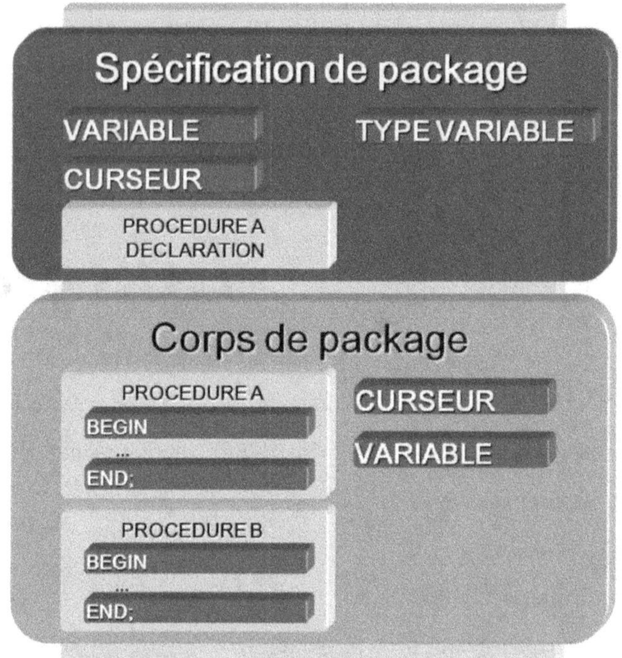


Avant d'explorer complètement l'utilisation du package, revoyons-en les principaux avantages.

## Protection des données

Lorsqu'on construit un package, on décide quels éléments sont publics (pouvant être référencés à l'extérieur du package) et lesquels sont privés (autorisés seulement dans le package lui-même). On peut également ne restreindre l'accès qu'aux spécifications du package. Dans ce cas, on utilise le package pour masquer le détail de l'implémentation des programmes.

## Conception orientée objet

Le langage PL/SQL n'offre pas encore des possibilités complètes de conception orientée objet ; les packages, eux, permettent d'en suivre de nombreux principes. Les packages fournissent aux développeurs un niveau très élevé de contrôle d'accès aux variables et aux modules inclus dans un même package.

On peut inclure toutes les règles d'accès aux entités (que ce soit des tables de la base ou des structures en mémoire) dans le package, on crée un objet encapsulé et abstrait.

## Conception descendante

Les spécifications d'un package peuvent être codées avant le corps du package. On peut, en d'autres termes, concevoir l'interface avec les modules inclus dans le package avant même de les avoir vraiment développés.

Les packages peuvent être compilés sans que leur corps soit défini. De plus, ce qui est encore plus remarquable, pour que la compilation des programmes qui appellent des modules de package s'effectue avec succès, il suffit que les spécifications de ces modules aient pu être compilées.

## Persistance des objets

Les packages PL/SQL permettent d'implémenter des données globales dans votre environnement applicatif. On appelle données globales des informations qui perdurent à travers les différents composants d'une application ; contrairement aux données locales, propres à un module particulier.

Les objets déclarés dans les spécifications d'un package se comportent, vis-à-vis des autres objets PL/SQL de l'application, comme des données globales. Si l'on a accès au package, on peut modifier les variables d'un module et faire appel à ces variables modifiées dans un autre module du package. Ces données sont persistantes pour la durée de la session utilisateur.

Si une procédure packagée ouvre un curseur, celui-ci reste ouvert et est utilisable par d'autres routines packagées durant toute la session. Il n'est pas nécessaire de définir le curseur de manière explicite dans chaque programme. On peut l'ouvrir dans un module et y faire appel dans un autre module. Pour finir, les variables de package peuvent véhiculer des données au-delà des bornes d'une transaction, car elles sont attachées à la session utilisateur et non à la transaction elle-même.

## Amélioration des performances

Lorsqu'on fait appel à un objet pour la première fois, tout le package est chargé en mémoire. De cette façon, tous les autres éléments du package sont rendus immédiatement accessibles pour tous les futurs appels au package. Le PL/SQL n'a pas besoin de faire des accès disque aux éléments de programmes et aux données chaque fois qu'un nouvel objet est utilisé.

# Spécification de package

La spécification d'un package contient des informations relatives à son contenu. Remarquez bien qu'elle ne contient toutefois le code d'aucune procédure.

Les éléments d'un package sont identiques à ceux d'une section déclarative de bloc anonyme, les mêmes règles de syntaxe s'appliquant à l'en-tête d'un package et à la section déclarative d'un bloc, à l'exception toutefois des déclarations de procédures et de fonctions.

Les règles de déclarations sont :

- L'ordre d'apparition des éléments contenus dans un package peut être quelconque. Toutefois, et comme dans une section déclarative, un objet doit être déclaré avant de pouvoir s'y référer.

- Tous les types d'éléments ne doivent pas nécessairement être présents.

- Toutes les déclarations de procédures et de fonctions doivent être des déclarations préalables. Une déclaration préalable décrit simplement le sous-programme et ses arguments sans en inclure le code. Dans le cas d'un package, le code qui implémente ses procédures et ses fonctions doit se trouver dans le corps du package.

La syntaxe de création d'un package est :

```
CREATE [OR REPLACE] PACKAGE NOM_PACKAGE
{IS | AS}
    [Déclarations des variables et des types]
    [Spécifications des curseurs]
    [Spécifications des modules]
END [NOM_PACKAGE];
```

On peut déclarer des variables et inclure des spécifications à la fois pour les curseurs et pour les modules. On doit avoir au moins une clause de déclaration ou de spécification dans les spécifications du package.

```
SQL> CREATE OR REPLACE PACKAGE GererProduit
  2  AS
  3      CURSOR c_produit RETURN PRODUITS%ROWTYPE;
  4      v_produit c_produit%ROWTYPE;
  5      e_PasDeCategorie   EXCEPTION;
  6      e_PasDeFournisseur EXCEPTION;
  7      TYPE t_Produits IS TABLE OF PRODUITS%ROWTYPE
  8          INDEX BY BINARY_INTEGER;
  9
 10      FUNCTION VerifieCategorie(a_code_categorie
 11                          CATEGORIES.CODE_CATEGORIE%TYPE)
 12      RETURN BOOLEAN ;
 13      FUNCTION VerifieFournisseur(a_no_fournisseur
 14                          FOURNISSEURS.NO_FOURNISSEUR%TYPE)
 15      RETURN BOOLEAN;
 16      PROCEDURE AddProduit( a_produit PRODUITS%ROWTYPE );
 17  end GererProduit;
 18  /

Package créé.
```

Remarquez bien que la définition du package ne contient toutefois le code d'aucune procédure et que le curseur est également déclaré.

## Éléments publics et privés d'un package

L'un des concepts centraux des packages est le niveau de confidentialité de ses éléments. L'un des aspects les plus positifs du package est qu'il permet réellement de renforcer le contrôle d'accès aux informations. Avec un package, on peut non seulement dissimuler son savoir-faire derrière une interface procédurale, mais également le rendre complètement confidentiel.

Un élément de package, que ce soit une variable ou un module, peut être public ou privé.

**Public**  Défini dans les spécifications. Un élément public peut être référencé dans d'autres programmes et blocs PL/SQL.

**Privé**  Uniquement défini dans le corps du package, il n'apparaît pas dans les spécifications. Un élément privé ne peut être référencé en dehors du package. Tout autre élément du package peut, toutefois, référencer et utiliser un élément privé.

Si vous pensez qu'un élément privé, comme un module ou un curseur, devrait être public, il suffit d'ajouter cet objet aux spécifications et de recompiler. Il devient alors visible à l'extérieur du package.

La séparation claire des éléments publics et privés offre aux développeurs PL/SQL un contrôle sans précédent sur leurs données et leurs programmes.

## Comment référencer les éléments d'un package

Un package est propriétaire de ses objets, tout comme une table est propriétaire de ses colonnes. On utilise la même syntaxe pour désigner un objet de package que pour désigner une colonne de table, en le préfixant par le nom du package suivi d'un point.

Pour référencer n'importe lequel de ces objets, on préfixe le nom de l'objet avec le nom du package, comme suit :

```
NOM_PACKAGE.NOM_OBJET ;
```

```
SQL> declare
  2      v_produit GererProduit.c_produit%ROWTYPE;
  3  begin
  4      SELECT * INTO v_produit FROM PRODUITS
  5      WHERE REF_PRODUIT = 1 ;
```

```
   6        GererProduit.v_produit := v_produit;
   7        dbms_output.put_line( v_produit.REF_PRODUIT||' '||
   8              GererProduit.v_produit.NOM_PRODUIT);
   9   end;
  10   /
 1 Chai

Procédure PL/SQL terminée avec succès.
```

# Packages sans corps

Un package n'a besoin d'un corps que si on veut définir des éléments privés ou les spécifications comprenant un curseur ou un module.

Un package peut se résumer à des spécifications d'éléments publics. Dans ce cas, aucun corps n'est à prévoir. Ce paragraphe fournit deux exemples de situations dans lesquelles le corps est optionnel.

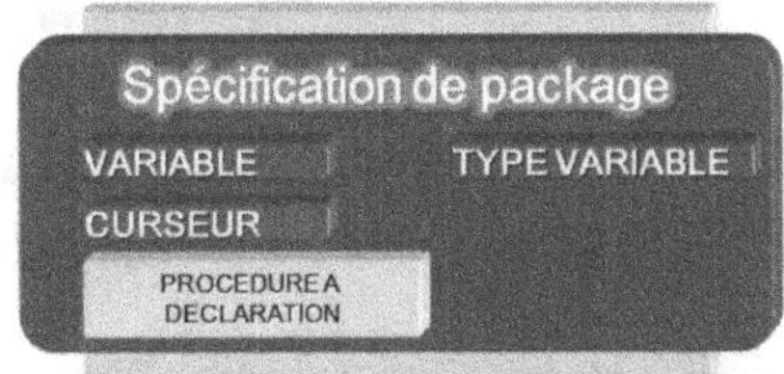


Le package de gestion des exceptions décrit dans l'exemple ci-après, comporte un ensemble d'exceptions utilisateur, ainsi que les codes d'erreur ORACLE correspondants.

```
SQL> CREATE OR REPLACE PACKAGE GererExceptions
  2  AS
  3    ENFANT_EXISTENT EXCEPTION;
  4    PRAGMA EXCEPTION_INIT(ENFANT_EXISTENT, -2292);
  5
  6    PARENT_INTROUVABLE EXCEPTION;
  7    PRAGMA EXCEPTION_INIT(PARENT_INTROUVABLE, -2291);
  8
  9    VIOLATION_CONTROLE EXCEPTION;
 10    PRAGMA EXCEPTION_INIT(VIOLATION_CONTROLE, -2293);
 11  end GererExceptions;
 12  /

Package créé.

SQL> begin
  2      delete CATEGORIES;
  3  exception
  4   when GererExceptions.ENFANT_EXISTENT then
  5     dbms_output.put_line( 'GererExceptions.ENFANT_EXISTENT');
  6   when GererExceptions.PARENT_INTROUVABLE then
  7     dbms_output.put_line( 'GererExceptions.PARENT_INTROUVABLE');
  8   when GererExceptions.VIOLATION_CONTROLE then
  9     dbms_output.put_line( 'GererExceptions.VIOLATION_CONTROLE');
 10  end;
 11  /
GererExceptions.ENFANT_EXISTENT
```

```
Procédure PL/SQL terminée avec succès.
```

Dans les applications, vous trouvez un ensemble des constantes qui ne changent jamais ou très peu. Ces valeurs correspondent à des codes ou à des bornes de valeurs.

Ne codez pas ces valeurs en dur dans vos programmes, vous pouvez les définir comme des constantes dans le module. On retrouve souvent les mêmes valeurs constantes dans différents modules. Plutôt que de les déclarer dans chaque module, il vaut mieux traiter ces valeurs comme des données globales de l'application.

On peut créer des données globales dans un package comme dans l'exemple qui suit :

```
SQL> CREATE OR REPLACE PACKAGE GererConstantes
  2  AS
  3          pays                    CONSTANT VARCHAR2(10):= 'France';
  4          date_commande           CONSTANT DATE        := SYSDATE;
  5          produit_indisponible    CONSTANT NUMBER(1)    := -1;
  6          produit_disponible      CONSTANT NUMBER(1)    := 0;
  7  end GererConstantes;
  8  /

Package créé.

SQL> declare
  2     v_sum_produit PRODUITS.UNITES_COMMANDEES%TYPE;
  3  begin
  4     SELECT SUM( UNITES_COMMANDEES) INTO v_sum_produit
  5     FROM PRODUITS
  6     WHERE INDISPONIBLE = GererConstantes.produit_indisponible;
  7     dbms_output.put_line( v_sum_produit);
  8  end;
  9  /

Procédure PL/SQL terminée avec succès.
```

Si l'une des valeurs des constantes change, il faut seulement modifier la valeur de la constante utilisée dans le package de configuration. Aucun module de programmes ne doit être revu.

# Corps de package

Le corps d'un package est un objet du dictionnaire de données dont la compilation ne peut précéder celle de la spécification de package. Il peut également inclure des déclarations additionnelles qui sont globales dans le corps du package, mais qui ne sont pas visibles dans la spécification.

Le corps du package est optionnel. Lorsque l'en-tête du package ne contient aucune procédure ni fonction, mais seulement des déclarations de variables, des curseurs, des types, etc., le corps peut être omis. Il s'agit là d'une technique pratique pour déclarer des variables globales, puisque tous les objets déclarés dans l'en-tête d'un package sont aussi visibles en dehors de celui-ci.

Toute déclaration préalable dans la spécification de package doit s'accompagner d'une définition dans le corps du package, la spécification du sous-programme devant être identique dans les deux emplacements.

La syntaxe de création d'un corps de package est la suivante :

```
CREATE [OR REPLACE] PACKAGE BODY NOM_PACKAGE

{IS | AS}
```

```
[Déclarations des variables et des types]

[Spécifications et SELECT des curseurs]

[Spécifications et corps des modules]
[BEGIN

Ordres exécutables]

[EXCEPTIONS

Exceptions]

END [NOM_PACKAGE];
```

On peut déclarer d'autres variables dans le corps du package, mais on ne doit pas en répéter les déclarations dans les spécifications du package. Le corps contient la totalité de l'implémentation des curseurs et des modules. Dans le cas d'un curseur, le corps du package contient à la fois les spécifications et les clauses SQL du curseur. Dans le cas d'un module, le corps du package contient à la fois les spécifications et le corps du module.

Le mot-clé « **BEGIN** » signale la présence d'une section d'exécution ou d'initialisation du package. Cette section peut également, si nécessaire, inclure une section de gestion des exceptions.

```
SQL> CREATE OR REPLACE PACKAGE BODY GererProduit
  2  IS
  3      v_utilisateur VARCHAR2(25);
  4
  5      CURSOR c_produit RETURN PRODUITS%ROWTYPE
  6      IS
  7      SELECT REF_PRODUIT, NOM_PRODUIT, NO_FOURNISSEUR,
  8             CODE_CATEGORIE, QUANTITE, PRIX_UNITAIRE,
  9             UNITES_STOCK, UNITES_COMMANDEES, INDISPONIBLE
 10      FROM PRODUITS;
 11
 12      FUNCTION VerifieCategorie( a_code_cat
 13                               CATEGORIES.CODE_CATEGORIE%TYPE)
 14      RETURN BOOLEAN AS
 15      begin
 16        for v_code_cat in ( SELECT CODE_CATEGORIE
 17             FROM CATEGORIES WHERE CODE_CATEGORIE = a_code_cat)
 18        loop
 19           RETURN TRUE;--Catégorie trouvé
 20        end loop;
 21        RETURN FALSE;
 22      end VerifieCategorie;
 23
 24      FUNCTION VerifieFournisseur ( a_no_four
 25                            FOURNISSEURS.NO_FOURNISSEUR%TYPE)
 26      RETURN BOOLEAN AS
 27      begin
 28        for v_no_four in ( SELECT NO_FOURNISSEUR
 29             FROM FOURNISSEURS WHERE NO_FOURNISSEUR = a_no_four)
  8        loop
 31           RETURN TRUE;--Fournisseur trouvé
 32        end loop;
 33        RETURN FALSE;
 34      end VerifieFournisseur;
 35
 36      PROCEDURE AddProduit ( a_prod PRODUITS%ROWTYPE ) AS
```

```
37       begin
38          INSERT INTO PRODUITS VALUES a_prod;
39        end AddProduit;
40   begin
41      SELECT USER INTO v_utilisateur FROM DUAL;
42   exception
43      when e_PasDeCategorie    then
44          dbms_output.put_line( 'Erreur CODE_CATEGORIE');
45      when e_PasDeFournisseur    then
46          dbms_output.put_line( 'Erreur NO_FOURNISSEUR');
47      when OTHERS then
48          dbms_output.put_line( 'Erreur Package GererProduit');
49   end GererProduit;
50   /
```

```
Corps de package créé.
```

Dans les procédures ou les fonctions des packages, vous pouvez également utiliser le SQL dynamique pour rendre certains traitements plus génériques. Par exemple, dans le package précédent, vous utilisez deux fonctions, l'une pour contrôler les fournisseurs `VerifieFournisseur` et l'autre pour la catégorie du produit `VerifieCategorie`.

Voici une fonction qui peut contrôler l'existence d'un enregistrement dans n'importe quelle table de l'utilisateur, à condition qu'elle n'ait pas des clés primaires multiples.

```
SQL> declare
  2     FUNCTION  ExisteDansLaTable( a_num VARCHAR2, a_cle VARCHAR2,
  3                                  a_table  VARCHAR2 )
  4     RETURN BOOLEAN AS
  5        v_requete        varchar(500) := 'SELECT COUNT(*) FROM ';
  6        v_num            NUMBER;
  7        v_type_col       USER_TAB_COLUMNS.DATA_TYPE%TYPE;
  8     begin
  9        SELECT DATA_TYPE INTO v_type_col FROM USER_TAB_COLUMNS
 10        WHERE TABLE_NAME  = UPPER(a_table) AND
 11              COLUMN_NAME = UPPER(a_cle);
 12        v_requete := v_requete||a_table||' WHERE '||a_cle;
 13        if v_type_col = 'NUMBER' then
 14           v_requete := v_requete||' = '||a_num;
 15        else
 16           v_requete := v_requete||' LIKE '||''''||a_num||'''';
 17        end if;
 18        EXECUTE IMMEDIATE v_requete INTO v_num;
 19        if v_num = 1 then
 20           RETURN TRUE;
 21        else
 22           RETURN FALSE;
 23        end if;
 24     exception
 25        when NO_DATA_FOUND then
 26        dbms_output.put_line('Le champ ou la table n''existe pas');
 27        RETURN FALSE;
 28     end ExisteDansLaTable;
 29   begin
  8    if ExisteDansLaTable('&la_cle','&nom_champ_cle','&nom_table')
 31     then
 32        dbms_output.put_line('Enregistrement trouvé');
```

```
33    else
34        dbms_output.put_line('Enregistrement non trouvé');
35    end if;
36  end;
37  /
Entrez une valeur pour la_cle : FRANR
Entrez une valeur pour nom_champ_cle : code_client
Entrez une valeur pour nom_table : clients
Enregistrement trouvé

Procédure PL/SQL terminée avec succès.

SQL> /
Entrez une valeur pour la_cle : 1
Entrez une valeur pour nom_champ_cle : no_employe
Entrez une valeur pour nom_table : employes
Enregistrement trouvé

Procédure PL/SQL terminée avec succès.

SQL> /
Entrez une valeur pour la_cle : 1
Entrez une valeur pour nom_champ_cle : champ_inexistant
Entrez une valeur pour nom_table : table_inexistante
Le champ ou la table n'existe pas
Enregistrement non trouvé

Procédure PL/SQL terminée avec succès.
```

Dans cette fonction, on contrôle que les noms du champ et de la table existent bien. Ainsi, à partir de la vue du dictionnaire de données « **USER_TAB_COLUMNS** », on peut construire dynamiquement la syntaxe SQL nécessaire pour récupérer l'enregistrement qui correspond à la valeur de la clé primaire passée comme argument.

# Curseur de package

Les spécifications, comme l'on a vu précédemment, listent tous les objets du package qui sont utilisables dans les applications et fournissent aux développeurs toutes les informations nécessaires à l'utilisation de ces objets.

Les spécifications de package peuvent contenir tout ou partie des déclarations suivantes :

- déclaration de variable ;
- déclaration de « TYPE » ;
- déclaration d'exception ;
- spécification du nom du curseur et de la clause « RETURN » associée ;
- spécification de module.

Parmi ces objets, seuls le curseur et le module doivent être définis dans le corps du package, ils ne sont pas complètement définis par les spécifications. Le curseur a besoin de son ordre « **SELECT** ». Le module doit comporter une section d'exécution.

La variable, le « **TYPE** » et l'exception ne nécessitent aucun code supplémentaire. On peut, de ce fait, développer des packages se résumant à des spécifications et ne comportant aucun corps.

Lorsqu'on inclut un curseur dans les spécifications d'un package, on doit utiliser la clause « **RETURN** » du curseur. C'est une partie optionnelle du curseur lorsque celui-ci est défini dans la section déclarative d'un bloc PL/SQL. Dans les spécifications d'un package, c'est un élément obligatoire.

La clause « **RETURN** » d'un curseur précise les données retournées par « **FETCH** » ; ces données sont en réalité définies dans l'ordre « **SELECT** », mais celui-ci n'apparaît que dans le corps du package, et non dans les spécifications. Les spécifications du curseur doivent obligatoirement contenir toutes les informations nécessaires à un programme pour utiliser ce curseur ; d'où la nécessité d'utiliser la clause « **RETURN** ».

La clause « **RETURN** » peut reprendre n'importe lequel des types de structure suivants :

- un enregistrement basé sur une table de la base de données, défini en utilisant l'attribut « %ROWTYPE » ;

- un enregistrement défini par l'utilisateur.

```
SQL> CREATE OR REPLACE PACKAGE GererProduit
  2  AS
  3      CURSOR c_produit
  4          RETURN PRODUITS%ROWTYPE;
...


SQL> CREATE OR REPLACE PACKAGE BODY GererProduit
  2  IS
  3      v_utilisateur VARCHAR2(25);
  4
  5      CURSOR c_produit RETURN PRODUITS%ROWTYPE
  6        IS   SELECT REF_PRODUIT, NOM_PRODUIT, NO_FOURNISSEUR,
  7                    CODE_CATEGORIE, QUANTITE, PRIX_UNITAIRE,
  8                    UNITES_STOCK, UNITES_COMMANDEES, INDISPONIBLE
  9             FROM PRODUITS;
...
```

Vous pouvez également créer un curseur de telle manière qu'il soit presque aussi flexible qu'une variable curseur.

```
SQL> CREATE OR REPLACE PACKAGE GestionEmployes
  2  AS
  3      CURSOR c_employes(
  4          a_NO_EMPLOYE   EMPLOYES.NO_EMPLOYE%TYPE      := NULL,
  5          a_REND_COMPTE  EMPLOYES.REND_COMPTE%TYPE     := NULL,
  6          a_FONCTION     EMPLOYES.FONCTION%TYPE        := NULL,
  7          a_DATE_DEB     EMPLOYES.DATE_EMBAUCHE%TYPE   := NULL,
  8          a_DATE_FIN     EMPLOYES.DATE_EMBAUCHE%TYPE   := NULL)
  9      RETURN EMPLOYES%ROWTYPE;
 10      PROCEDURE ListeEmployes;
 11      PROCEDURE ListeRepresentants;
 12  end GestionEmployes;
 13  /


Package créé.


SQL> CREATE OR REPLACE PACKAGE BODY GestionEmployes
  2  AS
  3    CURSOR c_employes(
  4          a_NO_EMPLOYE   EMPLOYES.NO_EMPLOYE%TYPE      := NULL,
  5          a_REND_COMPTE  EMPLOYES.REND_COMPTE%TYPE     := NULL,
```

```
  6                    a_FONCTION        EMPLOYES.FONCTION%TYPE        := NULL,
  7                    a_DATE_DEB        EMPLOYES.DATE_EMBAUCHE%TYPE := NULL,
  8                    a_DATE_FIN        EMPLOYES.DATE_EMBAUCHE%TYPE := NULL)
  9     RETURN EMPLOYES%ROWTYPE
 10     IS
 11     SELECT NO_EMPLOYE,REND_COMPTE,NOM,PRENOM,FONCTION,TITRE,
 12            DATE_NAISSANCE,DATE_EMBAUCHE,SALAIRE,COMMISSION
 13     FROM EMPLOYES
 14     WHERE( NO_EMPLOYE  = a_NO_EMPLOYE  or a_NO_EMPLOYE  IS NULL )
 15       AND( REND_COMPTE = a_REND_COMPTE or a_REND_COMPTE IS NULL )
 16       AND( FONCTION LIKE a_FONCTION    or a_FONCTION    IS NULL )
 17       AND( DATE_EMBAUCHE BETWEEN a_DATE_DEB AND a_DATE_FIN or
 18            a_DATE_DEB IS NULL or a_DATE_FIN IS NULL              );
 19     PROCEDURE ListeRepresentants
 20     IS
 21     begin
 22         dbms_output.put_line('- La liste des representants -');
 23         for i_rep in c_employes( a_FONCTION =>'Rep%')
 24         loop
 25             dbms_output.put_line(i_rep.NOM||' '||i_rep.PRENOM);
 26         end loop;
 27     end ListeRepresentants;
 28     PROCEDURE ListeEmployes
 29     IS
  8     begin
 31         dbms_output.put_line('- La liste des employes -');
 32         for i_rep in c_employes
 33         loop
 34             dbms_output.put_line(i_rep.NOM||' '||i_rep.PRENOM);
 35         end loop;
 36     end ListeEmployes;
 37   end GestionEmployes;
 38   /

Corps de package créé.

SQL> begin
  2     dbms_output.put_line('- Curseur extern -');
  3         for i_rep in GestionEmployes.c_employes(
  4         a_REND_COMPTE => 2,
  5         a_FONCTION =>'Rep%',
  6         a_DATE_DEB => to_date('01/01/1993','dd/mm/yyyy'),
  7         a_DATE_FIN => to_date('31/12/1993','dd/mm/yyyy'))
  8         loop
  9             dbms_output.put_line(i_rep.NOM||' '||i_rep.PRENOM);
 10         end loop;
 11   end;
 12   /
- Curseur extern -
Peacock Margaret

Procédure PL/SQL terminée avec succès.
```

Tous les arguments du curseur sont définis pour donner plus de souplesse. Comme vous pouvez le voir, la requête définie pour le curseur permet à chaque argument d'être utilisé dans une opération logique, mais si sa valeur est « **NULL** » la requête n'en tient pas compte.

# Surcharge des sous-programmes

Les sous-programmes d'un package peuvent être surchargés, c'est-à-dire que deux procédures ou fonctions peuvent se voir attribuer le même nom à condition d'utiliser des paramètres différents. Cette fonctionnalité est très utile en ce qu'elle permet d'appliquer une même opération à des objets de types différents. Comme dans l'exemple suivant :

```
SQL> CREATE OR REPLACE PACKAGE GererProduit
  2  AS
  3  FUNCTION AddEmploye( a_no_emloye   MPLOYES.NO_EMPLOYE%TYPE,
  4                  a_rend_compte   EMPLOYES.REND_COMPTE%TYPE,
  5                  a_nom           EMPLOYES.NOM%TYPE,
  6                  a_prenom        EMPLOYES.PRENOM%TYPE,
  7                  a_fonction      EMPLOYES.FONCTION%TYPE,
  8                  a_titre         EMPLOYES.TITRE%TYPE,
  9                  a_date_naissance EMPLOYES.DATE_NAISSANCE%TYPE,
 10                   a_date_embauche  EMPLOYES.DATE_EMBAUCHE%TYPE,
 11                   a_salaire        EMPLOYES.SALAIRE%TYPE,
 12                   a_commission     EMPLOYES.COMMISSION%TYPE  )
 13      RETURN BOOLEAN;
 14  FUNCTION AddEmploye( a_emloye EMPLOYES%ROWTYPE) RETURN BOOLEAN;
...
```

La surcharge peut se révéler une technique très utile pour appliquer une même opération à des arguments de types différents.

```
SQL> CREATE OR REPLACE PACKAGE PkgSurcharge
  2  AS
  3      PROCEDURE NomProcedure01( a_arg01 VARCHAR2);
  4      PROCEDURE NomProcedure01( a_arg02 VARCHAR2);
  5      PROCEDURE NomProcedure02( a_arg IN VARCHAR2);
  6      PROCEDURE NomProcedure02( a_arg OUT VARCHAR2);
  7      FUNCTION NomFonction01  ( a_arg VARCHAR2)  RETURN VARCHAR2;
  8      FUNCTION NomFonction01  ( a_arg VARCHAR2)  RETURN NUMBER;
  9      PROCEDURE NomProcedure03( a_arg01 VARCHAR2   := NULL,
 10                                a_arg02 DATE       := NULL) ;
 11      PROCEDURE NomProcedure03( a_arg01 VARCHAR2   := NULL,
 12                                a_arg02 NUMBER     := NULL) ;
 13      PROCEDURE NomProcedure04( a_arg01 VARCHAR2   := NULL,
 14                                a_arg02 DATE       := NULL) ;
 15      PROCEDURE NomProcedure04( a_arg01 NUMBER     := NULL,
 16                                a_arg02 VARCHAR2   := NULL) ;
 17  end PkgSurcharge;
 18  /

Package créé.

SQL> CREATE OR REPLACE PACKAGE BODY PkgSurcharge
  2  AS
  3      PROCEDURE NomProcedure01( a_arg01 VARCHAR2)
  4      IS begin NULL; end NomProcedure01;
  5      PROCEDURE NomProcedure01( a_arg02 VARCHAR2)
  6      IS begin NULL; end NomProcedure01;
  7      PROCEDURE NomProcedure02( a_arg IN VARCHAR2)
  8      IS begin NULL; end NomProcedure02;
```

```
 9      PROCEDURE NomProcedure02( a_arg OUT VARCHAR2)
10      IS begin NULL; end NomProcedure02;
11      FUNCTION NomFonction01( a_arg VARCHAR2)  RETURN VARCHAR2
12      IS begin NULL; end NomFonction01;
13      FUNCTION NomFonction01( a_arg VARCHAR2) RETURN NUMBER
14      IS begin NULL; end NomFonction01;
15      PROCEDURE NomProcedure03( a_arg01 VARCHAR2   := NULL,
16                               a_arg02 DATE       := NULL)
17      IS begin NULL; end NomProcedure03;
18      PROCEDURE NomProcedure03( a_arg01 VARCHAR2   := NULL,
19                               a_arg02 NUMBER     := NULL)
20      IS begin NULL; end NomProcedure03;
21      PROCEDURE NomProcedure04( a_arg01 VARCHAR2   := NULL,
22                               a_arg02 DATE       := NULL)
23      IS begin dbms_output.put_line('Date'); end NomProcedure04;
24      PROCEDURE NomProcedure04( a_arg01 NUMBER     := NULL,
25                               a_arg02 VARCHAR2   := NULL)
26      IS begin dbms_output.put_line('Number'); end NomProcedure04;
27  end PkgSurcharge;
28  /
```

**Corps de package créé.**

Dans le package précédent, vous pouvez voir plusieurs procédures et une fonction montrant les limitations de l'utilisation des surcharges. Voici les cas de limitation de surcharge :

- Deux sous-programmes ne peuvent être surchargés si leurs arguments ne diffèrent que par leur nom ou leur mode de passage.

```
SQL> execute PkgSurcharge.NomProcedure01( 'Test');
BEGIN PkgSurcharge.NomProcedure01( 'Test'); END;
...
PLS-0087: trop de déclarations de 'NOMPROCEDURE01' correspondent à cet
appel
...
SQL> execute PkgSurcharge.NomProcedure02( 'Test');
BEGIN PkgSurcharge.NomProcedure02( 'Test'); END;
...
```

- Deux fonctions ne peuvent être surchargées si seul le type de leur valeur de retour diffère.

```
SQL> SELECT PkgSurcharge.NOMFONCTION01( 'A') FROM DUAL;
SELECT PkgSurcharge.NOMFONCTION01( 'A') FROM DUAL
...
```

- Les arguments de sous-programmes surchargés ne doivent pas être de la même famille.
- Enfin, il faut faire attention aux valeurs par défaut des arguments. Il est possible que suite à l'utilisation des valeurs par défaut, il y ait une ambiguïté entre les blocs.

```
SQL> execute PkgSurcharge.NomProcedure03;
BEGIN PkgSurcharge.NomProcedure03(1); END;
...


SQL> execute PkgSurcharge.NomProcedure03(a_arg02=>sysdate);

Procédure PL/SQL terminée avec succès.
```

Les deux procédures NomProcedure03 ont deux arguments chacune. La première procédure a un argument de type « **VARCHAR2** » et un deuxième de type « **DATE** ». La deuxième a également dans la première position un argument de type « **VARCHAR2** » et un deuxième de type

« **NUMBER** ». Cependant, les valeurs par défaut changent la donne : on peut appeler la procédure sans aucun argument. Ainsi, le compilateur ne sait pas laquelle choisir. Dans la deuxième exécution, vous pouvez voir que l'ambigüité est levée.

```
SQL> execute PkgSurcharge.NomProcedure04;
BEGIN PkgSurcharge.NomProcedure04; END;

...

SQL> execute PkgSurcharge.NomProcedure04('A');
Date

Procédure PL/SQL terminée avec succès.

SQL> execute PkgSurcharge.NomProcedure04(1);
Number

Procédure PL/SQL terminée avec succès.
```

Dans l'exemple précédent, l'ambigüité persiste s'il n'y a pas d'argument.

## Attention

Les erreurs de surcharge sont essentiellement des erreurs survenues pendant l'exécution et non à la compilation du package qui, elle, s'est déroulée sans aucun incident.

L'opération de compilation du package ne contrôle pas la cohérence des déclarations. Ainsi, il n'y a pas d'erreurs suite aux surcharges.

# Élément Public ou Privé

Le corps du package contient tout le code nécessaire à l'implémentation des spécifications. Comme on l'a vu dans le paragraphe précédent, certains packages n'ont même pas besoin de corps.

Un corps de package est requis dès que les spécifications contiennent une déclaration de curseur de procédure ou de fonction. Il est également requis si vous souhaitez exécuter du code dans la section d'initialisation du package.

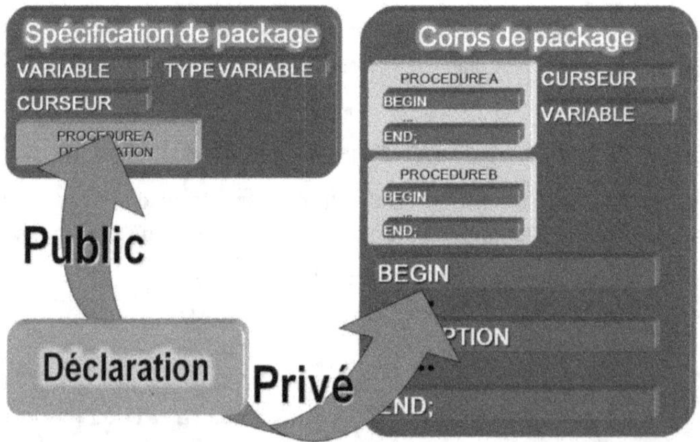


Le corps du package peut contenir des sections déclaratives, d'exécution et de gestion des exceptions, à l'instar de n'importe quel bloc PL/SQL. La section déclarative contient la définition de tous les objets publics du package, listés dans les spécifications, mais aussi la définition de n'importe quel objet privé, non listé dans les spécifications.

## Déclarations dans le corps

Toute déclaration d'une variable, d'une exception, d'un « **TYPE** » ou d'une constante dans les spécifications du package le rend utilisable dans le corps du package sans qu'il soit nécessaire d'effectuer une déclaration locale explicite. Si on essaie de déclarer l'objet également dans le corps du package, on reçoit un message d'erreur.

La déclaration des objets dans le corps les définit globaux à l'intérieur du package, mais non visibles à l'extérieur du package. Les valeurs prises par les variables du package sont persistantes d'un module du package à un autre. De tels objets sont appelés données du package, dans la mesure où ils sont dans la portée du package. Tout module peut référencer de tels objets sans effectuer de déclaration explicite à l'intérieur du module lui-même.

```
SQL> CREATE OR REPLACE PACKAGE GererEmploye
  2  AS
  3      e_Salaire       EXCEPTION;
  4      e_Superieur     EXCEPTION;
  5      e_Employe       EXCEPTION;
  6      v_employe               EMPLOYES%ROWTYPE;
  7      v_avg_salaire       EMPLOYES.SALAIRE%TYPE;
  8  ...


SQL> CREATE OR REPLACE PACKAGE BODY GererEmploye
  2  IS
  3      v_sum_salaire       EMPLOYES.SALAIRE%TYPE;
  4      PROCEDURE Augmenter(a_no_emloye   EMPLOYES.NO_EMPLOYE%TYPE,
  5                  a_salaire   EMPLOYES.SALAIRE%TYPE     :=0  )
  6      IS
  7          v_salaire EMPLOYES.SALAIRE%TYPE;
  8      begin
  9          SELECT SALAIRE INTO v_salaire FROM EMPLOYES
 10          WHERE NO_EMPLOYE = a_no_emloye;
 11
 12          case
 13          when a_salaire = 0 then
 14              v_salaire := v_avg_salaire;
 15          when a_salaire <= v_salaire then
 16              raise e_Salaire;
 17          else
 18              v_salaire := a_salaire;
 19          end case;
 20      end;
...
```

La variable `v_sum_salaire` est une variable globale visible en dehors du package, en revanche la variable `v_avg_salaire` est une variable privée accessible uniquement dans le package. Vous pouvez voir dans l'exemple suivant que l'accès à la variable `v_avg_salaire` est interdit, par contre la variable `v_sum_salaire` est accessible.

```
SQL> begin
  2          dbms_output.put_line( GererEmploye.v_sum_salaire);
  3  end;
  4  /
45561

Procédure PL/SQL terminée avec succès.

SQL> begin
```

```
  2        dbms_output.put_line( GererEmploye.v_avg_salaire);
  3  end;
  4  /
     dbms_output.put_line( GererEmploye.v_avg_salaire);
                                                    *
ERREUR à la ligne 2 :
ORA-06550: Ligne 2, colonne 41 :
PLS-0082: Le composant 'V_AVG_SALAIRE' doit être déclaré
ORA-06550: Ligne 2, colonne 6 :
PL/SQL: Statement ignored
```

# Initialisation

La première fois qu'un sous-programme de package est appelé, le package est instancié. Plus précisément, il est extrait du disque et placé en mémoire, le code compilé du sous-programme appelé est exécuté et de la mémoire est allouée à toutes les variables définies dans le package. Pour garantir que deux sessions exécutant des sous-programmes issus d'un même package utilisent différents emplacements en mémoire, chacune d'elles possédera sa propre copie des variables du package.

Le code d'initialisation doit souvent être exécuté la première fois que le package est instancié. C'est pourquoi une section d'initialisation est ajoutée au corps du package, à la suite de tous les autres objets.

Le package suivant initialise deux variables : v_sum_salaire et v_avg_salaire avec respectivement la somme et la moyenne des salaires des employés.

```
SQL> CREATE OR REPLACE PACKAGE BODY GererEmploye
  2  IS
...
 60  begin
 61    SELECT SUM(SALAIRE), AVG(SALAIRE) INTO v_sum_salaire, v_avg_salaire
 62    FROM EMPLOYES;
 63  exception
 64    when e_Salaire then
 65      dbms_output.put_line( 'Le salaire n'est pas valide.');
 66    when e_Superieur then
 67      dbms_output.put_line( 'Le supérieur n'est pas valide.');
 68    when e_Employe then
 69      dbms_output.put_line( 'Le supérieur n'est pas valide.');
 70    when OTHERS then
 71      dbms_output.put_line( 'Erreur.');
 72  end GererEmploye;
 73  /
```

# Dépendances

La compilation d'un bloc nommé stockée dans la base de données entraîne l'enregistrement dans le dictionnaire de données de tous les objets Oracle qui y sont référencés. C'est ainsi que la procédure est dite dépendante de ces objets.

Rappelez-vous, la vue « **USER_OBJECTS** » permet de voir tous les objets contenant des erreurs de compilation qui sont indiqués comme non valides dans le dictionnaire de données.

     

Un sous-programme stocké peut également devenir non valide lorsqu'une opération LDD porte sur l'un des objets dont il dépend.

```
SQL> CREATE TABLE UTILISATEURS (
  2      NO_UTILISATEUR      NUMBER(6)              NOT NULL
  3                  CONSTRAINT PK_UTILISATEURS PRIMARY KEY,
  4      NOM_PRENOM          VARCHAR2(20)           NOT NULL,
  5      DATE_CREATION       DATE  DEFAULT SYSDATE NOT NULL,
  6      UTILISATEUR         VARCHAR2(20)           NOT NULL,
  7      DESCRIPTION         VARCHAR2(60));

Table créée.

SQL> INSERT INTO UTILISATEURS(NO_UTILISATEUR,NOM_PRENOM,UTILISATEUR)
  2              VALUES ( 1, 'Razvan BIZOÏ', 'razvan');

1 ligne créée.

SQL> INSERT INTO UTILISATEURS(NO_UTILISATEUR,NOM_PRENOM,UTILISATEUR)
  2              VALUES ( 2, 'Isabelle BIZOÏ', 'isabelle');

1 ligne créée.

SQL> CREATE OR REPLACE PACKAGE PkgUtilisateurs
  2  AS
  3      PROCEDURE AfficheUtilisateur;
  4  end PkgUtilisateurs;
  5  /

Package créé.

SQL> CREATE OR REPLACE PACKAGE BODY PkgUtilisateurs
  2  AS
  3      PROCEDURE AfficheUtilisateur
  4      IS
  5      begin
  6          dbms_output.put_line('- La liste des utilisateurs -');
  7          for i_rep in ( SELECT * FROM UTILISATEURS )
  8          loop
  9             dbms_output.put_line(i_rep.NOM_PRENOM);
 10          end loop;
 11      end AfficheUtilisateur;
 12  end PkgUtilisateurs;
 13  /

Corps de package créé.

SQL> exec PkgUtilisateurs.AfficheUtilisateur
- La liste des utilisateurs -
Razvan BIZOÏ
Isabelle BIZOÏ

SQL> SELECT OBJECT_NAME, OBJECT_TYPE, STATUS FROM USER_OBJECTS
  2  WHERE OBJECT_NAME = 'PKGUTILISATEURS';

OBJECT_NAME             OBJECT_TYPE          STATUS
```

```
-------------------- --------------------- -------
PKGUTILISATEURS          PACKAGE                 VALID
PKGUTILISATEURS          PACKAGE BODY            VALID

SQL> ALTER TABLE UTILISATEURS MODIFY (DESCRIPTION VARCHAR2(200));

Table modifiée.

SQL> SELECT OBJECT_NAME, OBJECT_TYPE, STATUS FROM USER_OBJECTS
  2  WHERE OBJECT_NAME = 'PKGUTILISATEURS';

OBJECT_NAME              OBJECT_TYPE             STATUS
-------------------- --------------------- -------
PKGUTILISATEURS          PACKAGE                 VALID
PKGUTILISATEURS          PACKAGE BODY            INVALID
```

Lorsqu'une opération LDD porte sur la table UTILISATEURS, tous les objets qui dépendent de cette table sont déclarés non valides. Cependant, vous pouvez voir que le package n'a pas été invalidé, à juste titre : il n'a aucune référence à cette table.

```
SQL> CREATE OR REPLACE PACKAGE PkgUtilisateurs
  2  AS
  3      CURSOR c_utilisateurs RETURN UTILISATEURS%ROWTYPE;
  4      PROCEDURE AfficheUtilisateur;
  5  end PkgUtilisateurs;
  6  /

Package créé.

SQL> ALTER TABLE UTILISATEURS MODIFY (DESCRIPTION VARCHAR2(100));

Table modifiée.

SQL> SELECT OBJECT_NAME, OBJECT_TYPE, STATUS FROM USER_OBJECTS
  2  WHERE OBJECT_NAME = 'PKGUTILISATEURS';

OBJECT_NAME              OBJECT_TYPE             STATUS
-------------------- --------------------- -------
PKGUTILISATEURS          PACKAGE                 INVALID
PKGUTILISATEURS          PACKAGE BODY            INVALID
```

Lorsqu'un objet dépendent est invalide, le moteur PL/SQL tentera automatiquement de le recompiler dès qu'il sera appelé.

Il peut arriver qu'une recompilation automatique échoue (particulièrement en cas de modification de la description de la table). Dans ce cas, le bloc appelant reçoit une erreur de compilation. Notez bien cependant que cette erreur se produit à l'exécution, non au moment de la compilation.

```
SQL> CREATE OR REPLACE PACKAGE PkgUtilisateurs
  2  AS
  3      CURSOR c_utilisateurs RETURN UTILISATEURS%ROWTYPE;
  4      PROCEDURE AfficheUtilisateur;
  5  end PkgUtilisateurs;
  6  /

Package créé.

SQL> CREATE OR REPLACE PACKAGE BODY PkgUtilisateurs
```

```
  2  AS
  3    CURSOR c_utilisateurs RETURN UTILISATEURS%ROWTYPE
  4    IS SELECT * FROM UTILISATEURS;
  5    PROCEDURE AfficheUtilisateur
  6    IS
  7    begin
  8       dbms_output.put_line('- La liste des utilisateurs -');
  9       for i_rep in c_utilisateurs
 10       loop
 11          dbms_output.put_line(i_rep.NOM_PRENOM);
 12       end loop;
 13    end AfficheUtilisateur;
 14  end PkgUtilisateurs;
 15  /

Corps de package créé.

SQL> SELECT OBJECT_NAME, OBJECT_TYPE, STATUS FROM USER_OBJECTS
  2    WHERE OBJECT_NAME = 'PKGUTILISATEURS';

OBJECT_NAME          OBJECT_TYPE          STATUS
-------------------- -------------------- -------
PKGUTILISATEURS      PACKAGE              VALID
PKGUTILISATEURS      PACKAGE BODY         VALID
```

# Modification et Suppression

## La modification d'un package

La modification d'un package concerne sa version compilée. Il est important de recompiler le package afin que le noyau tienne compte de l'évolution de la base et que l'on puisse modifier sa méthode d'accès et son plan d'exécution.

```
ALTER PACKAGE NOM_PACKAGE COMPILE [PACKAGE | BODY] ;
```

En pratique, il est recommandé de sauvegarder les sources des packages dans des fichiers pour les reprendre en vue d'une modification de leur contenu. En cas de modification des sources, l'utilisateur doit recréer le package avec l'option « **REPLACE** » pour remplacer l'existant.

```
SQL> execute PKGUTILISATEURS.AfficheUtilisateur;
BEGIN PKGUTILISATEURS.AfficheUtilisateur; END;

...
ORA-04063: package body "STAGIAIRE.PKGUTILISATEURS" comporte des erreurs
ORA-06508: PL/SQL : unité de programme nommée : "STAGIAIRE.PKGUTILISATEURS"
introuvable
ORA-06512: à ligne 1

SQL> ALTER PACKAGE PKGUTILISATEURS COMPILE BODY;

Corps de package modifié.

SQL> ALTER PACKAGE PKGUTILISATEURS COMPILE PACKAGE;

Package modifié.
```

```
SQL> execute PKGUTILISATEURS.AfficheUtilisateur;
- La liste des utilisateurs -
Razvan BIZOÏ

Procédure PL/SQL terminée avec succès.
```

## La suppression d'un package

Elle s'effectue avec la commande :

```
DROP [PACKAGE | BODY] NOM_PACKAGE ;
SQL> DROP PACKAGE BODY PKGUTILISATEURS;

Corps de package supprimé.

SQL> DROP PACKAGE PKGUTILISATEURS;

Package supprimé.

SQL> execute PKGUTILISATEURS.AfficheUtilisateur;
BEGIN PKGUTILISATEURS.AfficheUtilisateur; END;

      *
ERREUR à la ligne 1 :
ORA-06550: Ligne 1, colonne 7 :
PLS-00201: l'identificateur 'PKGUTILISATEURS.AFFICHEUTILISATEUR' doit être
déclaré
ORA-06550: Ligne 1, colonne 7 :
PL/SQL: Statement ignored
```

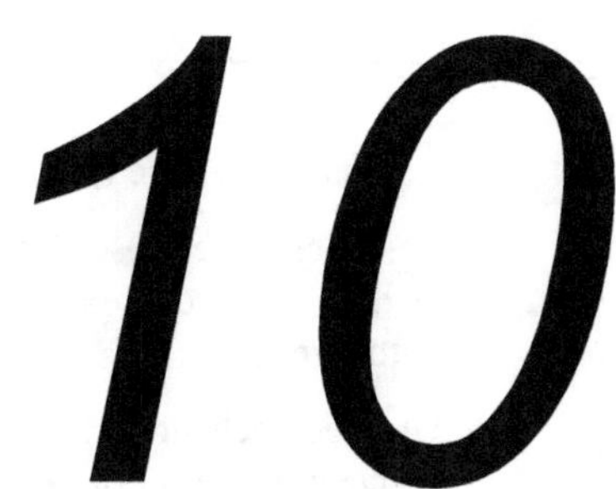

- *Les déclencheurs LMD*

- *:OLD et :NEW*

- *Les déclencheurs INSTEAD OF*

- *Les audits*

# Les déclencheurs

## Objectifs

À la fin de ce module, vous serez à même d'effectuer les tâches suivantes :

- Décrire les types de déclencheurs.
- Créer des déclencheurs LMD.
- Décrire les règles d'activation.
- Archiver les informations modifiées ou effacées.

## Contenu

# Les types de triggers

Le quatrième type de bloc PL/SQL nommé est le déclencheur.

Les déclencheurs sont des blocs PL/SQL nommés comprenant des sections déclaratives, exécutables et de gestion des exceptions. Ils doivent être stockés dans la base de données sous forme d'objets autonomes.

Un déclencheur est exécuté implicitement à chaque occurrence de l'événement déclenchant et n'accepte aucun argument. Lorsqu'il est question de déclencheurs, les termes exécution et lancement sont synonymes. L'événement déclenchant peut être une opération LMD portant sur une table de base de données ou sur certains types de vues. Le lancement des déclencheurs est également provoqué par un événement système tel que le démarrage ou la fermeture d'une instance de base de données ou certains types d'opérations LDD.

Les déclencheurs sont généralement employés pour :

- Maintenir des contraintes d'intégrité complexes, ce que ne permettent pas les contraintes déclaratives spécifiées lors de la création d'une table ;

- Auditer les informations que contient une table en consignant les changements qui y sont apportés et leur auteur ;

- Signaler automatiquement à d'autres programmes qu'une action doit être entreprise lorsque des modifications sont apportées à une table ;

- Publier des informations concernant divers événements.

## Les déclencheurs LMD

L'exécution est provoquée par une instruction LMD : le type de celle-ci détermine celui du déclencheur. Les déclencheurs LMD peuvent être définis pour s'exécuter avant ou après des opérations « **INSERT** », « **UPDATE** » ou « **DELETE** » et peuvent être de niveau ligne ou de niveau instruction.

Un déclencheur de niveau instruction peut être lancé pour un ou plusieurs types d'instructions LMD.

## Les déclencheurs INSTEAD OF

Exclusivement de niveau ligne, les déclencheurs « **INSTEAD OF** », ne peuvent être définis que sur des vues relationnelles ou objet. À la différence d'un déclencheur LMD, dont l'exécution vient s'ajouter à celle de l'instruction déclenchante, un déclencheur « **INSTEAD OF** » s'exécute à la place de l'instruction qui a provoqué son lancement.

## Les déclencheurs Système

Le déclencheur est lancé, soit lorsque se produit un événement système tel que l'ouverture ou la fermeture d'une base de données, soit lors d'une opération LDD, comme la création d'une table.

# Les déclencheurs LMD

L'événement provoquant le lancement d'un déclencheur LMD peut être une opération « **INSERT** », « **UPDATE** » ou « **DELETE** » portant sur les données d'une table. Son déclenchement peut intervenir soit avant, soit après l'exécution de l'instruction et son action peut être exécutée une fois pour chaque enregistrement affecté par l'instruction LMD ou bien une seule fois pour l'instruction LMD.

L'activation d'un déclencheur peut également être provoquée par l'exécution de plusieurs types d'instructions LMD sur une même table.

Ainsi, vous pouvez avoir pour chaque type d'instruction LMD, « **INSERT** », « **UPDATE** » ou « **DELETE** », un déclencheur avant et après l'instruction, mais également avant et après chaque enregistrement modifié par une de ces instructions.

Un nombre illimité de déclencheurs peut être défini sur une table, y compris plusieurs déclencheurs LMD d'un même type dont l'exécution sera séquentielle.

Vous trouverez dans la section suivante des informations détaillées sur l'ordre d'exécution des déclencheurs.

Les déclencheurs LMD peuvent être classés suivant plusieurs catégories :

| | |
|---|---|
| `Instruction` | Définit le type d'instruction LMD qui activera le déclencheur. |
| `Moment` | Suivant l'activation du déclencheur qui interviendra avant ou après l'exécution de l'instruction. |
| `Niveau` | L'activation d'un déclencheur de niveau enregistrement se produit une fois pour chaque enregistrement manipulé par l'instruction LMD. L'activation d'un déclencheur de niveau instruction se produit une fois, soit avant, soit après l'exécution de l'instruction. |

Les déclencheurs sont souvent employés à des fins d'audit, bien que des fonctionnalités d'audit soient déjà disponibles dans la base de données ; les déclencheurs autorisent un suivi plus personnalisé et plus souple.

# La création

La syntaxe pour tous les types de déclencheurs LMD est :

```
CREATE [OR REPLACE] TRIGGER [SCHEMA.]NOM_TRIGGER
{BEFORE | AFTER | INSTEAD OF} EVENEMENT [OR EVENEMENT [,...]]
ON { NOM_TABLE | NOM_VUE }
[CLAUSE_REFERENCING]
[WHEN CONDITION]
[FOR EACH ROW]
{ ENABLE | DISABLE }
[DECLARE ...]
BEGIN
...
[EXCEPTION ...]
END [NOM_TRIGGER];
```

| | |
|---|---|
| `NOM_TRIGGER` | C'est le nom du déclencheur. L'espace de noms des déclencheurs étant distinct, un déclencheur peut se voir attribuer le même nom qu'une table ou une procédure. Notez toutefois que, dans un même schéma, il ne peut exister deux déclencheurs de même nom. |
| `EVENEMENT` | C'est l'événement qui provoque l'exécution du déclencheur. |

| | |
|---|---|
| `CLAUSE_REFERENCING` | Permet de se référer aux données de la ligne qui est modifiée en utilisant un nom personnalisé. |
| `CONDITION` | Le corps du déclencheur est exécuté uniquement lorsque cette condition est vraie. |
| `ENABLE/DISABLE` | Le déclencheur est créé par défaut actif « `ENABLE` ». À partir de la version Oracle 11g, il est possible de créer un déclencheur inactif et de l'activer par la suite. |

La modification d'un déclencheur est effectuée à l'aide de la commande suivante :

```
ALTER TRIGGER NOM_TRIGGER { ENABLE | DISABLE } ;
```

## *Attention*

Le corps d'un déclencheur ne pouvant excéder **32 Ko**, si votre déclencheur dépasse cette taille, vous pouvez le réduire en plaçant une partie de son code dans des packages ou des procédures stockés, compilés séparément et en les appelant à partir du corps du déclencheur.

# Le moment d'exécution

Vous pouvez avoir pour chaque type d'instruction LMD, « `INSERT` », « `UPDATE` » ou « `DELETE` », un déclencheur avant et après l'instruction. Vous pouvez également créer un nombre illimité de déclencheurs, d'un même type, définis sur la même table, dont l'exécution sera séquentielle.

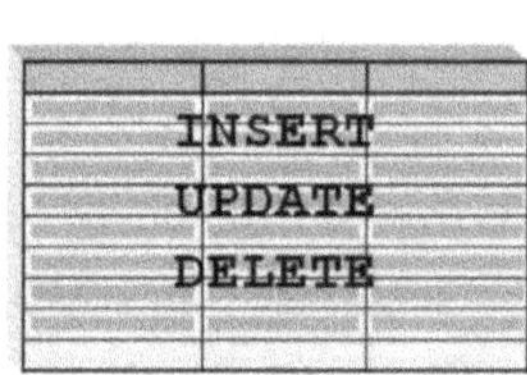

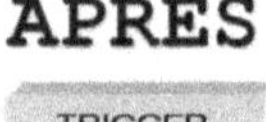


Un déclencheur LMD est lancé lorsqu'une instruction LMD est exécutée. L'algorithme de contrôle de l'exécution d'une instruction LMD est :

1. Exécute les déclencheurs d'instruction « **BEFORE** », s'il en existe.

2. Exécute les déclencheurs d'instruction « **AFTER** », s'il en existe.

```
SQL> CREATE TABLE TEMP_AFFICHAGE(
  2          ID_AFFICHAGE    NUMBER(2),
  3          AFFICHAGE       VARCHAR2(200));

Table créée.


SQL> CREATE SEQUENCE compteur START WITH 1 INCREMENT BY 1;

Séquence créée.


SQL> CREATE OR REPLACE PACKAGE TriggerMoment AS
  2          v_compteur NUMBER :=0;
  3  END TriggerMoment;
  4  /

Package créé.
```

Pour illustrer l'utilisation des déclencheurs, nous allons créer une table TEMP_AFFICHAGE, une séquence compteur ainsi qu'un package TriggerMoment.

La table TEMP_AFFICHAGE est utilisée pour l'insertion des informations d'affichage ; la séquence nous donne l'ordre d'exécution des différents déclencheurs.

Dans le script suivant, nous avons créé trois déclencheurs « **UPDATE** » sur la table CATEGORIES. Pour le type « **AFTER** », nous allons créer deux déclencheurs pour visualiser le comportement du système.

```
SQL> CREATE OR REPLACE TRIGGER AvantInstruction
  2   BEFORE UPDATE ON CATEGORIES
  3   BEGIN
  4     INSERT INTO TEMP_AFFICHAGE VALUES ( compteur.NEXTVAL,
  5            'BEFORE UPDATE niveau instruction : compteur = '||
  6            TriggerMoment.v_compteur);
  7     TriggerMoment.v_compteur := TriggerMoment.v_compteur + 1;
  8   END AvantInstruction;
  9   /

Déclencheur créé.


SQL> CREATE OR REPLACE TRIGGER ApresInstruction1
  2   AFTER UPDATE ON CATEGORIES
  3   BEGIN
  4       INSERT INTO TEMP_AFFICHAGE VALUES ( compteur.NEXTVAL,
  5            'AFTER UPDATE niveau instruction 1 : compteur = '||
  6            TriggerMoment.v_compteur);
  7     TriggerMoment.v_compteur := TriggerMoment.v_compteur + 1;
  8   END ApresInstruction1;
  9   /

Déclencheur créé.


SQL> CREATE OR REPLACE TRIGGER ApresInstruction2
  2   AFTER UPDATE ON CATEGORIES
  3   BEGIN
  4       INSERT INTO TEMP_AFFICHAGE VALUES ( compteur.NEXTVAL,
  5            'AFTER UPDATE niveau instruction 2 : compteur = '||
  6            TriggerMoment.v_compteur);
  7     TriggerMoment.v_compteur := TriggerMoment.v_compteur + 1;
  8   END ApresInstruction2;
  9   /

Déclencheur créé.
```

Nous allons à présent émettre l'instruction « **UPDATE** » suivante, qui affecte l'ensemble des lignes de la table CATEGORIES :

```
SQL> UPDATE CATEGORIES SET DESCRIPTION = ' ';

8 ligne(s) mise(s) à jour.


SQL> SELECT * FROM TEMP_AFFICHAGE;

ID_AFFICHAGE AFFICHAGE
------------ -------------------------------------------------------
           1 BEFORE UPDATE niveau instruction   : compteur = 0
```

```
    2 AFTER  UPDATE niveau instruction 2 : compteur = 1
    3 AFTER  UPDATE niveau instruction 1 : compteur = 2
```

Chaque déclencheur qui s'exécute voit les changements introduits par les déclencheurs précédents, de même que toutes les modifications déjà apportées par l'instruction dans la base de données. Cela est reflété par la valeur de compteur affichée par chaque déclencheur.

## *Attention*

L'ordre d'exécution des déclencheurs de même type n'étant pas défini, il conviendra, si l'ordre importe, de regrouper toutes les opérations en un seul déclencheur.

Il existe un ordre d'exécution défini par l'ordre de création des déclencheurs : le dernier déclencheur créé est exécuté en premier.

À partir de la version Oracle 11g, il est possible de définir l'ordre d'exécution des déclencheurs en utilisant la clause « **FOLLOWS** », qui détermine le nom du déclencheur précédent. La syntaxe de mise en œuvre est la suivante :

```
CREATE [OR REPLACE] TRIGGER [SCHEMA.]NOM_TRIGGER
    {BEFORE | AFTER | INSTEAD OF}EVENEMENT[OR EVENEMENT[,...]]
FOLLOWS NOM_TRIGGER_PRECEDENT
...
```

```
SQL> ROLLBACK;

Annulation (rollback) effectuée.

SQL> DROP SEQUENCE compteur;

Séquence supprimée.

SQL> CREATE SEQUENCE compteur START WITH 1 INCREMENT BY 1;

Séquence créée.

SQL> DROP TRIGGER AvantInstruction;

Déclencheur supprimé.

SQL> exec TriggerMoment.v_compteur := 0 ;

Procédure PL/SQL terminée avec succès.

SQL> CREATE OR REPLACE TRIGGER ApresInstruction2
  2    AFTER UPDATE ON CATEGORIES
  3    FOLLOWS ApresInstruction1
  4    BEGIN
  5        INSERT INTO TEMP_AFFICHAGE VALUES ( compteur.NEXTVAL,
  6           'AFTER UPDATE niveau instruction 2 : compteur = '||
  7             TriggerMoment.v_compteur);
  8      TriggerMoment.v_compteur := TriggerMoment.v_compteur + 1;
  9    END ApresInstruction2;
 10    /

Déclencheur créé.
```

```
SQL> CREATE OR REPLACE TRIGGER ApresInstruction3
  2  AFTER UPDATE ON CATEGORIES
  3  FOLLOWS ApresInstruction2
  4  BEGIN
  5       INSERT INTO TEMP_AFFICHAGE VALUES ( compteur.NEXTVAL,
  6            'AFTER UPDATE niveau instruction 3 : compteur = '||
  7              TriggerMoment.v_compteur);
  8      TriggerMoment.v_compteur := TriggerMoment.v_compteur + 1;
  9  END ApresInstruction3;
 10  /

Déclencheur créé.

SQL> UPDATE CATEGORIES SET DESCRIPTION = ' ';

10 ligne(s) mise(s) à jour.

SQL> SELECT * FROM TEMP_AFFICHAGE;

ID_AFFICHAGE AFFICHAGE
------------ -------------------------------------------------------
           1 AFTER UPDATE niveau instruction 1 : compteur = 0
           2 AFTER UPDATE niveau instruction 2 : compteur = 1
           3 AFTER UPDATE niveau instruction 3 : compteur = 2
```

À l'aide des déclencheurs LMD, il est possible de contrôler toutes les mises à jour des données ; l'exception lancée dans le déclencheur empêche l'exécution puisqu'il s'agit d'un déclencheur « **BEFORE** ».

```
SQL> CREATE OR REPLACE TRIGGER ContrainteTrancheHoraire
  2  BEFORE INSERT OR UPDATE OR DELETE ON CATEGORIES
  3  DECLARE
  4     v_jour  NUMBER(1) := TO_CHAR(SYSDATE, 'D');
  5     v_heure NUMBER(2) := TO_CHAR(SYSDATE, 'hh24');
  6  BEGIN
  7
  8     IF v_jour > 5 OR v_heure NOT BETWEEN 8 AND 19
  9     THEN
 10       RAISE_APPLICATION_ERROR ( -20000, 'L''application ne peut'
 11            ||' pas être modifie hors des heures de travail. '||
 12              TO_CHAR(SYSDATE, 'day month yyyy hh24:mi:ss'));
 13     END IF;
 14  END ContrainteTrancheHoraire;
 15  /

Déclencheur créé.

SQL> UPDATE CATEGORIES SET DESCRIPTION = ' ';
...
ORA-20000: L'application ne peut pas être modifie hors des heures de
travail. jeudi    août     2011 22:23:34
```

## Conseil

Un déclencheur « **BEFORE** » au niveau de l'instruction LMD, qui s'exécute avant, peut être utilisé pour arrêter l'instruction de mise à jour de données.

Vous avez également la possibilité de définir un déclencheur « **AFTER** » au niveau de l'instruction LMD, qui s'exécute après l'instruction. Dans ce cas, vous ne pouvez plus arrêter le traitement mais vous pouvez faire des calculs cumulatifs ou des traitements de consolidation de données.

L'exemple suivant vous permet de voir un processus de calcul cumulatif des frais de port pour toutes les commandes saisies ou modifiées pendant le mois en cours. Il s'agit d'un processus ciblé sur les commandes du mois courant et il ne prend pas en compte les modifications sur les autres commandes. D'abord, il faut créer une table FRAIS_PORT qui va stocker les informations. Il faut également insérer douze enregistrements pour faciliter la mise à jour des données dans cette table.

Le déclencheur ne s'exécute que si le champ PORT est mis à jour ; un message est affiché chaque fois qu'il s'exécute.

```
SQL> CREATE TABLE FRAIS_PORT( MOIS NUMBER(2), PORT NUMBER(8,2));

Table créée.

SQL> BEGIN
  2    for i in 1..12 loop
  3       INSERT INTO FRAIS_PORT VALUES( i,0);
  4    end loop;
  5    COMMIT;
  6  END;
  7  /

Procédure PL/SQL terminée avec succès.

SQL> CREATE OR REPLACE TRIGGER A_IUD_COMMANDES
  2  AFTER INSERT OR DELETE OR UPDATE
  3  OF PORT ON COMMANDES
  4  BEGIN
  5    UPDATE FRAIS_PORT SET PORT = ( SELECT SUM(PORT) FROM COMMANDES
  6    WHERE  TO_CHAR(DATE_COMMANDE,'YYYYMM') = TO_CHAR(SYSDATE,'YYYYMM'))
  7    WHERE MOIS = TO_CHAR(SYSDATE,'MM');
  8    dbms_output.put_line('Le champ PORT à été modifié.');
  9  END;
 10  /

Déclencheur créé.

SQL> INSERT INTO COMMANDES SELECT SEQ_COMMANDES.NEXTVAL,CODE_CLIENT,
  2  NO_EMPLOYE,SYSDATE,NULL,PORT FROM COMMANDES
  3  WHERE DATE_COMMANDE BETWEEN '01/05/1998' AND '30/05/1998';
Le champ PORT à été modifié.

14 ligne(s) créée(s).

SQL> SELECT * FROM FRAIS_PORT
  2  WHERE MOIS = TO_CHAR(SYSDATE,'MM');

      MOIS       PORT
---------- ----------
         6     2752,2

SQL> UPDATE COMMANDES SET PORT = PORT * 1.5
  2  WHERE DATE_COMMANDE > TRUNC(SYSDATE);
```

```
Le champ PORT à été modifié.

14 ligne(s) mise(s) à jour.

SQL> SELECT * FROM FRAIS_PORT
  2  WHERE MOIS = TO_CHAR(SYSDATE,'MM');

      MOIS        PORT
---------- ----------
         6    4128,34

SQL> UPDATE COMMANDES SET DATE_ENVOI = DATE_COMMANDE + 10
  2  WHERE DATE_COMMANDE > TRUNC(SYSDATE);

14 ligne(s) mise(s) à jour.

SQL> DELETE COMMANDES
  2  WHERE DATE_COMMANDE > TRUNC(SYSDATE);
Le champ PORT à été modifié.

14 ligne(s) supprimée(s).

SQL> SELECT * FROM FRAIS_PORT
  2  WHERE MOIS = TO_CHAR(SYSDATE,'MM');

      MOIS        PORT
---------- ----------
         6
```

## Attention

Un déclencheur est un bloc PL/SQL nommé, stocké dans la base de données, qui s'exécute automatiquement chaque fois qu'un événement le déclenche.

Comme c'est un bloc PL/SQL nommé, il doit avoir un nom unique. Vous pouvez utiliser des noms composés, avec le nom de la table, pour avoir des noms uniques.

```
SQL> CREATE OR REPLACE TRIGGER ApresMiseAJour
  2  AFTER UPDATE ON COMMANDES
  3  BEGIN NULL; END;
  4  /

Déclencheur créé.

SQL> CREATE OR REPLACE TRIGGER ApresMiseAJour
  2  AFTER UPDATE ON DETAILS_COMMANDES
  3  BEGIN NULL; END;
  4  /
CREATE OR REPLACE TRIGGER ApresMiseAJour
                          *
ERREUR à la ligne 1 :
ORA-04095: déclencheur 'APRESMISEAJOUR' existe déjà sur une autre table,
impossible de le remplacer
```

# Le niveau d'exécution

Comme on a pu le voir précédemment, l'activation d'un déclencheur peut être effectuée au niveau d'une instruction ou d'un enregistrement.Un déclencheur de niveau enregistrement est exécuté une fois pour chaque enregistrement traité par l'instruction LMD.

L'algorithme complet de contrôle de l'exécution d'une instruction LMD est :

1. Exécute les déclencheurs « **BEFORE** » de niveau instruction, s'il en existe.

2. Pour chaque ligne affectée par l'instruction :

   – Exécute les déclencheurs « BEFORE » de niveau enregistrement, s'il en existe.

   – Exécute l'instruction.

   – Exécute les déclencheurs « **AFTER** » dc niveau enregistrement, s'il en existe.

3. Exécute les déclencheurs « **AFTER** » de niveau instruction, s'il en existe.

Pour illustrer l'utilisation des déclencheurs, on utilise la table TEMP_AFFICHAGE, la séquence compteur et le package TriggerMoment précédemment créés.Nous avons détruit tous les déclencheurs créés précédemment et nous allons créer deux déclencheurs au niveau instruction et deux au niveau enregistrement pour la même table CATEGORIES.

Le script suivant illustre la création des quatre déclencheurs ainsi que l'exécution d'un ordre « **UPDATE** » qui affecte les deux premiers enregistrements de la table CATEGORIES.

L'opération « **SELECT** » portant sur la table TEMP_AFFICHAGE nous montre que les déclencheurs « **BEFORE** » et « **AFTER** » de niveau instruction sont exécutés chacun une seule fois ; les déclencheurs « **BEFORE** » et « **AFTER** » de niveau enregistrement sont exécutés pour chaque enregistrement trouvé.

```
SQL> CREATE OR REPLACE TRIGGER AvantMiseAJour
  2  BEFORE UPDATE ON CATEGORIES
  3  BEGIN
  4      INSERT INTO TEMP_AFFICHAGE VALUES ( compteur.NEXTVAL,
  5         'BEFORE UPDATE niveau instruction    : compteur = '||
  6          TriggerMoment.v_compteur);
  7      TriggerMoment.v_compteur := TriggerMoment.v_compteur + 1;
  8  END AvantMiseAJour;
  9  /


Déclencheur créé.


SQL> CREATE OR REPLACE TRIGGER ApresMiseAJour
  2  AFTER UPDATE ON CATEGORIES
  3  BEGIN
  4      INSERT INTO TEMP_AFFICHAGE VALUES ( compteur.NEXTVAL,
  5         'AFTER  UPDATE niveau instruction    : compteur = '||
  6          TriggerMoment.v_compteur);
  7      TriggerMoment.v_compteur := TriggerMoment.v_compteur + 1;
  8  END ApresMiseAJour;
  9  /


Déclencheur créé.


SQL> CREATE OR REPLACE TRIGGER AvantMiseAJourEnregistrement
  2  BEFORE UPDATE ON CATEGORIES
```

```
 3   FOR EACH ROW
 4   BEGIN
 5       INSERT INTO TEMP_AFFICHAGE VALUES ( compteur.NEXTVAL,
 6           'BEFORE UPDATE niveau enregistrement : compteur = '||
 7           TriggerMoment.v_compteur);
 8       TriggerMoment.v_compteur := TriggerMoment.v_compteur + 1;
 9   END AvantMiseAJourEnregistrement;
10   /
```

```
Déclencheur créé.
```

```
SQL> CREATE OR REPLACE TRIGGER ApresMiseAJourEnregistrement
 2   AFTER UPDATE ON CATEGORIES
 3   FOR EACH ROW
 4   BEGIN
 5       INSERT INTO TEMP_AFFICHAGE VALUES ( compteur.NEXTVAL,
 6           'AFTER  UPDATE niveau enregistrement : compteur = '||
 7           TriggerMoment.v_compteur);
 8     TriggerMoment.v_compteur := TriggerMoment.v_compteur + 1;
 9   END ApresMiseAJourEnregistrement;
10   /
```

```
Déclencheur créé.
```

```
SQL> UPDATE CATEGORIES SET DESCRIPTION = ' ' WHERE ROWNUM < 3;
```

```
2 ligne(s) mise(s) à jour.
```

```
SQL> SELECT * FROM TEMP_AFFICHAGE;
```

```
ID_AFFICHAGE AFFICHAGE
------------ -------------------------------------------------------------
           1 BEFORE UPDATE niveau instruction     : compteur = 0
           2 BEFORE UPDATE niveau enregistrement : compteur = 1
           3 AFTER  UPDATE niveau enregistrement : compteur = 2
           4 BEFORE UPDATE niveau enregistrement : compteur = 3
           5 AFTER  UPDATE niveau enregistrement : compteur = 4
           6 AFTER  UPDATE niveau instruction     : compteur = 5
```

Comme pour les déclencheurs de niveau instruction, on peut avoir plusieurs déclencheurs de même type pour chaque opération avant ou après.

```
SQL> ROLLBACK;
```

```
Annulation (rollback) effectuée.
```

```
SQL> CREATE OR REPLACE TRIGGER ApresMiseAJourEnregistrement2
 2   AFTER UPDATE ON CATEGORIES
 3   FOR EACH ROW
 4   BEGIN
 5       INSERT INTO TEMP_AFFICHAGE VALUES ( compteur.NEXTVAL,
 6           'AFTER  UPDATE niveau enregistrement2 : compteur = '||
 7           TriggerMoment.v_compteur);
 8     TriggerMoment.v_compteur := TriggerMoment.v_compteur + 1;
 9   END ApresMiseAJourEnregistrement2;
10   /
```

```
Déclencheur créé.

SQL> exec TriggerMoment.v_compteur:=0;

Procédure PL/SQL terminée avec succès.

SQL> UPDATE CATEGORIES SET DESCRIPTION = ' ' WHERE ROWNUM < 3;

2 ligne(s) mise(s) à jour.

SQL> SELECT * FROM TEMP_AFFICHAGE;

ID_AFFICHAGE AFFICHAGE
------------ ------------------------------------------------------------
           9 BEFORE UPDATE niveau instruction     : compteur = 0
          10 BEFORE UPDATE niveau enregistrement  : compteur = 1
          11 AFTER  UPDATE niveau enregistrement2 : compteur = 2
          12 AFTER  UPDATE niveau enregistrement  : compteur = 3
          13 BEFORE UPDATE niveau enregistrement  : compteur = 4
          14 AFTER  UPDATE niveau enregistrement2 : compteur = 5
          15 AFTER  UPDATE niveau enregistrement  : compteur = 6
          16 AFTER  UPDATE niveau instruction     : compteur = 7
```

# Le déclencheur composé

À partir de la version Oracle 11g, il est possible d'utiliser un déclencheur composé pour tous les traitements, au niveau de l'enregistrement comme au niveau de l'instruction, aussi bien pour les activations avant ou après l'exécution. La syntaxe de mise en œuvre du déclencheur composé est la suivante :

```
CREATE [OR REPLACE] TRIGGER [SCHEMA.]NOM_TRIGGER
      FOR EVENEMENT [ OR EVENEMENT [,...]]
      ON { NOM_TABLE | NOM_VUE }
    { ENABLE | DISABLE }
COMPOUND TRIGGER
[  déclarations variables globales ]
[  BEFORE STATEMENT IS
      [ déclarations variables bloc ]
        BEGIN

          ...

        [EXCEPTION ...]

    END BEFORE STATEMENT; ]
[  AFTER STATEMENT IS
      [ déclarations variables bloc ]
        BEGIN

          ...

        [EXCEPTION ...]
```

```
        END AFTER STATEMENT; ]
[   BEFORE EACH ROW IS
        [ déclarations variables bloc ]
          BEGIN

            ...

            [EXCEPTION ...]
        END BEFORE EACH ROW; ]
[   AFTER EACH ROW IS
        [ déclarations variables bloc ]
          BEGIN

            ...

            [EXCEPTION ...]
        END AFTER EACH ROW; ]
END [NOM_TRIGGER];
```

Le déclencheur, comme vous pouvez le voir, est une liste des plusieurs blocs PL/SQL introduits par les descriptions de chaque type de bloc.

Les mots-clés suivants : « **BEFORE STATEMENT** », « **AFTER STATEMENT** », « **BEFORE EACH ROW** » et « **AFTER EACH ROW** » permettent d'identifier chaque bloc.

Dans l'exemple suivant, vous pouvez voir un déclencheur qui reprend l'ensemble des quatre déclencheurs présentés auparavant dans un seul bloc.

```
SQL> DROP TRIGGER AvantMiseAJour;

Déclencheur supprimé.

SQL> DROP TRIGGER ApresMiseAJour;

Déclencheur supprimé.

SQL> DROP TRIGGER AvantMiseAJourEnregistrement;

Déclencheur supprimé.

SQL> DROP TRIGGER ApresMiseAJourEnregistrement;

Déclencheur supprimé.

SQL> exec TriggerMoment.v_compteur:=0;

Procédure PL/SQL terminée avec succès.

SQL> DROP SEQUENCE compteur;

Séquence supprimée.

SQL> CREATE SEQUENCE compteur START WITH 1 INCREMENT BY 1;

Séquence créée.
```

```
SQL> TRUNCATE TABLE TEMP_AFFICHAGE;

Table tronquée.

SQL> CREATE OR REPLACE TRIGGER MiseAJourCategories
  2  FOR UPDATE OR INSERT OR DELETE ON CATEGORIES
  3  COMPOUND TRIGGER
  4  --***********************************************************
  5    BEFORE STATEMENT IS
  6  --***********************************************************
  7    BEGIN
  8      INSERT INTO TEMP_AFFICHAGE VALUES ( compteur.NEXTVAL,
  9        'BEFORE UPDATE niveau instruction    : compteur = '||
 10         TriggerMoment.v_compteur);
 11      TriggerMoment.v_compteur := TriggerMoment.v_compteur + 1;
 12    END BEFORE STATEMENT;
 13  --***********************************************************
 14    AFTER STATEMENT IS
 15  --***********************************************************
 16    BEGIN
 17      INSERT INTO TEMP_AFFICHAGE VALUES ( compteur.NEXTVAL,
 18        'AFTER  UPDATE niveau instruction    : compteur = '||
 19         TriggerMoment.v_compteur);
 20      TriggerMoment.v_compteur := TriggerMoment.v_compteur + 1;
 21    END AFTER STATEMENT;
 22  --***********************************************************
 23    BEFORE EACH ROW IS
 24  --***********************************************************
 25    BEGIN
 26      INSERT INTO TEMP_AFFICHAGE VALUES ( compteur.NEXTVAL,
 27        'BEFORE UPDATE niveau enregistrement : compteur = '||
 28         TriggerMoment.v_compteur);
 29      TriggerMoment.v_compteur := TriggerMoment.v_compteur + 1;
 30    END BEFORE EACH ROW;
 31  --***********************************************************
 32    AFTER EACH ROW IS
 33  --***********************************************************
 34    BEGIN
 35      INSERT INTO TEMP_AFFICHAGE VALUES ( compteur.NEXTVAL,
 36        'AFTER  UPDATE niveau enregistrement : compteur = '||
 37         TriggerMoment.v_compteur);
 38      TriggerMoment.v_compteur := TriggerMoment.v_compteur + 1;
 39    END AFTER EACH ROW;
 40  END MiseAJourCategories;
 41  /

Déclencheur créé.

SQL> UPDATE CATEGORIES SET DESCRIPTION = ' ' WHERE ROWNUM < 3;

2 ligne(s) mise(s) à jour.

SQL> SELECT * FROM TEMP_AFFICHAGE;

ID_AFFICHAGE AFFICHAGE
------------ ------------------------------------------------------------
```

```
1 BEFORE UPDATE niveau instruction    : compteur = 0
2 BEFORE UPDATE niveau enregistrement : compteur = 1
3 AFTER  UPDATE niveau enregistrement : compteur = 2
4 BEFORE UPDATE niveau enregistrement : compteur = 3
5 AFTER  UPDATE niveau enregistrement : compteur = 4
6 AFTER  UPDATE niveau instruction    : compteur = 5
```

# L'utilisation de :OLD et :NEW

Un déclencheur de niveau enregistrement est exécuté une fois pour chaque enregistrement traité par l'instruction LMD. À l'intérieur du déclencheur, il est possible d'accéder aux données de l'enregistrement en cours de traitement au moyen de deux identifiants de corrélation « `:OLD` » et « `:NEW` ».

Les deux points qui précèdent ces identifiants indiquent qu'il s'agit non pas de variables PL/SQL ordinaires, mais de variables de liaison, s'apparentant aux variables hôtes utilisées dans du code PL/SQL imbriqué et que le compilateur traitera comme des enregistrements du type :

`TABLE%ROWTYPE`

| | |
|---|---|
| `TABLE` | La table sur laquelle est défini le déclencheur. |
| `:OLD` | Valeurs d'origine de l'enregistrement avant le traitement. |
| `:NEW` | Valeurs qui seront insérées ou remplaceront celles d'origine au terme de l'instruction LMD. |

## Attention

« `:OLD` » n'est pas défini pour les instructions de type « `INSERT` ».

« `:NEW` » n'est pas défini pour les instructions de type « `DELETE` ».

Le compilateur PL/SQL ne générera pas d'erreur si vous utilisez « `:OLD` » dans un « `INSERT` » ou « `:NEW` » dans un déclencheur pour les instructions de type « `DELETE` », mais leurs valeurs de champ seront « `NULL` ».

Les enregistrements « `:NEW` » et « `:OLD` » sont valides uniquement dans des déclencheurs de niveau ligne ; une erreur de compilation résulterait de toute tentative de se référer à l'un ou à l'autre dans un déclencheur de niveau instruction. En effet, puisqu'un déclencheur de niveau instruction ne s'exécute qu'une seule fois, quel que soit le nombre de lignes traitées par l'instruction, « `:NEW` » et « `:OLD` » n'ont aucune utilité.

Remarquez encore que « `:NEW` » et « `:OLD` » ne peuvent pas être passés à des procédures ou fonctions qui reçoivent des arguments de table « `TABLE%ROWTYPE` ».

## Attention

Vous ne pouvez pas changer la valeur de « `:NEW` » au moyen d'un déclencheur « `AFTER` » de niveau enregistrement puisque l'instruction a déjà été traitée. « `:NEW` » est modifié uniquement par un déclencheur « `BEFORE` » de niveau enregistrement, et « `:OLD` » n'est jamais modifié mais seulement lu.

```
SQL> CREATE OR REPLACE TRIGGER A_I_ROW_Categories
  2  AFTER INSERT ON CATEGORIES
  3  FOR EACH ROW
  4  BEGIN
  5   :NEW.CODE_CATEGORIE := S_Categories.NEXTVAL;
```

```
  6   END A_I_ROW_Categories;
  7   /
CREATE OR REPLACE TRIGGER A_I_ROW_Categories
                         *
ERREUR à la ligne 1 :
ORA-04084: impossible de changer les valeurs NEW pour ce type de
déclencheur
```

## Clause REFERENCING

La clause « **REFERENCING** » sert à spécifier un nom différent pour « **:NEW** » et « **:OLD** » et est introduite entre l'événement déclenchant et la clause « **WHEN** » selon la syntaxe suivante :

**REFERENCING [OLD AS NOM_ANCIEN] [NEW AS NOM_NOUVEAU]**

À partir de la version Oracle 11g, il est possible d'affecter une variable à partir d'une sequence.

Dans le corps du déclencheur, NOM_NOUVEAU et NOM_ANCIEN peuvent remplacer « **:NEW** » et « **:OLD** ». Voici un déclencheur B_I_ROW_Categories qui utilise « **REFERENCING** » pour se référer à « **:NEW** » avec :NOUVELLE_CATEGORIE. Le déclencheur de type « **BEFORE INSERT** » sur la table CATEGORIES nous permet d'insérer une catégorie sans nous soucier de la clé primaire. Bien que nous n'ayons pas spécifié de valeur (pourtant requise) pour la colonne CODE_CATEGORIES de clé primaire, le déclencheur la fournira.

```
SQL> CREATE OR REPLACE TRIGGER B_I_ROW_Categories
  2   BEFORE INSERT ON CATEGORIES
  3   REFERENCING NEW AS NOUVELLE_CATEGORIE FOR EACH ROW
  4   BEGIN
  5      :NOUVELLE_CATEGORIE.CODE_CATEGORIE:= S_Categories.NEXTVAL;
  6   END B_I_ROW_Categories;
  7   /


Déclencheur créé.


SQL> INSERT INTO CATEGORIES ( NOM_CATEGORIE, DESCRIPTION )
  2   VALUES ( 'Nouvelle catégorie',' Description catégorie');


1 ligne créée.


SQL> SELECT * FROM CATEGORIES WHERE CODE_CATEGORIE=9;


CODE_CATEGORIE NOM_CATEGORIE                DESCRIPTION
-------------- ---------------------------- ----------------------
            11 Nouvelle catégorie          Description catégorie
```

Précédemment, vous avez pu voir un déclencheur de type « **BEFORE INSERT** » qui permet d'insérer la valeur de la séquence dans la clé primaire.

```
SQL> CREATE OR REPLACE TRIGGER B_D_ROW_Commandes
  2   BEFORE DELETE ON COMMANDES
  3   FOR EACH ROW
  4   BEGIN
  5      DELETE DETAILS_COMMANDES WHERE NO_COMMANDE = :OLD.NO_COMMANDE;
  6      dbms_output.put_line( 'Commande no: '||:OLD.NO_COMMANDE||
  7      ' DETAILS_COMMANDES :'||
  8      SQL%ROWCOUNT||' enregistrements.');
  9   END;
 10   /


Déclencheur créé.
```

```
SQL> DELETE COMMANDES WHERE NO_COMMANDE IN ( 11075,11076,11077);
Commande no: 11075 DETAILS_COMMANDES :3 enregistrements.
Commande no: 11076 DETAILS_COMMANDES :3 enregistrements.
Commande no: 11077 DETAILS_COMMANDES :25 enregistrements.
```

Un autre exemple très utilisé est un déclencheur de type « **BEFORE INSERT** » qui vous permet d'effacer en cascade tous les enregistrements d'une table fille. À l'aide d'un déclencheur « **BEFORE** » de niveau enregistrement, vous pouvez également contrôler des règles métier qui n'ont pas pu être mises en place par des contraintes d'intégrité référentielle.

Dans l'exemple suivant, vous pouvez voir un déclencheur « **BEFORE UPDATE** » qui contrôle les mises à jour des salaires des employés et empêche toute diminution de salaire ou augmentation de plus de 50%.

```
SQL> CREATE OR REPLACE TRIGGER B_D_ROW_Employes
  2   BEFORE UPDATE OF SALAIRE ON EMPLOYES FOR EACH ROW
  3   BEGIN
  4      CASE
  5      WHEN :OLD.SALAIRE > :NEW.SALAIRE THEN
  6       RAISE_APPLICATION_ERROR( -20000,
  7           'Impossible de diminuer le salaire.');
  8      WHEN :OLD.SALAIRE*1.5 < :NEW.SALAIRE THEN
  9       RAISE_APPLICATION_ERROR( -20001,
 10           'Augmentation trop forte');
 11      ELSE
 12       NULL;
 13      END CASE;
 14   END B_U_ROW_Employes;
 15   /

Déclencheur créé.

SQL> UPDATE EMPLOYES SET SALAIRE = SALAIRE * 2;
...
ORA-20001: Augmentation trop forte
...
SQL> UPDATE EMPLOYES SET SALAIRE = SALAIRE - 100;
...
ORA-20000: Impossible de diminuer le salaire.
...
```

Vous pouvez utiliser un déclencheur de type « **AFTER** » de niveau enregistrement pour effectuer une sauvegarde de l'information modifiée, ainsi que les informations concernant l'utilisateur qui les a modifiées et la date de modification.

```
SQL> CREATE TABLE EMPLOYE_HIST AS
  2   SELECT NO_EMPLOYE,REND_COMPTE,NOM,PRENOM,FONCTION,TITRE,
  3          DATE_NAISSANCE,DATE_EMBAUCHE,SALAIRE,COMMISSION,
  4          USER UTILISATEUR, SYSDATE DATE_JOUR
  5   from STAGIAIRE.EMPLOYES WHERE 1=2;

Table créée.

SQL> CREATE OR REPLACE TRIGGER A_UD_ROW_Employes
  2   BEFORE UPDATE ON EMPLOYES FOR EACH ROW
  3   BEGIN
  4       INSERT INTO EMPLOYE_HIST VALUES( :OLD.NO_EMPLOYE,
```

```
  5          :OLD.REND_COMPTE,:OLD.NOM,:OLD.PRENOM,:OLD.FONCTION,
  6          :OLD.TITRE,:OLD.DATE_NAISSANCE,:OLD.DATE_EMBAUCHE,
  7          :OLD.SALAIRE,:OLD.COMMISSION,USER,SYSDATE);
  8  END A_UD_ROW_Employes;
  9  /
```

Déclencheur créé.

```
SQL> UPDATE EMPLOYES SET SALAIRE = SALAIRE*1.2 WHERE NO_EMPLOYE = 8;
```

1 ligne mise à jour.

```
SQL> SELECT NO_EMPLOYE,SALAIRE FROM EMPLOYES WHERE NO_EMPLOYE=8;


NO_EMPLOYE    SALAIRE
---------- ----------
         8       2400


SQL> SELECT NO_EMPLOYE,SALAIRE, UTILISATEUR,
  2          TO_CHAR(DATE_JOUR,'DD/MM/YYYY HH24:MI:SS')"Modification"
  3  FROM EMPLOYE_HIST WHERE NO_EMPLOYE=8;

NO_EMPLOYE    SALAIRE UTILISATEUR               Modification
---------- ---------- ------------------------- -------------------
         8       2000 STAGIAIRE                 17/08/2011 16:27:03
```

```
SQL> DELETE EMPLOYES WHERE NO_EMPLOYE = 8;
```

1 ligne supprimée.

```
SQL> SELECT NO_EMPLOYE,SALAIRE FROM EMPLOYES WHERE NO_EMPLOYE=8;
```

aucune ligne sélectionnée

```
SQL> SELECT NO_EMPLOYE,SALAIRE, UTILISATEUR,
  2          TO_CHAR(DATE_JOUR,'DD/MM/YYYY HH24:MI:SS')"Modification"
  3  FROM EMPLOYE_HIST WHERE NO_EMPLOYE=8;

NO_EMPLOYE    SALAIRE UTILISATEUR               Modification
---------- ---------- ------------------------- -------------------
         8       2000 STAGIAIRE                 17/08/2011 16:27:03
```

```
SQL> ROLLBACK;
```

Annulation (rollback) effectuée.

```
SQL> SELECT NO_EMPLOYE,SALAIRE FROM EMPLOYES WHERE NO_EMPLOYE=8;

NO_EMPLOYE    SALAIRE
---------- ----------
         8       2000


SQL> SELECT NO_EMPLOYE,SALAIRE, UTILISATEUR,
  2          TO_CHAR(DATE_JOUR,'DD/MM/YYYY HH24:MI:SS')"Modification"
  3  FROM EMPLOYE_HIST WHERE NO_EMPLOYE=8;
```

aucune ligne sélectionnée

Le déclencheur copie les enregistrements modifiés dans la table EMPLOYE_HIST chaque fois qu'un ordre LMD de type « **UPDATE** » est exécuté sur la table EMPLOYES. Toutefois, il ne fait rien quand l'ordre « **DELETE** » est exécuté. Vous pouvez également remarquer que le déclencheur fait partie intégrante de la transaction. Ainsi, quand on annule celle-ci, on annule également les insertions dans la table EMPLOYE_HIST.

# Le déclenchement conditionnel

Lorsqu'elle est présente, la clause « **WHEN** » implique que le corps du déclencheur sera exécuté uniquement pour les enregistrements qui répondent à la condition spécifiée ; cette clause ne s'applique qu'aux déclencheurs de niveau enregistrement. Il n'est pas possible d'utiliser la clause « **WHEN** » pour un déclencheur composé, car il combine les déclencheurs de niveau instruction et les déclencheurs de niveau enregistrement.

La syntaxe de mise en place est : **WHEN CONDITION_DECLENCHEUR**

## *Attention*

L'expression booléenne qui sera évaluée, grâce a la clause « **WHEN** », pour chaque ligne peut utiliser les enregistrements « **:NEW** » et « **:OLD** » ; les deux points « **:** » ne doivent pas figurer dans la syntaxe, leur validité se limitant au corps du déclencheur.

Le déclencheur B_U_ROW_Commandes de type « **BEFORE INSERT** » sur la table COMMANDES modifie automatiquement la date d'envoi, en lui affectant la date du jour, si elle est antérieure à la date de commande.

```
SQL> CREATE OR REPLACE TRIGGER B_U_ROW_Commandes
  2  BEFORE UPDATE ON COMMANDES FOR EACH ROW
  3  WHEN ( NEW.DATE_ENVOI < NEW.DATE_COMMANDE)
  4  BEGIN
  5     :NEW.DATE_ENVOI := SYSDATE;
  6     dbms_output.put_line( 'Date d''envoi modifié : '||SYSDATE);
  7  END B_U_ROW_Commandes;
  8  /

Déclencheur créé.

SQL>SELECT DATE_COMMANDE,DATE_ENVOI FROM COMMANDES WHERE NO_COMMANDE=11077;

DATE_COM DATE_ENV
-------- --------
06/05/98


SQL>UPDATE COMMANDES SET DATE_ENVOI = '01/05/1998' WHERE NO_COMMANDE=11077;
Date d'envoi modifié : 17/06/06

1 ligne mise à jour.

SQL>SELECT DATE_COMMANDE,DATE_ENVOI FROM COMMANDES WHERE NO_COMMANDE=11077;

DATE_COM DATE_ENV
-------- --------
06/05/98 17/06/06
```

Vous pouvez de la même manière interdire l'effacement d'un enregistrement ou d'un ensemble d'enregistrements essentiels pour votre application.

```
SQL> CREATE OR REPLACE TRIGGER B_D_ROW_Produits
  2   BEFORE DELETE ON PRODUITS FOR EACH ROW
  3   WHEN ( OLD.REF_PRODUIT IN ( 1,3,6,9 ) )
  4   BEGIN
  5    RAISE_APPLICATION_ERROR ( -20000, :OLD.REF_PRODUIT||' '||
  6      :OLD.NOM_PRODUIT||': Ce produit ne peut pas être effacé !');
  7   END B_D_ROW_Produits;
  8   /

Déclencheur créé.

SQL> DELETE DETAILS_COMMANDES WHERE REF_PRODUIT IN ( 1,3,6,9 );

67 ligne(s) supprimée(s).

SQL> DELETE PRODUITS WHERE REF_PRODUIT IN ( 1,3,6,9 );
...
ORA-20000: 1 Chai: Ce produit ne peut pas être effacé !
...
```

# Les prédicats

Dans un déclencheur de type LMD, trois fonctions booléennes appelées prédicats peuvent être utilisées pour déterminer de quelle opération il s'agit.

Les fonctions prédicats sont :

| | |
|---|---|
| **INSERTING** | La fonction retourne la valeur « **TRUE** » si l'instruction LMD est un « **INSERT** ». |
| **UPDATING** | La fonction retourne la valeur « **TRUE** » si l'instruction LMD est un « **UPDATE** ». |
| **DELETING** | La fonction retourne la valeur « **TRUE** » si l'instruction LMD est un « **DELETE** ». |

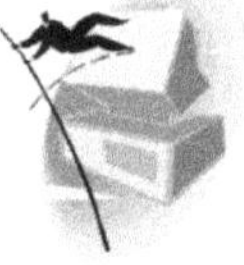

```
SQL> CREATE TABLE CATEGORIES_ARCHIVE AS
  2   SELECT  CODE_CATEGORIE, NOM_CATEGORIE, DESCRIPTION,
  3   USER UTILISATEUR, SYSDATE DATE_EFFECEMENT, ' ' TYPE_MODIF
  4   FROM CATEGORIES WHERE 1=2;

Table créée.

SQL> CREATE OR REPLACE TRIGGER CategorieArchive
  2   BEFORE UPDATE OR DELETE OR INSERT ON CATEGORIES
  3   FOR EACH ROW
  4   DECLARE
  5     r_cat           CATEGORIES_ARCHIVE%ROWTYPE;
  6   BEGIN
  7    r_cat.UTILISATEUR     := USER;
  8    r_cat.DATE_EFFECEMENT := SYSDATE;
  9    CASE
 10     WHEN UPDATING or DELETING THEN
```

```
11          r_cat.CODE_CATEGORIE   := :OLD.CODE_CATEGORIE;
12          r_cat.NOM_CATEGORIE    := :OLD.NOM_CATEGORIE;
13          r_cat.DESCRIPTION      := :OLD.DESCRIPTION;
14          IF UPDATING THEN r_cat.TYPE_MODIF := 'U'; END IF;
15          IF DELETING THEN r_cat.TYPE_MODIF := 'D'; END IF;
16     ELSE
17          r_cat.CODE_CATEGORIE   := :NEW.CODE_CATEGORIE;
18          r_cat.NOM_CATEGORIE    := :NEW.NOM_CATEGORIE;
19          r_cat.DESCRIPTION      := :NEW.DESCRIPTION;
20          r_cat.TYPE_MODIF       := 'I';
21     END CASE;
22     INSERT INTO CATEGORIES_ARCHIVE VALUES r_cat;
23  END CategorieArchive;
24  /
```

```
Déclencheur créé.
```

Le déclencheur `CategorieArchive` utilise ces prédicats pour enregistrer tous les changements apportés à la table `CATEGORIES`, leur auteur ainsi que la date de la modification, et consigne ces enregistrements dans la table `CATEGORIES_ARCHIVE`.

Les déclencheurs sont souvent employés à des fins d'audit, comme c'est le cas pour `CategorieArchive`, bien que des fonctionnalités d'audit soient déjà disponibles dans la base de données. Les déclencheurs autorisent un suivi plus personnalisé et plus souple.

Les déclencheurs, comme tout bloc exécuté dans une transaction, font partie intégrante de la transaction.

```
SQL> INSERT INTO CATEGORIES VALUES ( 10,'CAT10','Cat 10');

1 ligne créée.

SQL> UPDATE CATEGORIES SET DESCRIPTION = ' ' WHERE CODE_CATEGORIE = 1;

1 ligne mise à jour.

SQL> DELETE CATEGORIES WHERE CODE_CATEGORIE = 10;

1 ligne supprimée.

SQL> SELECT CODE_CATEGORIE, NOM_CATEGORIE, TYPE_MODIF
  2  FROM CATEGORIES_ARCHIVE;

CODE_CATEGORIE NOM_CATEGORIE                    T
-------------- -------------------------------- -
            10 CAT10                            I
             1 Boissons                         U
            10 CAT10                            D
```

# Transaction autonome

Lorsqu'un déclencheur tente de lire ou de mettre à jour la table à partir de laquelle il a été déclenché, une erreur de table en mutation survient. Toutefois, cette limite ne vaut que pour les déclencheurs de niveau enregistrement. Les déclencheurs d'instruction peuvent librement lire et modifier la table à laquelle ils sont rattachés; ce qui permet d'éviter les erreurs de table en mutation.

```
SQL> CREATE OR REPLACE TRIGGER B_U_ROW_Employes
  2    BEFORE UPDATE OF SALAIRE, COMMISSION
  3    ON EMPLOYES FOR EACH ROW
  4    DECLARE
  5        v_max_sal   EMPLOYES.SALAIRE%TYPE;
  6        v_max_com   EMPLOYES.COMMISSION%TYPE;
  7    BEGIN
  8        SELECT max(SALAIRE), max(COMMISSION)
  9        INTO  v_max_sal,v_max_com
 10        FROM EMPLOYES
 11        WHERE FONCTION = :OLD.FONCTION;
 12        IF v_max_sal *1.3 < :NEW.SALAIRE OR
 13           v_max_com < :NEW.COMMISSION
 14        THEN
 15          RAISE_APPLICATION_ERROR ( -20000, ' Augmentation trop forte');
 16        END IF;
 17    END B_U_ROW_Employes;
 18    /

Déclencheur créé.

SQL> UPDATE EMPLOYES SET SALAIRE = 10000 WHERE NO_EMPLOYE = 1;
...
ORA-04091: la table STAGIAIRE.EMPLOYES est en mutation ; le déclencheur ou
la fonction ne peut la voir
...
```

## *Conseil*

Le déclencheur est un bloc nommé, il peut par conséquent utiliser la directive de compilation « **PRAGMA AUTONOMOUS_TRANSACTION** », auquel cas il opère dans une transaction indépendante. Le déclencheur qui travaille dans une transaction indépendante est autorisé à utiliser les commandes « **COMMIT** » et « **ROLLBACK** ».

```
SQL> CREATE OR REPLACE TRIGGER B_U_ROW_Employes
...
  5        PRAGMA AUTONOMOUS_TRANSACTION;
...

Déclencheur créé.

SQL> UPDATE EMPLOYES SET SALAIRE = 10000 WHERE NO_EMPLOYE = 1;
...
ORA-20000: Augmentation trop forte
...
```

## *Attention*

Si vous voulez lancer votre déclencheur dans une transaction autonome en ajoutant l'ordre « **PRAGMA AUTONOMOUS_TRANSACTION** », alors vous pourrez interroger le contenu de la table qui le déclenche.

Toutefois, il sera toujours impossible d'en modifier le contenu.

```
SQL> CREATE OR REPLACE PROCEDURE MemeTransactionInsert IS
  2    BEGIN
  3        INSERT INTO CATEGORIES VALUES ( 9,'CAT 9','Cat 9');
  4    END MemeTransactionInsert;
  5    /
```

```
Procédure créée.

SQL> CREATE OR REPLACE PROCEDURE AutreTransactionInsert IS
  2     PRAGMA AUTONOMOUS_TRANSACTION;
  3  BEGIN
  4     INSERT INTO CATEGORIES VALUES ( 10,'CAT10','Cat 10');
  5     COMMIT;
  6  END AutreTransactionInsert;
  7  /

Procédure créée.

SQL> BEGIN MemeTransactionInsert; AutreTransactionInsert; ROLLBACK; END;
  5  /

Procédure PL/SQL terminée avec succès.

SQL> SELECT CODE_CATEGORIE, NOM_CATEGORIE
  2  FROM CATEGORIES WHERE CODE_CATEGORIE IN ( 9, 10);

CODE_CATEGORIE NOM_CATEGORIE
-------------- -------------------------
            10 CAT10
```

La procédure `MemeTransactionInsert` est exécutée dans la même transaction, alors que la procédure `AutreTransactionInsert` est exécutée dans une transaction indépendante. Ainsi, la validation de la transaction « **COMMIT** » effectuée dans cette deuxième procédure ne valide que les opérations de la même transaction. L'annulation de la transaction principale n'affecte que l'insertion effectuée par la procédure `MemeTransactionInsert`.

# Les déclencheurs INSTEAD OF

Contrairement aux déclencheurs LMD, dont l'exécution s'ajoute à celle de l'opération « **INSERT** », « **UPDATE** » ou « **DELETE** », les déclencheurs « **INSTEAD OF** » s'exécutent à la place de l'opération LMD. En outre, ces déclencheurs peuvent être définis uniquement sur des vues, tandis que les déclencheurs LMD sont définis sur des tables. Voici les deux cas d'emploi des déclencheurs INSTEAD OF :

– permettre la modification d'une vue qui sinon ne serait pas modifiable ;

– permettre la modification des colonnes d'une table imbriquée dans une vue.

## Les vues non modifiables

Une vue modifiable est une vue qui supporte l'exécution d'instructions LMD. De manière générale, une vue n'est modifiable que si elle ne contient aucun des éléments suivants :

- opérateurs ensemblistes « **UNION** », « **UNION ALL** », « **MINUS** » ;

- les fonctions d'agrégation « **SUM** », « **AVG** », etc. ;

- les clauses « **GROUP BY** », « **CONNECT BY** » ou « **START WITH** » ;

- opérateur « **DISTINCT** » ;

- jointures.

Considérons la vue `CumulVentesParClient` qui suit. Il est illégal d'effacer des enregistrements de cette vue.

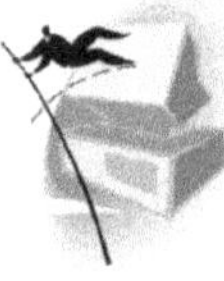

```
SQL> CREATE OR REPLACE VIEW CumulVentesParClient AS
  2          SELECT EXTRACT ( YEAR  FROM DATE_COMMANDE) ANNEE,
  3                 EXTRACT ( MONTH FROM DATE_COMMANDE) MOIS,
  4                 CODE_CLIENT,
  5                 SUM(QUANTITE*PRIX_UNITAIRE) VENTE,
  6                 SUM(QUANTITE*PRIX_UNITAIRE*REMISE) REMISE,
  7                 SUM(QUANTITE) QUANTITE,
  8                 SUM(PORT) PORT
  9          FROM   COMMANDES NATURAL JOIN DETAILS_COMMANDES
 10          GROUP BY EXTRACT ( YEAR  FROM DATE_COMMANDE),
 11                   EXTRACT ( MONTH FROM DATE_COMMANDE),
 12                   CODE_CLIENT
 13          ORDER BY EXTRACT ( YEAR  FROM DATE_COMMANDE),
 14                   EXTRACT ( MONTH FROM DATE_COMMANDE),
 15                   CODE_CLIENT;

Vue créée.

SQL> SELECT * FROM CumulVentesParClient WHERE ANNEE = 1998 AND MOIS = 5;

ANNEE  MOIS CODE_      VENTE      REMISE    QUANTITE      PORT
------ ----- ----- ---------- ---------- ---------- ----------
  1998     5 BONAP      5285    1321,25          50     574,2
  1998     5 DRACD    434,25          0           9      39,9
  1998     5 ERNSH     26090          0         200    5172,8
  1998     5 LEHMS    9367,5   1217,625         110      27,2
  1998     5 LILAS    3812,8      443,2          49     138,4
  1998     5 PERIC      1500          0          30     249,5
  1998     5 QUEEN     11924     1788,6          72   1226,25
  1998     5 RATTC      6873   594,3975          72   1066,25
  1998     5 RICSU      2930      439,5          42     92,85
  1998     5 SAVEA   23611,5     1959,5         173    752,25
  1998     5 SIMOB    1221,5     61,075          14      92,2
  1998     5 TORTU      1800          0          20     78,35
  1998     5 WHITC   4643,75          0          80     670,8

SQL> DELETE CumulVentesParClient WHERE CODE_CLIENT = 'WHITC';
...
ORA-01732: les manipulations de données sont interdites sur cette vue
```

Il est toutefois possible de créer un déclencheur « **INSTEAD OF** » qui opère l'action correcte en lieu et place de l'instruction « **DELETE** ». Tel qu'il est écrit ici, le déclencheur `CumulVentesParClient` n'effectue aucune opération.

```
SQL> CREATE OR REPLACE TRIGGER CumulVentesParClient
  2   INSTEAD OF DELETE ON CumulVentesParClient
  3   BEGIN
  4     NULL;
  5     dbms_output.put_line('Il n''est pas possible de supprimer');
  6   END CumulVentesParClient;
  7   /

Déclencheur créé.
```

   

```
SQL> DELETE CumulVentesParClient WHERE CODE_CLIENT = 'WHITC';
Il n'est pas possible de supprimer
Il n'est pas possible de supprimer
Il n'est pas possible de supprimer
Il n'est pas possible de supprimer
Il n'est pas possible de supprimer
Il n'est pas possible de supprimer
Il n'est pas possible de supprimer
Il n'est pas possible de supprimer
Il n'est pas possible de supprimer
Il n'est pas possible de supprimer
Il n'est pas possible de supprimer

11 ligne(s) supprimée(s).
```

Il est toutefois possible d'effectuer réellement les effacements demandés. Dans ce cas, c'est une question de logique applicative.

```
SQL> CREATE OR REPLACE TRIGGER CumulVentesParClient
  2  INSTEAD OF DELETE ON CumulVentesParClient
  3  BEGIN
  4      DELETE DETAILS_COMMANDES
  5      WHERE NO_COMMANDE IN ( SELECT NO_COMMANDE FROM COMMANDES
  6              WHERE CODE_CLIENT = :OLD.CODE_CLIENT AND
  7              EXTRACT ( YEAR  FROM DATE_COMMANDE) = :OLD.ANNEE AND
  8              EXTRACT ( MONTH FROM DATE_COMMANDE) = :OLD.MOIS);
  9      DELETE COMMANDES
 10              WHERE CODE_CLIENT = :OLD.CODE_CLIENT AND
 11              EXTRACT ( YEAR  FROM DATE_COMMANDE) = :OLD.ANNEE AND
 12              EXTRACT ( MONTH FROM DATE_COMMANDE) = :OLD.MOIS;
 13      dbms_output.put_line( :OLD.CODE_CLIENT||' '||
 14                          :OLD.ANNEE||' '|| :OLD.MOIS);
 15  END CumulVentesParClient;
 16  /

Déclencheur créé.


SQL> DELETE CumulVentesParClient
  2  WHERE CODE_CLIENT = 'WHITC' AND ANNEE = 1998;
WHITC 1998 1
WHITC 1998 2
WHITC 1998 4
WHITC 1998 5

4 ligne(s) supprimée(s).


SQL> SELECT * FROM COMMANDES WHERE CODE_CLIENT = 'WHITC' AND
  2  EXTRACT ( YEAR  FROM DATE_COMMANDE) = 1998;

aucune ligne sélectionnée
```

# Les déclencheurs LDD

Le lancement des déclencheurs est également provoqué par un événement système tel que le démarrage ou la fermeture d'une instance de base de données ou certains types d'opérations LDD.

```
CREATE [OR REPLACE] TRIGGER [SCHEMA.]NOM_TRIGGER

{ BEFORE | AFTER } EVENEMENT_DDL

ON { DATABASE | SCHEMA}

[WHEN CONDITION]

[DECLARE ...]

BEGIN

...

[EXCEPTION ...]

END [NOM_TRIGGER];
```

| | |
|---|---|
| **DATABASE** | La portée du déclencheur est la base de données entière. |
| **SCHEMA** | La portée du déclencheur est le schéma courant. |

La liste des événements DDL disponibles est :

| | |
|---|---|
| **CREATE** | La création d'un objet de la base de données par la commande « **CREATE** ». |
| **ALTER** | La modification d'un objet de la base de données par la commande « **ALTER** ». |
| **DROP** | La suppression d'un objet de la base de données par la commande « **DROP** ». |
| **RENAME** | La modification du nom d'un objet de la base de données par la commande « **RENAME** ». |
| **TRUNCATE** | La suppression de tous les enregistrements d'une table à l'aide de la commande « **TRUNCATE** ». |
| **COMMENT** | La création d'un commentaire pour un objet de la base de données par la commande « **COMMENT** ». |
| **AUDIT** | L'exécution d'activation de l'audit à l'aide de la commande « **AUDIT** ». |
| **NOAUDIT** | L'exécution de désactivation de l'audit à l'aide de la commande « **NOAUDIT** ». |
| **ASSOCIATE STATISTICS** | L'association des statistiques avec un objet de la base de données par la commande « **ASSOCIATE STATISTICS** ». |
| **DISSOCIATE STATISTICS** | La dissociation des statistiques avec un objet de la base de données par la commande « **DISSOCIATE STATISTICS** ». |
| **ANALYZE** | La collecte des statistiques à l'aide de la commande « **ANALYZE** ». |
| **GRANT** | L'octroi des privilèges à l'aide de la commande « **GRANT** ». |

| | |
|---|---|
| **REVOKE** | La révocation des privilèges à l'aide de la commande « **REVOKE** ». |
| **DDL** | Tout événement dans la liste précédente. |

L'exemple suivant montre la création d'un déclencheur qui empêche la création des objets dans le schéma courant. Dans le déclencheur, on peut utiliser plusieurs attributs contextuels de l'événement pour trouver le type de l'objet « **ORA_DICT_OBJ_TYPE** », le nom de l'objet « **ORA_DICT_OBJ_NAME** » ou le propriétaire « **ORA_DICT_OBJ_OWNER** ».

```
SQL> CREATE USER STAG01 IDENTIFIED BY PWD
  2  DEFAULT TABLESPACE USERS QUOTA UNLIMITED ON USERS;

Utilisateur créé.

SQL> GRANT CREATE SESSION, CREATE TABLE TO STAG01;

Autorisation de privilèges (GRANT) acceptée.

SQL> CREATE OR REPLACE TRIGGER STAG01.INTERDIT_CREATION
  2  AFTER CREATE ON STAG01.SCHEMA
  3  begin
  4    RAISE_APPLICATION_ERROR (-20000,
  5      'La création de l''objet de type '||ORA_DICT_OBJ_TYPE||
  6      ' nommé '    ||ORA_DICT_OBJ_NAME||
  7      ' demandé par l''utilisateur '||ORA_DICT_OBJ_OWNER ||
  8      ' ne peut pas être exécute dans la base de production.');
  9  end;
 10  /

Déclencheur créé.

SQL> CONNECT STAG01/PWD
Connecté.
USER est "STAG01"
SQL> CREATE TABLE TEST( ID NUMBER(1));
CREATE TABLE TEST( ID NUMBER(1))
*
ERREUR à la ligne 1 :
ORA-00604: une erreur s'est produite au niveau SQL récursif 1
ORA-20000: La création de l'objet de type TABLE nommé TEST demandé par
l'utilisateur STAG01 ne peut pas être exécute dans la base de production.
ORA-06512: à ligne 2

SQL> DESC TEST
ERROR:
ORA-04043: objet TEST inexistent
SQL> CONNECT STAGIAIRE/PWD
Connecté.

SQL> CREATE TABLE STAG01.TEST( ID NUMBER(1));

Table créée.

SQL> CONNECT STAG01/PWD
Connecté.
```

```
SQL> DESC TEST
Nom                                  NULL ?   Type
------------------------------------ -------- ------------------------
 ID                                           NUMBER(1)
```

## *Attention*

Attention, comme le déclencheur a été créé pour empêcher la création des objets dans le schéma courant, identique à celui du déclencheur, il n'est pas lancé si la création de la table est effectuée par un autre utilisateur.

Ainsi, le trigger de schéma est uniquement exécuté si l'opération qui déclenche l'événement est exécutée par le schéma propriétaire.

Plusieurs attributs contextuels sont disponibles dans les déclencheurs, voici leur description :

| | |
|---|---|
| `ORA_SYSEVENT` | Le nom de l'événement. |
| `ORA_LOGIN_USER` | Le compte utilisateur avec lequel a été exécutée l'opération qui a déclenché l'événement. |
| `ORA_DATABASE_NAME` | Le nom de la base de données. |
| `ORA_CLIENT_IP_ADDRESS` | L'adresse IP du client. |
| `ORA_DICT_OBJ_OWNER` | Le propriétaire de l'objet concerné par l'événement. |
| `ORA_DICT_OBJ_TYPE` | Le type de l'objet concerné par l'événement. |
| `ORA_DICT_OBJ_NAME` | Le nom de l'objet concerné par l'événement. |
| `ORA_IS_ALTER_COLUMN` | La colonne qui a été modifiée. |
| `ORA_IS_DROP_COLUMN` | La colonne qui a été effacée. |
| `ORA_DICT_OBJ_OWNER_LIST` | La liste des propriétaires d'objets concernés par l'association ou la dissociation des statistiques. |
| `ORA_DICT_OBJ_NAME_LIST` | La liste des objets concernés par l'association ou la dissociation des statistiques. |
| `ORA_PRIVILEGE_LIST` | La liste des privilèges octroyés ou révoqués. |
| `ORA_GRANTEE` | La liste des objets auxquels sont octroyés des privilèges. |
| `ORA_REVOKEE` | La liste des objets auxquels on révoque des privilèges. |
| `ORA_WITH_GRANT_OPTION` | Les privilèges objets ont été octroyés avec le privilège de transmission. |

Voici un exemple de déclencheur pour tous les événements de type « **DDL** », qui insère dans une table toutes les informations concernant chaque événement. Pour une meilleure lisibilité dans le déclencheur, un affichage des mêmes informations est effectué pendant l'exécution. Attention, dans le cadre d'un traitement dans une base de production, il ne faut pas afficher les informations.

```
SQL> SHOW USER
USER est "STAG"

SQL> CREATE TYPE EVNL IS TABLE OF VARCHAR2(64);
  2  /

Type créé.

SQL> CREATE TABLE EVENEMENTS_JOURNAL(
  2       ID_TEMPS              TIMESTAMP WITH LOCAL TIME ZONE,
```

```
    3      SYSEVENT                 VARCHAR2(255) NOT NULL,
    4      DICT_OBJ_TYPE            VARCHAR2(255),
    5      DICT_OBJ_OWNER           VARCHAR2(255),
    6      DICT_OBJ_NAME            VARCHAR2(255),
    7      PRIVILEGE                EVNL,
    8      GRANTEE                  EVNL,
    9      REVOKEE                  EVNL)
   10  NESTED TABLE PRIVILEGE           STORE AS PRIVILEGE,
   11  NESTED TABLE GRANTEE             STORE AS GRANTEE,
   12  NESTED TABLE REVOKEE             STORE AS REVOKEE;

Table créée.

SQL> CREATE OR REPLACE TRIGGER system_evenement_trigger
    2  AFTER DDL ON SCHEMA
    3  declare
    4   nlist_t     ora_name_list_t;
    5   olist_t     ora_name_list_t;
    6   x           SIMPLE_INTEGER := 0;
    7   r_evtj      EVENEMENTS_JOURNAL%ROWTYPE;
    8   PROCEDURE AfficheListe ( alibele VARCHAR2,
    9                            alist_t ora_name_list_t,
   10                            ax SIMPLE_INTEGER := 0 )
   11   IS
   12   begin
   13       dbms_output.put(RPAD(alibele,16,'.')||': ');
   14       for i in 1 .. ax
   15       loop
   16         dbms_output.put(alist_t(i)||' ');
   17       end loop;
   18       dbms_output.put_line(' ');
   19   end AfficheListe;
   20  begin
   21    r_evtj.id_temps := systimestamp;
   22    dbms_output.put_line('L''événement '||ora_sysevent);
   23    r_evtj.sysevent := ora_sysevent;
   24    case
   25      when ora_sysevent in ('GRANT','REVOKE')
   26      then
   27          x := ora_privilege_list(olist_t);
   28          AfficheListe('Privilèges',olist_t, x);
   29          r_evtj.privilege:= EVNL();
   30          for i in 1 .. olist_t.COUNT
   31          loop
   32           r_evtj.privilege.EXTEND;
   33           r_evtj.privilege(i) := olist_t(i);
   34          end loop;
   35          if ora_sysevent = 'GRANT' then
   36              x := ora_grantee(olist_t);
   37              AfficheListe('Utilisateurs',olist_t, x);
   38              r_evtj.grantee := EVNL();
   39              for i in 1 .. olist_t.COUNT
   40              loop
   41               r_evtj.grantee.EXTEND;
   42               r_evtj.grantee(i) := olist_t(i);
```

```
43              end loop;
44          end if;
45          if ora_sysevent = 'REVOKE' then
46              x := ora_revokee(olist_t);
47              AfficheListe('Utilisateurs',olist_t, x);
48              r_evtj.revokee:= EVNL();
49              for i in 1 .. olist_t.COUNT
50              loop
51                r_evtj.revokee.EXTEND;
52                r_evtj.revokee(i) := olist_t(i);
53              end loop;
54          end if;
55       when ora_sysevent in ('COMMENT','CREATE','DROP','ALTER',
56                              'RENAME','TRUNCATE','ANALYZE')
57       then
58          dbms_output.put_line( 'l''objet '||ora_dict_obj_type||
59               ' '||ora_dict_obj_owner||'.'||ora_dict_obj_name);
60          r_evtj.dict_obj_type  := ora_dict_obj_type;
61          r_evtj.dict_obj_owner := ora_dict_obj_owner;
62          r_evtj.dict_obj_name  := ora_dict_obj_name;
63       else null;
64     end case;
65     INSERT INTO EVENEMENTS_JOURNAL VALUES r_evtj;
66  end system_evenement_trigger;
67  /
```

```
Déclencheur créé.

SQL> CREATE OR REPLACE FUNCTION ftest RETURN NUMBER IS
  2  BEGIN RETURN 1; END ftest;
  3  /
L'événement CREATE
l'objet FUNCTION STAG.FTEST

Fonction créée.

SQL> CREATE TABLE ttest(id NUMBER);
L'événement CREATE
l'objet TABLE STAG.TTEST

Table créée.

SQL> GRANT EXECUTE ON ftest TO STAG01,STAG02;
L'événement GRANT
Privilèges......: EXECUTE
Utilisateurs....: STAG01 STAG02

Autorisation de privilèges (GRANT) acceptée.

SQL> REVOKE EXECUTE ON ftest FROM STAG01,STAG02;
L'événement REVOKE
Privilèges......: EXECUTE
Utilisateurs....: STAG01 STAG02

Suppression de privilèges (REVOKE) acceptée.
```

```
SQL> ANALYZE TABLE TTEST COMPUTE STATISTICS;
L'événement ANALYZE
l'objet TABLE STAG.TTEST

Table analysée.

SQL> TRUNCATE TABLE TTEST;
L'événement TRUNCATE
l'objet TABLE STAG.TTEST

Table tronquée.

SQL> RENAME TTEST TO TTEST01;
L'événement RENAME
l'objet TABLE STAG.TTEST

Table renommée.

SQL> SELECT SYSEVENT "événement", DICT_OBJ_TYPE "type objet",
  2          DICT_OBJ_OWNER "propriétaire",
  3          DICT_OBJ_NAME  "nom", PRIVILEGE, GRANTEE, REVOKEE
  4  FROM EVENEMENTS_JOURNAL;
```

| événemen | type obj | propr | nom | PRIVILEGE | GRANTEE | REVOKEE |
|---|---|---|---|---|---|---|
| CREATE | FUNCTION | STAG | FTEST | | | |
| CREATE | TABLE | STAG | TTEST | | | |
| GRANT | | | | EVNL('EXECUTE') | EVNL('STAG01', 'STAG02') | |
| REVOKE | | | | EVNL('EXECUTE') | | EVNL('STAG01', 'STAG02') |
| ANALYZE | TABLE | STAG | TTEST | | | |
| TRUNCATE | TABLE | STAG | TTEST | | | |
| RENAME | TABLE | STAG | TTEST | | | |

# Les déclencheurs d'instance

Le lancement des déclencheurs est également provoqué par un événement système tel que le démarrage ou la fermeture d'une instance de base de données ou une connexion ou une déconnexion d'un utilisateur.

Les événements dans ce cas peuvent être, comme pour tout déclencheur, de deux types : « **BEFORE** » ou « **AFTER** ». Mais seules les combinaisons suivantes sont possibles.

L'option « **AFTER** » est valable pour « **LOGON** » la connexion d'un utilisateur, « **STARTUP** » le démarrage de la base de données, « **SERVERERROR** » une erreur du serveur et « **SUSPEND** » la suspension d'un traitement suivant un manque d'espace de stockage.

L'option « **BEFORE** » est valable pour « **LOGOFF** » la déconnexion d'un utilisateur et « **SHUTDOWN** » l'arrêt du serveur de base de données.

Les options « **AFTER STARTUP** » et « **BEFORE SHUTDOWN** » s'appliquent seulement sur les déclencheurs de type « **DATABASE** ».

L'exemple suivant montre deux déclencheurs pour la connexion et déconnexion de l'utilisateur STAG.
Le package « **DBMS_MONITOR** » permet de lancer la collecte des statistiques de fonctionnement de
la session et également de lancer le mode trace pour cette session.

```
SYS@cours> GRANT EXECUTE ON DBMS_MONITOR TO STAG;

Autorisation de privilèges (GRANT) acceptée.

SYS@cours> CONNECT STAG/PWD
Connecté.
STAG@cours> CREATE OR REPLACE TRIGGER LOGON_STAG
  2   AFTER LOGON ON SCHEMA
  3   begin
  4    execute immediate
  5       'ALTER SESSION SET NLS_DATE_FORMAT='||
  6                    '''dd/mm/yyyy hh24:mi:ss''';
  7    execute immediate
  8       'ALTER SESSION SET TRACEFILE_IDENTIFIER=STAG';
  9       dbms_monitor.client_id_stat_enable(user);
 10       dbms_monitor.session_trace_enable
 11                ( waits=>true, binds=>true );
 12   end;
 13   /
L'événement CREATE
l'objet TRIGGER STAG.LOGON_STAG

Déclencheur créé.

STAG@cours> CREATE OR REPLACE TRIGGER LOOFF_STAG
  2   BEFORE LOGOFF ON SCHEMA
  3   begin
  4      dbms_monitor.session_trace_disable;
  5      dbms_monitor.client_id_stat_disable(user);
  6   end;
  7   /
L'événement CREATE
l'objet TRIGGER STAG.LOOFF_STAG

Déclencheur créé.

STAG@cours> CONNECT STAG/PWD
Connecté.
STAG@cours> SELECT SYSDATE FROM DUAL;

SYSDATE
-------------------
05/08/2011 17:48:18

STAG@cours> SELECT VALUE FROM V$DIAG_INFO WHERE NAME LIKE '%File';

VALUE
----------------------------------------------------------------------
c:\app\razvan\diag\rdbms\cours\cours\trace\cours_ora_4384_STAG.trc
```

- *Classe et Instance*
- *Héritage*
- *Table objet*
- *Les tableaux imbriqués*

# L'approche objet

## Objectifs

À la fin de ce module, vous serez à même d'effectuer les tâches suivantes :

- Décrire les caractéristiques et les composants d'un objet.
- Déclarer des types objets et les instanciés.
- Mettre en œuvre le comportement pour un type objet, à travers des méthodes.
- Créer des méthodes MAP et ORDER pour trier et comparer des types objets.
- Créer des types objets hérités et surcharger leurs méthodes.
- Créer une table qui stocke des types d'objets.

## Contenu

# Les objets

Les objets informatiques définissent une représentation abstraite des entités d'un monde réel ou virtuel, dans le but de les piloter ou de les simuler. Cette représentation abstraite peut être vue comme une sorte de miroir informatique, qui renvoie une image simplifiée d'un objet qui existe dans le monde perçu par l'utilisateur.

La présentation des caractéristiques fondamentales d'un objet permet de répondre de manière plus formelle à la question : qu'est-ce qui définit un objet ?

L'objet est une unité atomique formée de l'union d'un état, d'un comportement et d'une identité.

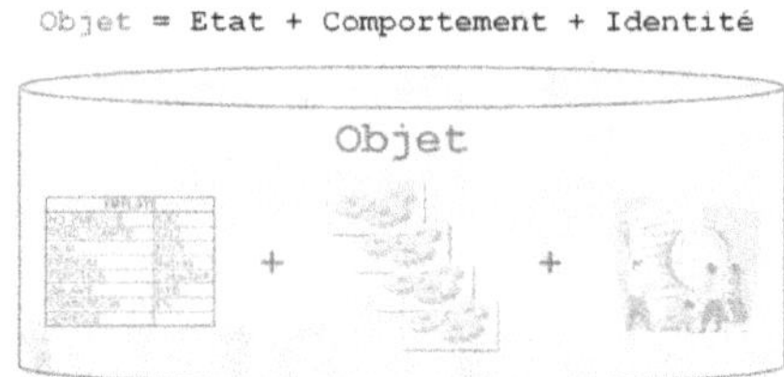


Objet = État + Comportement + Identité

Un objet doit apporter une valeur ajoutée par rapport à la simple juxtaposition d'informations ou de code exécutable. Un objet sans état ou sans comportement peut exister marginalement, mais dans tous les cas, un objet possède une identité.

## L'état

L'état regroupe les valeurs instantanées de tous les attributs d'un objet, sachant qu'un attribut est une information qualifiant l'objet qui le contient. Chaque attribut peut prendre une valeur dans un domaine de définition donné. L'état d'un objet, à un instant donné, correspond à une sélection de valeurs, parmi toutes les valeurs possibles des différents attributs.

Le diagramme suivant montre un employé qui contient les valeurs de plusieurs attributs différents : le nom, le prénom, la fonction etc.

| EMPLOYE | |
|---|---|
| NO_EMPLOYE | 5267 |
| REND_COMPTE | 5212 |
| NOM | BIZOI |
| PRENOM | Razvan |
| FONCTION | Consultant |
| SALAIRE | 5000 |
| COMMISSION | 5% |

L'état évolue au cours du temps ; ainsi, lorsqu'il change de fonction, le salaire et sa commission varient. Certaines composantes de l'état peuvent être constantes : c'est le cas par exemple du nom de l'employé, ou encore de son prénom. Toutefois, en règle générale, l'état d'un objet est variable et peut être vu comme la conséquence de ses comportements passés.

## Le comportement

Le comportement regroupe toutes les compétences d'un objet et décrit les actions et les réactions de cet objet. Chaque atome de comportement est appelé opération. Les opérations d'un objet sont déclenchées suite à une stimulation externe, sous la forme d'un message envoyé par un autre objet.

## L'identité

En plus de son état, un objet possède une identité qui caractérise son existence propre. L'identité permet de distinguer tout objet de façon non ambiguë, et cela indépendamment de son état. Ainsi, il est possible, entre autres, de distinguer deux objets dont toutes les valeurs d'attributs sont identiques.

Chaque objet possède une identité attribuée de manière implicite à sa création et jamais modifiée.

En phase de réalisation, l'identité est souvent construite à partir d'un identifiant issu naturellement du domaine du problème. Nos voitures possèdent toutes un numéro d'immatriculation, nos téléphones un numéro d'appel, et nous-mêmes sommes identifiés par notre numéro de Sécurité sociale. Ce genre d'identifiant, appelé également clé naturelle, peut être rajouté dans l'état des objets afin de les distinguer. Il ne s'agit toutefois que d'un artifice de réalisation, car le concept d'identité reste indépendant du concept d'état.

# Les classes

Le monde réel est constitué de très nombreux objets en interaction. Ces objets sont des amalgames souvent trop complexes pour être compris du premier coup dans leur intégralité. Pour réduire cette complexité, ou du moins pour la maîtriser, et comprendre ainsi le monde qui l'entoure, l'être humain a appris à regrouper les éléments qui se ressemblent et à distinguer des structures de plus haut niveau d'abstraction, débarrassées de détails inutiles.

L'abstraction consiste à concentrer la réflexion et l'attention sur un élément d'une représentation ou d'une notion en négligeant tous les autres. La démarche d'abstraction procède de l'identification des caractéristiques communes à un ensemble d'éléments, puis de la description condensée de ces caractéristiques (analogue à la description d'un ensemble en compréhension) dans ce qu'il est convenu d'appeler une classe. La démarche d'abstraction est arbitraire : elle se définit par rapport à un point de vue. Ainsi, un objet du monde réel peut être vu au travers d'abstractions différentes. Par conséquent, il est important de déterminer les critères pertinents dans le domaine d'application considéré.

La classe décrit le domaine de définition d'un ensemble d'objets. Chaque objet appartient à une classe. Les généralités sont contenues dans la classe et les particularités sont contenues dans les objets. Les objets informatiques sont construits à partir de la classe, par un processus appelé instanciation. De ce fait, tout objet est une instance de classe.

**Classe :**                                                **Instance :**

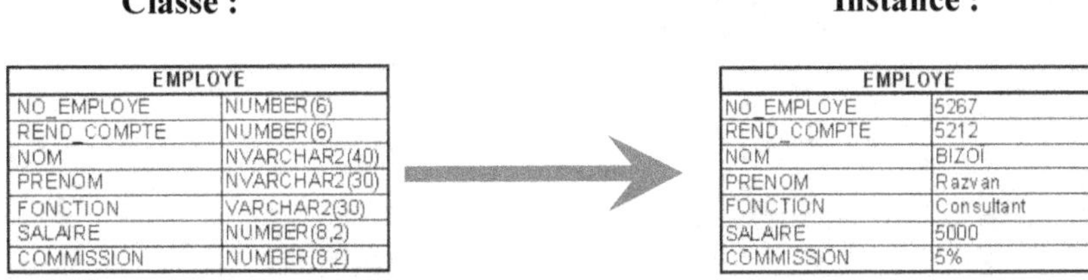

| EMPLOYE | |
|---|---|
| NO_EMPLOYE | NUMBER(6) |
| REND_COMPTE | NUMBER(6) |
| NOM | NVARCHAR2(40) |
| PRENOM | NVARCHAR2(30) |
| FONCTION | VARCHAR2(30) |
| SALAIRE | NUMBER(8,2) |
| COMMISSION | NUMBER(8,2) |

| EMPLOYE | |
|---|---|
| NO_EMPLOYE | 5267 |
| REND_COMPTE | 5212 |
| NOM | BIZOI |
| PRENOM | Razvan |
| FONCTION | Consultant |
| SALAIRE | 5000 |
| COMMISSION | 5% |

En PL/SQL, une classe est un type abstrait de données.

## Attributs et Opérations

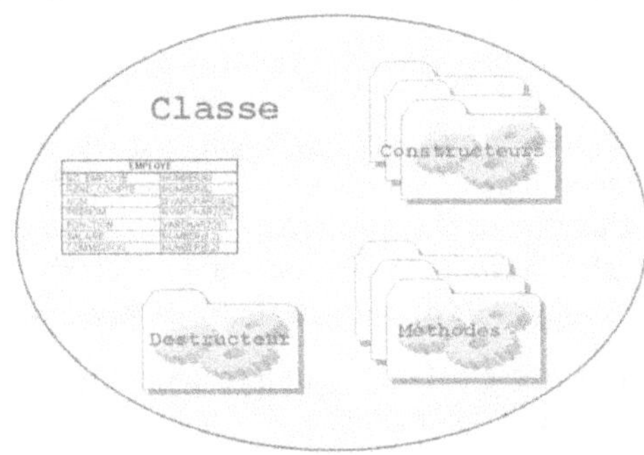


Les attributs d'une classe correspondent aux propriétés de la classe. Ils sont définis par un nom, un type et éventuellement une valeur initiale.

Chaque objet, instance d'une classe, donne des valeurs particulières à tous les attributs définis dans sa classe et fixe par là même son état.

La spécification du comportement d'un objet est définie par les opérations décrites dans sa classe. La réalisation du comportement est exprimée dans les méthodes.

Dans la spécification d'une classe, un constructeur est décrit par une fonction ayant le nom de la classe. Cette méthode peut avoir des arguments et elle ne doit retourner aucune valeur, mais il est interdit de préciser le type du résultat. Pour offrir à l'utilisateur plusieurs manières différentes d'initialiser les objets d'une classe, le constructeur peut être surchargé.

Le destructeur permet, en général, de libérer toutes les ressources qui ont été affectées à cet objet. Cette méthode n'existe pas en PL/SQL.

## Relations entre les classes

Les liens particuliers qui relient les objets peuvent être vus de manière abstraite dans le monde des classes : à chaque famille de liens entre objets correspond une relation entre les classes de ces mêmes objets. De même que les objets sont des instances des classes, les liens entre objets sont des instances des relations entre classes.

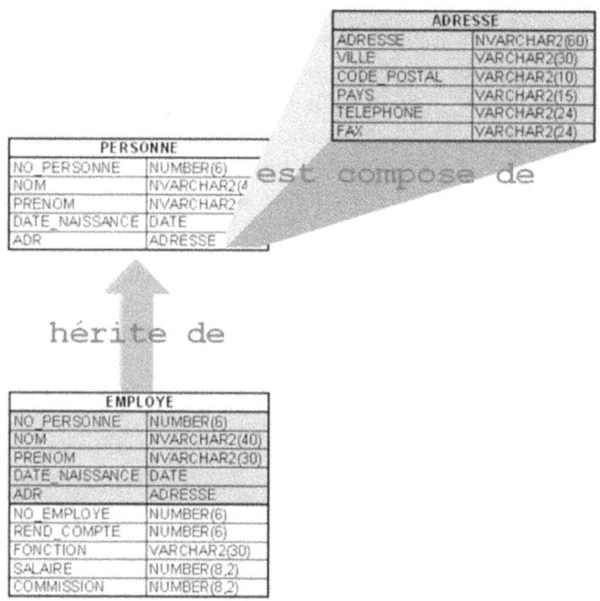


### La composition

La composition est une forme de relation entre deux classes. Les termes conteneur et composite sont parfois utilisés pour désigner les classes dans les relations de composition. L'exemple précédent dans l'image présente le cas des personnes. Chaque personne possède une adresse qui ne peut être partagée entre plusieurs personnes. L'effacement de la personne entraîne l'effacement de l'adresse.

### L'héritage

L'héritage est une technique offerte par les langages de programmation pour construire une classe à partir d'une ou plusieurs autres classes, en partageant des attributs, des opérations et parfois des contraintes, au sein d'une hiérarchie de classes. Les classes enfants héritent des caractéristiques de leurs classes parents ; les attributs et les opérations déclarés dans la classe parent, sont accessibles dans la classe enfant, comme s'ils avaient été déclarés localement.

L'héritage signifie que la classe enfant « est un » ou « est une sorte de » classe parent. Dans l'exemple précédent, l'employé « est une » personne.

### *Attention*

L'héritage ne doit pas être utilisé lorsque la classe parent est un composant de l'objet décrit par la classe enfant.

Dans l'exemple précédent, l'adresse est une composante de la classe personne, une personne n'est pas une sorte d'adresse.

# Type d'objet

L'extension à l'objet du modèle relationnel prend en charge les types abstraits de données qui sont définis à partir d'une structure de données et d'un ensemble d'opérations.

La syntaxe de création d'un type d'objet comporte la déclaration de la structure de données, ses méthodes et la partie qui positionne le type dans une hiérarchie d'héritage.

```
CREATE [OR REPLACE] TYPE [SCHEMA.]NOM_TYPE
    {{IS|AS} OBJECT | UNDER [SCHEMA.]SUPERTYPE }
  AS OBJECT
  ( NOM_ATTRIBUT TYPE [,...]
    { {MEMBER|STATIC}
    { PROCEDURE name (NOM_ARGUMENT TYPE [,...])
    | FUNCTION  name (NOM_ARGUMENT TYPE [,...]) RETURN datatype }
    | CONSTRUCTOR FUNCTION NOM_TYPE
        [([SELF IN OUT NOM_TYPE] [,NOM_ARGUMENT datatype[,...]])]
          RETURN SELF AS RESULT})[ [ NOT ] FINAL ];
```

| | |
|---|---|
| **CREATE OR REPLACE** | Cette option permet d'effectuer en une seule opération la suppression du type d'objet s'il existe, puis sa recréation. |
| **SCHEMA** | Propriétaire du type d'objet. |
| **NOM_TYPE** | Le nom du type d'objet. |
| **IS | AS** | Les deux mots-clés sont équivalents ; ils déterminent le début de la section des déclarations. |
| **UNDER SUPERTYPE** | Indique le type de l'objet ancêtre. |
| **NOM_ATTRIBUT** | Définit les types des données persistantes (appelées attributs) incluses dans une instance de cet objet. |
| **TYPE** | Les attributs peuvent être définis à l'aide d'un type d'attribut prédéfini ou un type d'attribut défini par l'utilisateur. |
| **MEMBER** | Les méthodes membres sont invoquées explicitement par une instance du type d'objet. |
| **STATIC** | Les méthodes statiques sont invoquées par le type d'objet et non par une instance du type d'objet. |
| **PROCEDURE** | Le prototype d'une procédure membre ou statique. |
| **FONCTION** | Le prototype d'une fonction membre ou statique. |
| **SELF** | C'est un argument implicite pour le « **CONSTRUCTOR** » qui désigne l'objet lui-même. Il est également accessible dans les autres méthodes sauf les méthodes de type « STATIC ». |

| | |
|---|---|
| **CONSTRUCTOR** | Une fonction qui s'applique automatiquement à tout objet lors de l'instanciation. Le type de retour est le type de l'objet construit. |
| **FINAL** | Le type d'objet ne peut plus être utilisé comme ancêtre pour un autre type d'objet. |

## *Attention*

Lors de la création d'un type, il n'est pas possible de déclarer des attributs de type « **BOOLEAN** », « **ROWID** », « **LONG** », « **LONG RAW** » ou d'utiliser la directive « **%TYPE** » pour la définition de leur type.

Il n'est pas possible de définir dynamiquement des types dans des programmes PL/SQL.

```
SQL> CREATE OR REPLACE TYPE T_TELEPHONE IS OBJECT (
  2         TELEPHONE           VARCHAR2(24),
  3         FAX                 VARCHAR2(24),
  4         MAIL                VARCHAR2(24));
  5  /

Type créé.


SQL> CREATE OR REPLACE TYPE T_ADRESSE IS OBJECT (
  2         ADRESSE             NVARCHAR2(60),
  3         VILLE               VARCHAR2(30),
  4         CODE_POSTAL         VARCHAR2(10),
  5         PAYS                VARCHAR2(15),
  6         TELEPHONE           T_TELEPHONE);
  7  /

Type créé.


SQL> CREATE OR REPLACE TYPE T_PERSONNE IS OBJECT (
  2         NOM                 NVARCHAR2(40),
  3         PRENOM              NVARCHAR2(30),
  4         DATE_NAISSANCE      DATE,
  5         ADRESSE             T_ADRESSE);
  6  /

Type créé.

SQL> DESC T_TELEPHONE
 Nom                                      NULL ?   Type
 ---------------------------------------- -------- --------------
 TELEPHONE                                         VARCHAR2(24)
 FAX                                               VARCHAR2(24)
 MAIL                                              VARCHAR2(24)

SQL> DESC T_ADRESSE
 Nom                                      NULL ?   Type
 ---------------------------------------- -------- --------------
 ADRESSE                                           NVARCHAR2(60)
 VILLE                                             VARCHAR2(30)
 CODE_POSTAL                                       VARCHAR2(10)
 PAYS                                              VARCHAR2(15)
 TELEPHONE                                         T_TELEPHONE
```

```
SQL> DESC T_PERSONNE
 Nom                                               NULL ?   Type
 ------------------------------------------------- -------- --------------
 NOM                                                        NVARCHAR2(40)
 PRENOM                                                     NVARCHAR2(30)
 DATE_NAISSANCE                                             DATE
 ADRESSE                                                    T_ADRESSE
```

Dans l'exemple ci-dessus, vous pouvez voir la création de trois types d'objets « **T_PERSONNE** », « **T_ADRESSE** » et « **T_TELEPHONE** ». La classe « **T_PERSONNE** » est composée d'une classe adresse « **T_ADRESSE** » qui, à son tour, est composée d'une classe « **T_TELEPHONE** ».

# Initialisation d'objets

Comme toute autre variable PL/SQL, un objet est déclaré simplement en le plaçant syntaxiquement après son type dans la section déclarative du bloc, comme cela :

**NOM_VARIABLE_INSTANCE NOM_TYPE_OBJET;**

Selon les règles du PL/SQL, une instance d'objet déclarée de cette manière est initialisée avec la valeur « **NULL** », auquel cas l'objet entier est « **NULL** », mais pas nécessairement ses attributs. Il est toutefois illégal de se référer aux attributs de l'objet.

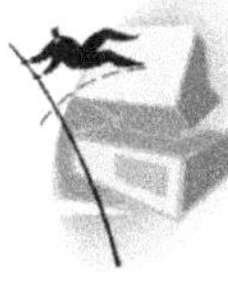

```
SQL> DECLARE
 2      personne T_PERSONNE;
 3  BEGIN
 4        DBMS_OUTPUT.PUT_LINE('Le nom est :'||personne.NOM);
 5  END;
 6  /
Le nom est :

Procédure PL/SQL terminée avec succès.

SQL> DECLARE personne T_PERSONNE; BEGIN personne.NOM := 'BIZOÏ'; END;
 2  /
DECLARE
*
ERREUR à la ligne 1 :
ORA-06530: Référence à un élément composite non initialisé de
ORA-06512: à ligne 4
```

## Instanciation d'objets

Les objets sont instanciés avec un constructeur. Un constructeur est une fonction qui retourne un objet initialisé et reçoit comme arguments les valeurs des attributs de l'objet. Pour chaque type d'objet, Oracle prédéfinit un constructeur par défaut avec le même nom que le type et admet en argument autant de valeurs que le type possède d'attributs.

```
SQL> DECLARE
 2      personne1 T_PERSONNE;
 3      personne2 T_PERSONNE := T_PERSONNE( 'BIZOÏ','Isabelle',
 4                                 '14/10/1965',NULL);
 5  BEGIN
 6      personne1 := T_PERSONNE( 'BIZOÏ','Razvan','03/02/1965',NULL);
 7      DBMS_OUTPUT.PUT_LINE('Le prénom est :'||personne1.PRENOM);
```

```
    8      DBMS_OUTPUT.PUT_LINE('Le prénom est :'||personne2.PRENOM);
    9  END;
   10  /
Le prénom est :Razvan
Le prénom est :Isabelle
```

Les instances peuvent avoir les mêmes valeurs pour les attributs ne sont pas pour autant le même objet. L'objet est une unité atomique formée de l'union d'un état, d'un comportement et d'une identité.

```
SQL> DECLARE
    2     personne1 T_PERSONNE;
    3  BEGIN
    4     DECLARE
    5       personne2 T_PERSONNE := T_PERSONNE( 'BIZOÏ','Isabelle',
    6                                            '14/10/1965',NULL);
    7     BEGIN
    8       personne1 := personne2;
    9       personne2.NOM := 'DULUC';
   10       DBMS_OUTPUT.PUT_LINE('Le nom est :'||personne2.NOM);
   11     END;
   12     DBMS_OUTPUT.PUT_LINE('Le nom est :'||personne1.NOM);
   13  END;
   14  /
Le nom est :DULUC
Le nom est :BIZOÏ
```

# Méthodes des types d'objets

---

Le corps du type d'objet est optionnel. Lorsque vous déclarez le type d'objet, vous ne déclarez aucune procédure ni fonction. Le corps peut être omis.

La syntaxe de création d'un corps du type d'objet est la suivante :

```
CREATE [OR REPLACE] TYPE BODY NOM_TYPE {IS | AS}

    [Spécifications et corps des modules]

END [NOM_TYPE];
```

```
SQL> CREATE OR REPLACE TYPE type_personne AS OBJECT (
    2     NOM                 VARCHAR2(20),
    3     PRENOM              VARCHAR2(10),
    4     DATE_NAISSANCE      DATE,
    5     CONSTRUCTOR FUNCTION type_personne( NOM  IN VARCHAR2,
    6                                         DATE_NAISSANCE IN DATE)
    7               RETURN SELF AS RESULT,
    8     CONSTRUCTOR FUNCTION type_personne( NOM  IN VARCHAR2)
    9               RETURN SELF AS RESULT,
   10     MEMBER FUNCTION age_pers RETURN NUMBER);
   11  /

Type créé.

SQL> CREATE OR REPLACE TYPE BODY type_personne
    2  AS
    3     CONSTRUCTOR FUNCTION type_personne( NOM  IN VARCHAR2,
    4                                         DATE_NAISSANCE IN DATE)
```

```
 5       RETURN SELF AS RESULT IS
 6       BEGIN
 7          SELF.NOM := NOM;
 8          SELF.DATE_NAISSANCE := DATE_NAISSANCE;
 9          RETURN;
10       END;
11       CONSTRUCTOR FUNCTION type_personne( NOM  IN VARCHAR2)
12       RETURN SELF AS RESULT IS
13       BEGIN
14          SELF.NOM := NOM;
15          RETURN;
16       END;
17       MEMBER FUNCTION age_pers
18       RETURN NUMBER IS
19          age NUMBER(3);
20       BEGIN
21          IF SELF.DATE_NAISSANCE IS NOT NULL THEN
22            age := trunc(( sysdate - SELF.DATE_NAISSANCE) / 365);
23            RETURN age;
24          ELSE
25            RETURN 0;
26          END IF;
27       END age_pers;
28    END;
29    /

Corps de type créé.

SQL> DECLARE
 2     personne1 type_personne:=type_personne('BIZOÏ');
 3     personne2 type_personne:=type_personne('BIZOÏ','03/02/1965');
 4     personne3 type_personne:=type_personne('BIZOÏ','Razvan',
 5                                    '03/02/1965');
 6  BEGIN
 7    DBMS_OUTPUT.PUT_LINE(personne1.NOM||' '||personne1.PRENOM||
 8                    ' '||personne1.age_pers());
 9    DBMS_OUTPUT.PUT_LINE(personne2.NOM||' '||personne2.PRENOM||
10                    ' '||personne2.age_pers());
11    DBMS_OUTPUT.PUT_LINE(personne3.NOM||' '||personne3.PRENOM||
12                    ' '||personne3.age_pers());
13  END;
14  /
BIZOÏ  0
BIZOÏ  41
BIZOÏ Razvan 41
```

Dans l'exemple précédent, vous pouvez voir la création d'un type d'objet avec deux constructeurs personnalisés et une fonction qui calcule l'âge d'une personne. Dans le bloc anonyme, on instancie les objets à l'aide de ces deux constructeurs, mais également à l'aide du constructeur par défaut fourni automatiquement par Oracle.

## Attention

Dans un constructeur, la commande « **RETURN;** » est obligatoire, autrement une erreur est produite pendant l'exécution.

## SELF

Le mot-clé « **SELF** » est automatiquement lié à l'objet instancié dans une méthode. Considérons le constructeur type_personne ; cette méthode instancie l'objet à partir d'un ensemble d'arguments. Pour rendre plus clair le code PL/SQL, les arguments doivent avoir le même nom que les attributs ; ainsi, le mot-clé « **SELF** » est nécessaire pour différencier les arguments et les attributs.

« **SELF** » est le premier argument de chaque méthode membre et peut être déclaré explicitement ou implicitement. Pour les fonctions membres, il est implicitement déclaré comme étant « **IN** » et, pour les procédures, il est déclaré comme étant « **IN OUT** ». Le type de « **SELF** » est le type de l'objet lui-même. Ce serait une erreur de déclarer « **SELF** » autrement que comme premier argument, puisqu'il est implicitement déclaré comme tel.

```
SQL> CREATE OR REPLACE TYPE type_personne
...
 12      CONSTRUCTOR FUNCTION type_personne( PERS IN type_personne)
 13                       RETURN SELF AS RESULT,
...
 15  /

Type créé.

SQL> CREATE OR REPLACE TYPE BODY type_personne
  2  AS
...
 17      CONSTRUCTOR FUNCTION type_personne( PERS IN type_personne)
 18      RETURN SELF AS RESULT IS
 19      BEGIN
 20          SELF := PERS;
 21          RETURN;
 22      END;
...
 34  END;
 35  /

Corps de type créé.

SQL> DECLARE
  2     personne1 type_personne:=type_personne('BIZOÏ','Razvan',
  3                                '03/02/1965');
  4     personne2 type_personne;
  5  BEGIN
  6     personne2 := type_personne(personne1);
  7     DBMS_OUTPUT.PUT_LINE(personne1.NOM||' '||personne1.PRENOM||
  8                    ' '||personne1.age_pers());
  9     DBMS_OUTPUT.PUT_LINE(personne2.NOM||' '||personne2.PRENOM||
 10                    ' '||personne2.age_pers());
 11  END;
 12  /
BIZOÏ Razvan 41
BIZOÏ Razvan 41
```

### *Attention*

L'attribut « **%TYPE** » ne peut être appliqué directement à un attribut de type d'objet, on doit l'appliquer à une instance du type d'objet.

```
SQL> DECLARE
  2     personne type_personne;
  3     v_pers type_personne%TYPE;
  4  BEGIN
  5     NULL;
  6  END;
  7  /
   v_pers type_personne%TYPE;
          *
ERREUR à la ligne 3 :
ORA-06550: Ligne 3, colonne 10 :
PLS-00206: %TYPE doit être appliqué à une variable, une colonne, un champ
ou un attribut, mais pas à "TYPE_PERSONNE"
ORA-06550: Ligne 3, colonne 10 :
PL/SQL: Item ignored


SQL> DECLARE
  2     personne type_personne;
  3     v_pers personne%TYPE;
  4     v_NOM personne.NOM%TYPE;
  5  BEGIN
  6     v_pers :=type_personne('BIZOÏ','Razvan','03/03/1965');
  7     DBMS_OUTPUT.PUT_LINE( v_pers.NOM||' '||v_pers.PRENOM||
  8                               ' '||v_pers.age_pers());
  9  END;
 10  /
BIZOÏ Razvan 41
```

# Méthodes MAP et ORDER

Les types prédéfinis d'Oracle possèdent tous un ordre par défaut. Dans le cas de deux variables « **VARCHAR2** », par exemple, vous pouvez déterminer si l'une est inférieure, supérieure ou égale à l'autre. Sans cela, il ne serait pas possible de trier les valeurs du type de données spécifié. En revanche, les types d'objets ne possèdent pas d'ordre implicite, seule l'égalité des objets peut être comparée.

Les méthodes « **MAP** » et « **ORDER** » permettent de remédier à cela. En outre, ces méthodes autorisent la comparaison d'objets non seulement dans PL/SQL, mais aussi dans SQL.

### Attention

Ces méthodes peuvent aussi servir à trier des objets stockés dans la base de données, ce qui veut dire qu'elles peuvent être utilisées dans une clause « **ORDER BY** » ou dans un index.

En l'absence de définition d'une méthode « **MAP** » ou « **ORDER** » pour l'objet, toute tentative de tri ou comparaison produira une erreur.

```
SQL> CREATE OR REPLACE TYPE type_personne
...
 15      MAP   MEMBER FUNCTION cle_personne RETURN VARCHAR2);
 16  /

Type créé.
```

```
SQL> CREATE OR REPLACE TYPE BODY type_personne
  2   AS
...
 35     MAP    MEMBER FUNCTION cle_personne RETURN VARCHAR2
 36     IS
 37     BEGIN
 38       RETURN SELF.NOM||SELF.PRENOM||
 39               to_char(SELF.DATE_NAISSANCE,'YYYYMMDD');
 40     END cle_personne;
 41   END;
 42   /

Corps de type créé.

SQL> DECLARE
  2     personne1 type_personne:=type_personne('BIZOÏ','Razvan',
  3                                    '03/02/1965');
  4     personne2 type_personne:=type_personne('BIZOÏ','Razvan',
  5                                    '03/03/1965');
  6   BEGIN
  7   DBMS_OUTPUT.PUT_LINE( 'personne1 '||personne1.cle_personne);
  8   DBMS_OUTPUT.PUT_LINE( 'personne2 '||personne2.cle_personne);
  9   IF personne1 > personne1 THEN
 10       DBMS_OUTPUT.PUT_LINE( 'personne1 > personne2');
 11   ELSE
 12       DBMS_OUTPUT.PUT_LINE( 'personne1 < personne2');
 13   END IF;
 14   END;
 15   /
personne1 BIZOÏRazvan19650203
personne2 BIZOÏRazvan19650303
personne1 < personne2
```

### *Attention*

Vous pouvez créer une méthode « **MAP** » ou « **ORDER** » pour un type d'objets donné, mais pas les deux à la fois.

Ainsi une méthode « **MAP** » sera plus efficace pour trier d'importants groupes d'objets, puisqu'elle convertit l'ensemble des objets en un type plus simple, qui sont alors triés directement. Avec la méthode « **ORDER** », seuls deux objets peuvent être comparés à la fois, ce qui oblige à appeler cette méthode de façon répétée.

Vous pouvez créer une méthode « **ORDER** », qui reçoit un argument du même type que l'objet et retourne un résultat numérique contenant l'une des valeurs suivantes :

- \> 1 si l'argument est supérieur à « **SELF** » ;
- < 1 si l'argument est inférieur à « **SELF** » ;
- 0 si l'argument est égal à « **SELF** ».

Nous pouvons, par exemple, créer une méthode « **ORDER** » qui trie les personnes par leur date de naissance, comme illustré ci-dessous.

```
SQL> CREATE OR REPLACE TYPE type_personne
...
 15     ORDER MEMBER FUNCTION comparaison_personne
 16               (aSELF IN type_personne ) RETURN NUMBER);
```

```
 17  /

Type créé.

SQL> CREATE OR REPLACE TYPE BODY type_personne
  2    AS
...
 35       ORDER MEMBER FUNCTION comparaison_personne(aSELF IN type_personne)
 36       RETURN NUMBER
 37       IS
 38       BEGIN
 39        CASE
 40           WHEN aSELF.DATE_NAISSANCE =  SELF.DATE_NAISSANCE THEN
 41               RETURN 0;
 42           WHEN aSELF.DATE_NAISSANCE >  SELF.DATE_NAISSANCE THEN
 43               RETURN 1;
 44           ELSE
 45               RETURN -1;
 46        END CASE;
 47       END comparaison_personne;
 48  END;
 49  /

Corps de type créé.

SQL> DECLARE
  2    personne1 type_personne:=type_personne('BIZOÏ','Razvan','03/02/1965');
  3    personne2 type_personne:=type_personne('BIZOÏ','Razvan','03/03/1965');
  4    BEGIN
  5      IF personne1 > personne1 THEN
  6        DBMS_OUTPUT.PUT_LINE( 'personne1 > personne2');
  7      ELSE
  8        DBMS_OUTPUT.PUT_LINE( 'personne1 < personne2');
  9      END IF;
 10    END;
 11  /
personne1 < personne2
```

# Méthodes statiques

Une méthode statique est déclarée avec le mot-clé « **STATIC** » plutôt qu'avec le mot-clé « **MEMBER** ». Contrairement aux autres méthodes, une méthode statique est invoquée sur le type d'objet lui-même, plutôt que sur une instance de ce type.

La syntaxe utilisée pour l'appel d'une méthode de type « **STATIC** » est :

```
nom_type_objet.nom_méthode
```

```
SQL> CREATE OR REPLACE TYPE type_personne
...
  4       STATIC PROCEDURE ObtenirInfoClasse);
  5  /

Type créé.
```

```
SQL> CREATE OR REPLACE TYPE BODY type_personne
  2  AS
  3      STATIC PROCEDURE ObtenirInfoClasse IS
  4      BEGIN DBMS_OUTPUT.PUT_LINE( 'La classe est type_personne'); END;
  5  END;
  6  /

Corps de type créé.

SQL> BEGIN type_personne.ObtenirInfoClasse; END;
  2  /
La classe est type_personne
```

### Attention

Étant donné qu'une méthode statique ne reçoit pas d'instance d'objet, elle ne peut se référer à aucun des attributs de l'objet courant. Elle peut toutefois se référer aux attributs d'un nouvel objet ou d'un objet qui serait passé comme argument. De la même manière, « **SELF** » ne peut être passé explicitement à une méthode statique.

Une méthode de type « **STATIC** » peut être invoquée indépendamment de tout objet instancié. Elle a un comportement très proche de celui des fonctions et procédures classiques.

# Héritage

Les types d'objets enfants héritent des caractéristiques de leurs types d'objets parents ; les attributs et les opérations déclarés dans le type d'objet parent sont accessibles dans le type d'objet enfant, comme s'ils avaient été déclarés localement.

```
SQL> CREATE OR REPLACE TYPE        T_ADRESSE IS OBJECT
  2  (     ADRESSE           NVARCHAR2(60),
  3        VILLE             VARCHAR2(30),
  4        CODE_POSTAL       VARCHAR2(10),
  5        PAYS              VARCHAR2(15));
  6  /

Type créé.

SQL> CREATE OR REPLACE TYPE        T_PERSONNE IS OBJECT
  2  (     NOM               NVARCHAR2(40),
  3        PRENOM            NVARCHAR2(30),
  4        DATE_NAISSANCE    DATE,
  5        ADRESSE           T_ADRESSE) NOT INSTANTIABLE NOT FINAL;
  6  /

Type créé.

SQL> CREATE OR REPLACE TYPE        T_EMPLOYE UNDER T_PERSONNE
  2  (       NO_EMPLOYE        NUMBER(6),
  3          REND_COMPTE       NUMBER(6),
  4          FONCTION          VARCHAR2(30),
  5          SALAIRE           NUMBER(8,2) )NOT FINAL;
  6  /

Type créé.

SQL> CREATE OR REPLACE TYPE        T_MANAGER UNDER T_EMPLOYE
  2  (       DEPARTEMENT       NVARCHAR2(30),
```

```
  3          COMMISSION          NUMBER(8,2) )FINAL;
  4  /
```

Type créé.

Le type `T_PERSONNE` « a un » type `T_ADRESSE` ; la relation entre ces deux types est une composition. Le type `T_EMPLOYE` « est un » type `T_PERSONN` ; il s'agit dans ce cas d'un héritage ainsi qu'entre le type `T_EMPLOYE` et le type `T_MANAGER`.

Le type `T_MANAGER` « est un » type `T_EMPLOYE`, mais le type `T_EMPLOYE` « est un » type `T_PERSONNE` également. Ainsi le type `T_MANAGER` « est un » type `T_PERSONNE`.

```
SQL> DECLARE
  2       manager T_MANAGER := T_MANAGER( 'BIZOÏ', 'Razvan',
  3          '03/02/1965', T_ADRESSE('44, rue Mélanie','Strasbourg',
  4          67200,'FRANCE'), 1, 1, 'Consultant',2000, 'Formation', 3.5);
  5       employe T_EMPLOYE;
  6  BEGIN
  7    employe := manager;
  8    DBMS_OUTPUT.PUT_LINE( employe.NOM||' '||employe.PRENOM||
  9        ' '||employe.DATE_NAISSANCE||' '||employe.FONCTION
 10        ||' '||manager.DEPARTEMENT);
 11  END;
 12  /
BIZOÏ Razvan 03/02/65 Consultant Formation
```

Comme on l'a vu précédemment, le type `T_MANAGER` est un type `T_EMPLOYE`, ainsi, l'instance `employe` peut recevoir les informations correspondantes stockées dans l'instance `manager`.

## Attention

La relation entre deux types parent enfant est unidirectionnelle : le type enfant est un type parent.

La réciproque n'est pas valable. Ainsi le type `T_MANAGER` « est un » type `T_EMPLOYE` mais le type `T_EMPLOYE` n'est pas un type `T_MANAGER`.

```
SQL> DECLARE
  2       employe T_EMPLOYE := T_EMPLOYE( 'BIZOÏ', 'Razvan',
  3          '03/02/1965', T_ADRESSE('44, rue Mélanie','Strasbourg',
  4              67200,'FRANCE'), 1, 1, 'Consultant',2000);
  5       manager T_MANAGER ;
  6  BEGIN manager := employe; END;
  7  /
manager := employe;
              *
ERREUR à la ligne 7 :
ORA-06550: Ligne 7, colonne 14 :
PLS-00382: expression du mauvais type
ORA-06550: Ligne 7, colonne 3 :
PL/SQL: Statement ignored
```

## Attention

Les directives « **FINAL** » et « **NOT FINAL** » permettent de définir si le type peut être l'ancêtre pour un autre type.

Si un type est défini comme « **FINAL** » il ne peut plus servir dans un héritage. Il faut faire attention car c'est la valeur par défaut.

```
SQL> CREATE OR REPLACE TYPE T_DIRECTEUR
  2 UNDER T_MANAGER ( SITE  NVARCHAR2(30) ) FINAL;
  3 /
```

Avertissement : Type créé avec erreurs de compilation.

```
SQL> SHOW ERRORS
Erreurs pour TYPE T_DIRECTEUR :
LINE/COL ERROR
-------- -------------------------------------------------------------
1/1      PLS-00590: tentative de création d'un sous-type sous un type FINAL
```

Les directives « **INSTANTIABLE** » et « **NOT INSTANTIABLE** » renseignent sur la capacité d'instanciation d'un type. Il est possible de définir un type comme un objet générique, comme une classe abstraite, qui va être spécialisée dans ses enfants.

### *Attention*

Le type défini « **NOT INSTANTIABLE** » ne peut pas servir à créer un objet, il est forcément un type dédié à être un ancêtre. Ainsi, un type « **NOT INSTANTIABLE** » ne peut pas être défini « **FINAL** ».

Deux catégories de types existent, les types « **NOT INSTANTIABLE** » similaires aux classes abstraites et les types « **INSTANTIABLE** » qui sont définis pour créer des objets. La syntaxe de déclaration de ces types est :   ... [ NOT ] <u>INSTANTIABLE</u> [ NOT ] <u>FINAL</u> ;

```
SQL> DECLARE
  2     personne T_PERSONNE := T_PERSONNE( 'BIZOÏ', 'Razvan', NULL, NULL);
  3  BEGIN NULL; END;
  4  /
   personne T_PERSONNE := T_PERSONNE( 'BIZOÏ', 'Razvan',
                          *
ERREUR à la ligne 2 :
ORA-06550: Ligne 2, colonne 28 :
PLS-00713: tentative d'instanciation d'un type NOT INSTANTIABLE
ORA-06550: Ligne 2, colonne 14 :
PL/SQL: Item ignored
```

Le type T_PERSONNE est un type générique, il est déclaré comme « **NOT INSTANTIABLE** ». Ainsi, il ne peut pas être utilisé pour la déclaration des variables qui sont instanciées.

# Redéfinition des méthodes

Il est possible de redéfinir dans un type enfant, une méthode héritée. C'est une forme de surcharge d'une méthode qui permet d'adapter le traitement aux spécificités des enfants.

La méthode redéfinie doit conserver le nom, le nombre et type des arguments dans chaque type enfant où elle apparaît. Dans la définition du type, la directive « **OVERRIDING** » précède la déclaration de la méthode redéfinie.

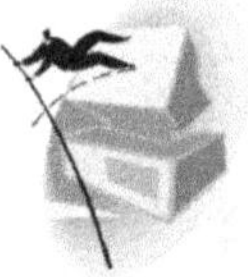

```
SQL> CREATE OR REPLACE TYPE    T_PERSONNE IS OBJECT
  2     (   NOM             NVARCHAR2(40),
  3         PRENOM          NVARCHAR2(30),
  4         DATE_NAISSANCE  DATE,
  5         ADRESSE         T_ADRESSE)NOT INSTANTIABLE NOT FINAL;
```

   

```
     6
     7  /

Type créé.

SQL> CREATE OR REPLACE TYPE     T_EMPLOYE UNDER T_PERSONNE
  2  (      NO_EMPLOYE          NUMBER(6),
  3         REND_COMPTE         NUMBER(6),
  4         FONCTION            VARCHAR2(30),
  5         SALAIRE             NUMBER(8,2),
  6         MEMBER FUNCTION revenu RETURN NUMBER,
  7         MEMBER FUNCTION InfoClasse RETURN VARCHAR2)NOT FINAL;
  8  /

Type créé.

SQL> CREATE OR REPLACE TYPE     T_MANAGER UNDER T_EMPLOYE
  2  (      DEPARTEMENT         NVARCHAR2(30),
  3         COMMISSION          NUMBER(8,2),
  4         OVERRIDING MEMBER FUNCTION revenu RETURN NUMBER,
  5         OVERRIDING MEMBER FUNCTION InfoClasse RETURN VARCHAR2)NOT FINAL;
  6  /

Type créé.

SQL> CREATE OR REPLACE TYPE     T_DIRECTEUR UNDER T_MANAGER
  2  (      SITE                NVARCHAR2(30) ,
  3         OVERRIDING MEMBER FUNCTION InfoClasse RETURN VARCHAR2)FINAL;
  4  /

Type créé.

SQL> CREATE OR REPLACE TYPE BODY T_EMPLOYE
  2  AS
  3      MEMBER FUNCTION revenu RETURN NUMBER IS
  4      BEGIN
  5          RETURN NVL(SALAIRE,0);
  6      END revenu;
  7      MEMBER FUNCTION InfoClasse RETURN VARCHAR2 IS
  8      BEGIN
  9          RETURN 'Le type est T_EMPLOYE';
 10      END InfoClasse;
 11  END;
 12  /

Corps de type créé.

SQL> CREATE OR REPLACE TYPE BODY T_MANAGER
  2  AS
  3      OVERRIDING MEMBER FUNCTION revenu RETURN NUMBER IS
  4      BEGIN
  5         RETURN NVL(SALAIRE,0)+(NVL(SALAIRE,0)*NVL(COMMISSION,0));
  6      END revenu;
  7      OVERRIDING MEMBER FUNCTION InfoClasse RETURN VARCHAR2 IS
  8      BEGIN
```

```
 9            RETURN 'Le type est T_MANAGER';
10         END InfoClasse;
11    END;
12    /
```

Corps de type créé.

```
SQL> CREATE OR REPLACE TYPE BODY T_DIRECTEUR
  2    AS
  3        OVERRIDING MEMBER FUNCTION InfoClasse RETURN VARCHAR2 IS
  4        BEGIN
  5            RETURN 'Le type est T_DIRECTEUR';
  6        END InfoClasse;
  7    END;
  8    /
```

Corps de type créé.

Chaque fois qu'une méthode de l'ancêtre doit être surchargée dans un des enfants, la directive« **OVERRIDING** » précède la déclaration de la méthode. Autrement, tout type objet hérite des méthodes de ses ancêtres sans aucune autre précision.

```
SQL> DECLARE
  2        TYPE t_emp IS TABLE OF T_EMPLOYE INDEX BY BINARY_INTEGER;
  3        employes t_emp;
  4    BEGIN
  5        employes(1) := T_EMPLOYE('BIZOÏ','Razvan','03/02/1965',
  6                        T_ADRESSE('44, rue Mélanie','Strasbourg',
  7                        67200,'FRANCE'), 1, 1, 'Consultant',2000);
  8
  9        employes(2) := T_MANAGER('DULUC','Isabelle','03/02/1965',
 10                        T_ADRESSE('44, rue Mélanie','Strasbourg',
 11                        67200,'FRANCE'), 1, 1, 'Consultant',2000,
 12                        'Formation', 3.5);
 13        employes(3) := T_DIRECTEUR('FABER','Pierre','03/02/1965',
 14                        T_ADRESSE('44, rue Mélanie','Strasbourg',
 15                        67200,'FRANCE'), 1, 1, 'Consultant',4000,
 16                        'Formation', 3.5,'Strasbourg');
 17        FOR indx IN 1..3 LOOP
 18          DBMS_OUTPUT.put_line ( employes(indx).InfoClasse||
 19            ' Revenue de '||employes(indx).NOM||' '||
 20            employes(indx).PRENOM||' = '|| employes(indx).revenu);
 21        END LOOP;
 22    END;
 23    /
Le type est T_EMPLOYE Revenue de BIZOÏ Razvan = 2000
Le type est T_MANAGER Revenue de DULUC Isabelle = 9000
Le type est T_DIRECTEUR Revenue de FABER Pierre = 18000

Procédure PL/SQL terminée avec succès.
```

Les trois instances des objets de type T_EMPLOYE, T_MANAGER et T_DIRECTEUR sont stockés dans le tableau des objets de type T_EMPLOYE. Chaque instance garde toutes les informations concernant son type d'origine. Ainsi, à l'exécution de la méthode InfoClasse, chaque instance retourne son propre type. Également pour le calcul des revenus de l'employé, manager ou directeur, chaque instance exécute sa propre méthode de calcul du revenu.

# Stockage d'un type objet

Dans un contexte de bases de données, un type abstrait de données peut être perçu comme :

- Une nouvelle gamme de colonnes définie par l'utilisateur, qui enrichit celle existante. Les types peuvent se combiner entre eux pour en construire d'autres.

- Une structure de données partagée qui permet qu'un type puisse être utilisé par une ou plusieurs tables.

Un type abstrait de données peut être stocké dans une table de deux manières :

- Les objets colonnes qui sont stockés en tant que colonnes structurées dans une table relationnelle.

- Les objets enregistrements qui sont stockés en tant que ligne d'une table objet. À ce titre, ils possèdent un identificateur unique appelé **OID** (**O**bject **ID**entifier). Ces objets peuvent être indexés et partitionnés.

Vous pouvez créer une table relationnelle et stocker des types objets utilisateur dans une de ces colonnes. La syntaxe de création d'une table relationnelle est la suivante :

```
CREATE TABLE [SCHEMA.]NOM_TABLE
        ( NOM TYPE_PERSO [DEFAULT EXPRESSION] [,...] ) ...
```

```
SQL> CREATE OR REPLACE TYPE type_adresse IS OBJECT (
  2      NORUE              VARCHAR2(60),
  3      VILLE              VARCHAR2(15),
  4      CODE_POSTAL        VARCHAR2(10),
  5      PAYS               VARCHAR2(15))
  6  /

Type créé.


SQL> CREATE OR REPLACE TYPE type_personne IS OBJECT(
  2      NOM                VARCHAR2(20),
  3      PRENOM             VARCHAR2(10),
  4      DATE_NAISSANCE     DATE,
  5      adresse            type_adresse)
  6  /

Type créé.


SQL> CREATE TABLE EMPLOYES(
  2      NO_EMPLOYE         NUMBER(6)      ,
  3      EMPLOYE            type_personne,
  4      FONCTION           VARCHAR2(30)  ,
  5      DATE_EMBAUCHE      DATE          ,
  6      SALAIRE            NUMBER(8, 2) )
  7  /

Table créée.


SQL> INSERT INTO EMPLOYES VALUES ( 1, TYPE_PERSONNE( 'BIZOÏ','Razvan',
  2     '10/12/1964', TYPE_ADRESSE('44,rue Mélanie','STRASBOURG',
  3        '67000','FRANCE')), 'Consultant Oracle', SYSDATE, 2000);
```

Vous pouvez interroger la vue du dictionnaire de données « **DBA_TYPES** » pour récupérer les informations sur les types d'objets de votre base.

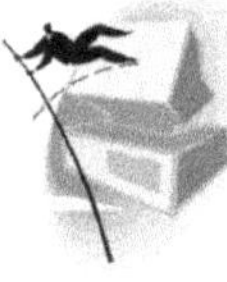

```
SQL> DESC DBA_TYPES
 Nom                                          NULL ?    Type
 -------------------------------------------- --------  ----------------
 OWNER                                                  VARCHAR2(30)
 TYPE_NAME                                    NOT NULL  VARCHAR2(30)
 TYPE_OID                                     NOT NULL  RAW(16)
 TYPECODE                                               VARCHAR2(30)
 ATTRIBUTES                                             NUMBER
 METHODS                                                NUMBER
 PREDEFINED                                             VARCHAR2(3)
 INCOMPLETE                                             VARCHAR2(3)
 FINAL                                                  VARCHAR2(3)
 INSTANTIABLE                                           VARCHAR2(3)
 SUPERTYPE_OWNER                                        VARCHAR2(30)
 SUPERTYPE_NAME                                         VARCHAR2(30)
 LOCAL_ATTRIBUTES                                       NUMBER
 LOCAL_METHODS                                          NUMBER
 TYPEID                                                 RAW(16)


SQL> SELECT TYPE_NAME, ATTRIBUTES FROM DBA_TYPES
  2  WHERE TYPE_NAME LIKE 'TYPE%';


TYPE_NAME                          ATTRIBUTES
------------------------------     ----------
TYPE_ADRESSE                                4
TYPE_PERSONNE                               4


SQL> DESC TYPE_ADRESSE
 Nom                                          NULL ?    Type
 -------------------------------------------- --------  ----------------
 NORUE                                                  VARCHAR2(60)
 VILLE                                                  VARCHAR2(15)
 CODE_POSTAL                                            VARCHAR2(10)
 PAYS                                                   VARCHAR2(15)


SQL> DESC TYPE_PERSONNE
 Nom                                          NULL ?    Type
 -------------------------------------------- --------  ----------------
 NOM                                                    VARCHAR2(20)
 PRENOM                                                 VARCHAR2(10)
 DATE_NAISSANCE                                         DATE
 ADRESSE                                                TYPE_ADRESSE
```

Vous pouvez définir pour chaque colonne de type objet utilisateur une valeur par défaut.

```
SQL> CREATE OR REPLACE TYPE type_personne AS OBJECT (
  2       NOM               VARCHAR2(20),
  3       PRENOM            VARCHAR2(10),
  4       DATE_NAISSANCE    DATE,
  5  CONSTRUCTOR FUNCTION type_personne
  6     ( NOM  IN VARCHAR2, DATE_NAISSANCE IN DATE) RETURN SELF AS RESULT,
  7  CONSTRUCTOR FUNCTION type_personne ( NOM  IN VARCHAR2)
  8       RETURN SELF AS RESULT,
  9  MEMBER FUNCTION age_pers RETURN NUMBER)
```

```
 10  /

Type créé.

SQL> CREATE OR REPLACE TYPE BODY type_personne
  2  AS
  3      CONSTRUCTOR FUNCTION type_personne ( NOM  IN VARCHAR2,
  4                                        DATE_NAISSANCE IN DATE)
  5      RETURN SELF AS RESULT IS
  6      BEGIN
  7         SELF.NOM := NOM;
  8         SELF.DATE_NAISSANCE := DATE_NAISSANCE;
  9         RETURN;
 10      END;
 11      CONSTRUCTOR FUNCTION type_personne ( NOM  IN VARCHAR2)
 12         RETURN SELF AS RESULT IS
 13      BEGIN
 14         SELF.NOM := NOM;    RETURN;
 15      END;
 16      MEMBER FUNCTION age_pers RETURN NUMBER IS
 17         age NUMBER(3);
 18      BEGIN
 19         age := trunc( ( sysdate - SELF.DATE_NAISSANCE) / 365);
 20         RETURN age;
 21      END age_pers;
 22  END;
 23  /

Corps de type créé.

SQL> CREATE TABLE EMPLOYES(
  2      NO_EMPLOYE          NUMBER(6)      ,
  3      EMPLOYE             type_personne
  4         DEFAULT TYPE_PERSONNE( 'BIZOÏ','Razvan','10/12/1964'),
  5      FONCTION            VARCHAR2(30) ,
  6      DATE_EMBAUCHE       DATE           ,
  7      SALAIRE             NUMBER(8, 2) )
  8  /

Table créée.

SQL> INSERT INTO EMPLOYES
  2   ( NO_EMPLOYE, FONCTION, DATE_EMBAUCHE, SALAIRE)
  3      VALUES ( 1,'Consultant Oracle',SYSDATE, 2000);

1 ligne créée.

SQL> DESC TYPE_PERSONNE
 Nom                                  NULL ?   Type
 ------------------------------------ -------- ----------------------
 NOM                                           VARCHAR2(20)
 PRENOM                                        VARCHAR2(10)
 DATE_NAISSANCE                                DATE

METHOD
------
 FINAL CONSTRUCTOR FUNCTION TYPE_PERSONNE RETURNS SELF AS RESULT
 Nom d'argument                   Type                  E/S par défaut ?
```

```
------------------------------  ------------------------  ------  --------
NOM                             VARCHAR2                  IN
DATE_NAISSANCE                  DATE                      IN

METHOD
------
 FINAL CONSTRUCTOR FUNCTION TYPE_PERSONNE RETURNS SELF AS RESULT
 Nom d'argument                 Type                      E/S par défaut ?
------------------------------  ------------------------  ------  --------
NOM                             VARCHAR2                  IN

METHOD
------
 MEMBER FUNCTION AGE_PERS RETURNS NUMBER
```

### Attention

Pour accéder aux attributs des objets dans une instruction SQL, il est obligatoire d'utiliser un alias pour le nom de la table.

De même, pour accéder aux méthodes, il faut utiliser un alias pour le nom de la table et toujours utiliser les parenthèses même s'il s'agit d'une fonction sans aucun argument.

```
SQL> SELECT * FROM EMPLOYES;

NO_EMPLOYE
----------
EMPLOYE(NOM, PRENOM, DATE_NAISSANCE)
-----------------------------------------------------------
FONCTION                        DATE_EMB    SALAIRE
------------------------------  --------  ----------
         1
TYPE_PERSONNE('BIZOÏ', 'Razvan', '10/12/64')
Consultant Oracle               07/07/06      2000

SQL> SELECT EMPLOYE.AGE_PERS() FROM EMPLOYES;
SELECT EMPLOYE.AGE_PERS() FROM EMPLOYES
       *
ERREUR à la ligne 1 :
ORA-00904: "EMPLOYE"."AGE_PERS" : identificateur non valide

SQL> SELECT EMP.EMPLOYE.AGE_PERS() FROM EMPLOYES EMP;

S.EMPLOYE.AGE_PERS()
--------------------
                  41

SQL> SELECT EMP.EMPLOYE.DATE_NAISSANCE FROM EMPLOYES EMP;

EMPLOYE.
--------
10/12/64
```

# Table objet

La méthode la plus simple pour stocker des types objets est de créer une table qui reprend la description d'un objet. Ainsi, chaque enregistrement est un objet de type respectif.

La syntaxe simplifiée de création d'une table relationnelle est la suivante :

```
CREATE TABLE [SCHEMA.]NOM_TABLE OF [SCHEMA.]NOM_TYPE
    ( NOM TYPE_PERSO [DEFAULT EXPRESSION] [,...] )
[OBJECT IDENTIFIER IS { SYSTEM GENERATED | PRIMARY KEY}]
NESTED TABLE NOM_TABLEAU STORE AS NOM_COLONNE[,...] ...
```

| | |
|---|---|
| **OBJECT IDENTIFIER** | Indique la méthode de génération d'identifiant unique **OID** (**O**bject **ID**entifier). |
| **SYSTEM GENERATED** | Oracle prend en charge automatiquement la création d'un **OID** (**O**bject **ID**entifier) codé sur 16 bytes. C'est l'option par défaut. |
| **PRIMARY KEY** | Indique que l'identifiant unique **OID** (**O**bject **ID**entifier) est basé sur la clé primaire. |

```
SQL> CREATE OR REPLACE TYPE type_personne
  2  AS OBJECT (
  3     NO_EMP              NUMBER(2),
  4     NOM                 VARCHAR2(20),
  5     PRENOM              VARCHAR2(10),
  6     DATE_NAISSANCE      DATE,
  7  CONSTRUCTOR FUNCTION type_personne ( NO_EMP  NUMBER,
  8                                       NOM  IN VARCHAR2,
  9                                       DATE_NAISSANCE IN DATE)
 10     RETURN SELF AS RESULT,
 11  MEMBER FUNCTION age_pers RETURN NUMBER)
 12  /

Type créé.


SQL> CREATE OR REPLACE TYPE BODY type_personne
  2  AS
  3    CONSTRUCTOR FUNCTION type_personne ( NO_EMP  NUMBER,
  4                                         NOM  IN VARCHAR2,
  5                                         DATE_NAISSANCE IN DATE)
  6    RETURN SELF AS RESULT IS
  7    BEGIN
  8       SELF.NOM := NOM;
  9       SELF.DATE_NAISSANCE := DATE_NAISSANCE;
 10       RETURN;
 11    END;
 12    MEMBER FUNCTION age_pers RETURN NUMBER IS
 13       age NUMBER(3);
 14    BEGIN
 15       age := trunc( ( sysdate - SELF.DATE_NAISSANCE) / 365);
 16       RETURN age;
 17    END age_pers;
 18  END;
 19  /

Corps de type créé.


SQL> CREATE TABLE EMPLOYES OF type_personne ;

Table créée.
```

```
SQL> DESC EMPLOYES
Nom                                                NULL ?   Type
------------------------------------------------- -------- ----------------
 NO_EMP                                                     NUMBER(2)
 NOM                                                        VARCHAR2(20)
 PRENOM                                                     VARCHAR2(10)
 DATE_NAISSANCE                                             DATE

SQL> SELECT OBJECT_ID_TYPE, TABLE_TYPE_OWNER, TABLE_TYPE
  2  FROM DBA_OBJECT_TABLES
  3  WHERE TABLE_NAME LIKE 'EMPLOYES';


OBJECT_ID_TYPE     TABLE_TYPE_OWNER                 TABLE_TYPE
---------------    ------------------------------   ---------------
SYSTEM GENERATED   STAGIAIRE                        TYPE_PERSONNE
```

Vous pouvez interroger la vue du dictionnaire de données « **DBA_OBJECT_TABLES** » pour récupérer les informations sur les tables objets.

Il est possible de définir une clé primaire pour gérer les enregistrements de la table. Pour plus de détails sur la syntaxe, voir plus loin dans le module.

```
SQL> CREATE TABLE EMPLOYES OF type_personne
  2  (CONSTRAINT PK_EMPLOYE PRIMARY KEY (NO_EMP))
  3  OBJECT IDENTIFIER IS PRIMARY KEY;


Table créée.

SQL> SELECT OBJECT_ID_TYPE, TABLE_TYPE_OWNER, TABLE_TYPE
  2  FROM DBA_OBJECT_TABLES
  3  WHERE TABLE_NAME LIKE 'EMPLOYES';


OBJECT_ID_TYPE     TABLE_TYPE_OWNER                 TABLE_TYPE
---------------    ------------------------------   ---------------
USER-DEFINED       STAGIAIRE                        TYPE_PERSONNE

SQL> INSERT INTO EMPLOYES VALUES ( 1,'BIZOÏ','Razvan','10/12/1965');


1 ligne créée.

SQL> INSERT INTO EMPLOYES VALUES ( 1,'BIZOÏ','Razvan','10/12/1965');
INSERT INTO EMPLOYES
*
ERREUR à la ligne 1 :
ORA-00001: violation de contrainte unique (SYS.PK_EMPLOYE)


SQL> INSERT INTO EMPLOYES VALUES ( 2,'DULUC','Isabelle','10/12/1965');


1 ligne créée.
```

Si vous voulez insérer des objets qui contiennent des tableaux imbriqués, il faut faire attention à prendre en compte la description de chaque tableau imbriqué pour indiquer l'alias de la colonne correspondante.

```
SQL> CREATE OR REPLACE TYPE T_ADRESSE IS OBJECT (
  2          ADRESSE            NVARCHAR2(60),
  3          VILLE              VARCHAR2(30));
  4  /
```

```
Type créé.

SQL> CREATE OR REPLACE TYPE T_LISTE_ADRESSES IS TABLE OF T_ADRESSE;
  2  /

Type créé.

SQL> CREATE OR REPLACE TYPE T_PERSONNE IS OBJECT(
  2              NOM                  NVARCHAR2(40),
  3              PRENOM               NVARCHAR2(30),
  4              LISTE_ADRESSES       T_LISTE_ADRESSES)
  5  /

Type créé.

SQL> CREATE TABLE PERSONNE_OBJ OF T_PERSONNE
  2  NESTED TABLE LISTE_ADRESSES STORE AS ADRESSES;

Table créée.

SQL> DECLARE
  2    V_PERSONNE1 T_PERSONNE :=
  3              T_PERSONNE( 'BIZOÏ', 'Razvan',
  4                  T_LISTE_ADRESSES(
  5                      T_ADRESSE('44, rue Mélanie','Strasbourg'),
  6                      T_ADRESSE('14, rue Claudel','Strasbourg')));
  7    V_PERSONNE2 T_PERSONNE;
  8  BEGIN
  9    V_PERSONNE2 :=
 10              T_PERSONNE( 'DULUC','Isabelle',
 11                  T_LISTE_ADRESSES(
 12                      T_ADRESSE('44, rue Mélanie','Strasbourg'),
 13                      T_ADRESSE('14, rue Claudel','Strasbourg')));
 14    INSERT INTO PERSONNE_OBJ VALUES  V_PERSONNE1;
 15    INSERT INTO PERSONNE_OBJ VALUES  V_PERSONNE2;
 16  END;
 17  /

Procédure PL/SQL terminée avec succès.

SQL> SELECT * FROM PERSONNE_OBJ;

NOM
------------------------------------------
PRENOM
------------------------------
LISTE_ADRESSES(ADRESSE, VILLE)
----------------------------------------------------------------
BIZOÏ
Razvan
T_LISTE_ADRESSES(T_ADRESSE('44, rue Mélanie', 'Strasbourg'),
T_ADRESSE('14, rue Claudel', 'Strasbourg'))

DULUC
```

```
Isabelle

NOM
-----------------------------------------------
PRENOM
-----------------------------------------------
LISTE_ADRESSES(ADRESSE, VILLE)
------------------------------------------------------------
T_LISTE_ADRESSES(T_ADRESSE('44, rue Mélanie', 'Strasbourg'),
T_ADRESSE('14, rue Claudel', 'Strasbourg'))
```

# Opérateurs et prédicats

SQL définit des opérateurs qui peuvent manipuler les objets et les références d'objets. Notez bien que tous ces opérateurs « **VALUE** », « **REF** », « **DEREF** » et « **IS DANGLING** » peuvent être spécifiés uniquement dans les instructions SQL ; ils ne peuvent l'être dans des instructions PL/SQL.

## VALUE

Vous pouvez utiliser la directive « **VALUE** » pour récupérer l'objet de l'enregistrement pour la table que représente l'argument de la directive. Attention, il s'agit d'un alias de table.

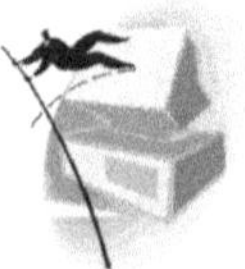

```
SQL> SELECT VALUE(E), NOM, PRENOM FROM EMPLOYES E;

VALUE(E)(NO_EMP, NOM, PRENOM, DATE_NAISSANCE)
-----------------------------------------------------
NOM                     PRENOM
-------------------- ----------
TYPE_PERSONNE(1, 'BIZOÏ', 'Razvan', '10/12/65')
BIZOÏ                Razvan

TYPE_PERSONNE(2, 'DULUC', 'Isabelle', '10/12/65')
DULUC                Isabelle
```

La directive « **VALUE** » peut être utilisée également dans la clause « **WHERE** » pour effectuer une comparaison avec la valeur de retour d'une sous-requête ou d'une variable PL/SQL

```
SQL> SELECT VALUE(E), NOM, PRENOM FROM EMPLOYES E
  2  WHERE VALUE(E)=( SELECT VALUE(E1) FROM EMPLOYES E1 WHERE NO_EMP = 2);

VALUE(E)(NO_EMP, NOM, PRENOM, DATE_NAISSANCE)
-----------------------------------------------------
NOM                     PRENOM
-------------------- ----------
TYPE_PERSONNE(2, 'DULUC', 'Isabelle', '10/12/65')
DULUC                Isabelle
```

## REF

Vous pouvez utiliser la directive **« REF »** pour récupérer la référence de chaque objet stocké dans la table. Rappelez-vous que chaque enregistrement est une instance du type d'objet utilisé pour la création de la table. La référence d'un objet peut être utilisée pour des jointures entre les tables, au même titre que les contraintes d'intégrité référentielle.

```
SQL> SELECT REF(E), NOM, PRENOM FROM EMPLOYES E;

REF(E)
--------------------------------------------------------------------
NOM                  PRENOM
-------------------- ----------
00004A038A004675B57AFAC9E24692A8576E9B2B92C8400000000142601000100010
02900000000000090602002A00078401FE0000000A02C10200000000000000000000
0000000000000000000000
BIZOÏ                Razvan

00004A038A004675B57AFAC9E24692A8576E9B2B92C8400000000142601000100010
02900000000000090602002A00078401FE0000000A02C10300000000000000000000
0000000000000000000000
DULUC                Isabelle
```

## DEREF

La directive « **DEREF** » vous permet de retrouver l'objet de l'enregistrement pour la table correspondant à la référence donnée comme argument.

```
SQL> DECLARE
  2      v_pers TYPE_PERSONNE;
  3  BEGIN
  4    SELECT DEREF(REF(EMP)) INTO v_pers FROM EMPLOYES EMP WHERE NO_EMP=1;
  5    DBMS_OUTPUT.PUT_LINE(v_pers.NOM||' '||v_pers.PRENOM||' '||
  6                        v_pers.DATE_NAISSANCE);
  7  END;
  8  /
BIZOÏ Razvan 10/12/65
```

## IS DANGLING

Le prédicat « **IS DANGLING** » détermine si une référence d'objet pointe ou non vers un objet valide. Si l'objet sur lequel pointe une référence est supprimé, la référence est dite invalide puisqu'elle pointe désormais sur un objet non existant. Il est illicite de supprimer une référence invalide.

Rappelez-vous que les directives « **VALUE** », « **REF** », « **DEREF** » et le prédicat « **IS DANGLING** » peuvent être spécifiés uniquement dans les instructions SQL ; ils ne peuvent l'être dans des instructions PL/SQL.

```
SQL> DECLARE
  2      v_pers TYPE_PERSONNE;
  3  BEGIN
  4    SELECT REF(EMP) INTO v_ref FROM EMPLOYES EMP WHERE NO_EMP=1;
  5    DELETE FROM EMPLOYES WHERE NO_EMP = 1;
  6    IF v_ref IS DANGLING THEN
  7       DBMS_OUTPUT.PUT_LINE('1');
  8    ELSE
  9       DBMS_OUTPUT.PUT_LINE('2');
 10    END if;
 11  END;
 12  /
   IF v_ref IS DANGLING THEN
      *
ERREUR à la ligne 6 :
```

```
ORA-06550: Ligne 6, colonne 7 :
PLS-00204: fonction ou pseudo-colonne 'IS DANGLING' peut être
utilisée uniquement dans instruction SQL

SQL> DECLARE
  2      v_ref REF TYPE_PERSONNE;
  3      v_result    VARCHAR2(50);
  4  BEGIN
  5      SELECT REF(EMP) INTO v_ref FROM EMPLOYES EMP WHERE NO_EMP=1;
  6      DELETE FROM EMPLOYES WHERE NO_EMP = 1;
  7      SELECT 'Référence est supprimé' INTO v_result FROM DUAL
  8      WHERE v_ref IS DANGLING;
  9      DBMS_OUTPUT.PUT_LINE(v_result);
 10  END;
 11  /
Référence est supprimé
```

# Les tableaux imbriqués

Les objets que vous créez peuvent utiliser des tableaux imbriqués comme attributs et vous pouvez également les stocker dans les tables de votre base de données. Ainsi, comme nous l'avons vu précédemment, vous créez deux tables : la première est la table principale et la deuxième celle du tableau imbriqué. La syntaxe pour la création de la table est la suivante :

**CREATE TABLE (  ... nom_colonne  type_tableau, ... )**

**NESTED TABLE nom_colonne STORE AS nom_table_tableau;**

Dans l'exemple suivant, vous pouvez voir le stockage d'un tableau imbriqué dans une table et la syntaxe d'alimentation de cette table, en utilisant la commande « **COLLECT** » pour concevoir le tableau à partir d'une requête SQL.

```
SQL> CREATE OR REPLACE TYPE obj_adresse IS OBJECT
  2  (  ADRESSE             NVARCHAR2(60),
  3     VILLE               VARCHAR2(30) ,
  4     CODE_POSTAL         VARCHAR2(10) ,
  5     PAYS                VARCHAR2(25) );
  6  /

Type créé.


SQL> CREATE OR REPLACE TYPE tab_adresses
  2          IS TABLE OF obj_adresse;
  3  /


Type créé.


SQL> CREATE TABLE PERSONNES(
  2      NO_PERSONNE          NUMBER(6)
  3          CONSTRAINT PERSONNES_PK PRIMARY KEY
  4          USING INDEX TABLESPACE ITB_TRAN LOGGING,
  5      NOM                  NVARCHAR2(40)    NOT NULL,
  6      PRENOM               NVARCHAR2(30)    NOT NULL,
  7      adresses             tab_adresses )
  9  NESTED TABLE ADRESSES STORE AS PERSTAB_ADRESSES
```

```
 10   TABLESPACE DTB_TRAN LOGGING COMPRESS FOR OLTP;

Table créée.

SQL> INSERT INTO PERSONNES
  2   SELECT NO_EMPLOYE, NOM, PRENOM,
  3     ( SELECT CAST( COLLECT(
  4                   obj_adresse(ADRESSE,VILLE,CODE_POSTAL,PAYS))
  5                   AS tab_adresses)
  6       FROM PERSONNES_ADRESSES WHERE ID = NO_EMPLOYE)
  7   FROM EMPLOYES
  8   WHERE PAYS IS NOT NULL;

92 ligne(s) créée(s).

SQL> SELECT NO_PERSONNE ID,NOM,PRENOM,ADRESSES FROM PERSONNES;

  ID NOM           PRENOM        ADRESSES(ADRESSE, VILLE, CODE_POSTAL,
---- ------------- ------------- ------------------------------------------
  70 Berlioz       Jacques       TAB_ADRESSES(OBJ_ADRESSE('37 North Ai
  71 Nocella       Guy           TAB_ADRESSES(OBJ_ADRESSE('17 South Sa
  72 Herve         Didier        TAB_ADRESSES(OBJ_ADRESSE('107 West Ar
  73 Mangeard      Jocelyne      TAB_ADRESSES(OBJ_ADRESSE('27 West Str
  74 Cazade        Anne-Claire   TAB_ADRESSES()
  76 Peacock       Margaret      TAB_ADRESSES(OBJ_ADRESSE('57 East Bla
...
```

Dans le cas où vous utilisez le tableau imbriqué comme attribut d'une colonne de type objet, il faut faire attention à la déclaration du stockage du tableau imbriqué. En effet, la syntaxe de déclaration pour le stockage du tableau imbriqué accepte uniquement le nom d'une variable de type tableau imbriqué.

```
SQL> CREATE OR REPLACE TYPE otab_adresses IS OBJECT
  2   ( a_adresses            tab_adresses,
  3     CONSTRUCTOR FUNCTION otab_adresses
  4         ( ADRESSE       IN NVARCHAR2,
  5           VILLE         IN VARCHAR2,
  6           CODE_POSTAL IN VARCHAR2 ,
  7           PAYS          IN VARCHAR2) RETURN SELF AS RESULT);
  8   /

Type créé.

SQL> CREATE OR REPLACE TYPE BODY otab_adresses
  2   AS
  3     CONSTRUCTOR FUNCTION otab_adresses
  4         ( ADRESSE       IN NVARCHAR2,
  5           VILLE         IN VARCHAR2,
  6           CODE_POSTAL IN VARCHAR2 ,
  7           PAYS          IN VARCHAR2)
  8     RETURN SELF AS RESULT IS
  9     BEGIN
 10        SELF.a_adresses := tab_adresses(
 11          obj_adresse( ADRESSE,VILLE,CODE_POSTAL,PAYS));
 12        RETURN;
 13     END;
 14   END;
```

```
 15  /

Corps de type créé.

SQL> CREATE TABLE PERSONNES(
  2     NO_PERSONNE              NUMBER(6)
  3            CONSTRAINT PERSONNES_PK PRIMARY KEY
  4            USING INDEX TABLESPACE ITB_TRAN LOGGING,
  5     NOM                      NVARCHAR2(40)      NOT NULL,
  6     PRENOM                   NVARCHAR2(30)      NOT NULL,
  7     adresses                 otab_adresses  )
  8  NESTED TABLE ADRESSES.a_adresses STORE AS PERSTAB_ADRESSES;

Table créée.
```

Il faut également faire attention à la syntaxe de stockage des tableaux imbriqués à plusieurs niveaux.
La syntaxe de mise en œuvre est la suivante :

```
CREATE TABLE (  ... nom_colonne  type_tableau, ... )

NESTED TABLE nom_colonne STORE AS nom_table_tableau

    ( NESTED TABLE nom_colonne  STORE AS nom_table_tableau

        ( NESTED TABLE nom_colonne STORE AS nom_table_tableau) );
```

Dans l'exemple suivant, la table FOURNISSEURS stocke pour chaque fournisseur une liste
d'adresses dans un tableau imbriqué. Pour chaque adresse, une liste de plusieurs contacts est définie et
stockée dans un deuxième tableau imbriqué. Pour chaque contact, une liste de coordonnées est
stockée dans un troisième tableau imbriqué.

```
SQL> CREATE OR REPLACE TYPE r_coordonee IS OBJECT
  2         ( TELEPHONE VARCHAR2(90) , TYPE  NUMBER(1));
  3  /

Type créé.


SQL> CREATE OR REPLACE TYPE t_coordonees IS TABLE OF r_coordonee;
  2  /

Type créé.


SQL> CREATE OR REPLACE TYPE r_contact IS OBJECT
  2  (  NOM            NVARCHAR2(60)        ,
  3     PRENOM         NVARCHAR2(60)        ,
  4     TITRE          VARCHAR2(5)          ,
  5     DATE_NAISSANCE DATE                 ,
  6     MAIL           NVARCHAR2(90)        ,
  7     COORDONEES     t_coordonees  );
  8  /

Type créé.


SQL> CREATE OR REPLACE TYPE t_contacts IS TABLE OF r_contact;
  2  /

Type créé.


SQL> CREATE OR REPLACE TYPE r_adresse IS OBJECT
  2  ( ADRESSE          NVARCHAR2(80)          ,
```

```
  3      VILLE               NVARCHAR2(80)     ,
  4      CODE_POSTAL         NVARCHAR2(20)     ,
  5      PROVINCE            NVARCHAR2(40)     ,
  6      PAYS                NVARCHAR2(60)     ,
  7      CONTACTS            t_contacts        );
  8  /

Type créé.

SQL> CREATE OR REPLACE TYPE t_adresses IS TABLE OF r_adresse;
  2  /

Type créé.

SQL> CREATE TABLE T_FOURNISSEURS  (
  2      NO_FOURNISSEUR          NUMBER(6)       NOT NULL,
  3      SOCIETE                 NVARCHAR2(80) NOT NULL,
  4      ADRESSES                t_adresses      ,
  5      CONSTRAINT T_FOURNISSEURS_PK PRIMARY KEY (NO_FOURNISSEUR)
  6          USING INDEX TABLESPACE ITB_TRAN LOGGING)
  7  NESTED TABLE ADRESSES STORE AS T_ADRESSES_FOUR
  8      ( NESTED TABLE CONTACTS STORE AS T_CONTACTS_FOUR
  9          ( NESTED TABLE COORDONEES STORE AS T_COORDONEES_FOUR ))
 10  TABLESPACE DTB_TRAN;
 11

Table créée.

SQL> DECLARE
  2      V_ADRESSES    T_ADRESSES    := T_ADRESSES();
  3      V_CONTACTS    T_CONTACTS    := T_CONTACTS();
  4      V_COORDONEES T_COORDONEES := T_COORDONEES();
  5      C_ADR SIMPLE_INTEGER := 1;
  6      C_CTC SIMPLE_INTEGER := 1;
  7      C_CRD SIMPLE_INTEGER := 1;
  8  BEGIN
  9      FOR FOUR IN ( SELECT * FROM FOURNISSEURS)
 10      LOOP
 11        V_ADRESSES.DELETE;
 12        C_ADR := 1;
 13        FOR ADR IN ( SELECT * FROM TAB_ADRESSES_FOURNISSEURS
 14                    WHERE NO_FOURNISSEUR = FOUR.NO_FOURNISSEUR)
 15        LOOP
 16          V_CONTACTS.DELETE;
 17          C_CTC := 1;
 18          FOR CTC IN ( SELECT * FROM TAB_CONTACTS_FOURNISSEURS
 19                      WHERE NO_FOURNISSEUR = FOUR.NO_FOURNISSEUR
 20                      AND NO_ADRESSE    = ADR.NO_ADRESSE)
 21          LOOP
 22            V_COORDONEES.DELETE;
 23            C_CRD := 1;
 24            FOR CRD IN ( SELECT * FROM TAB_COORDONEES_FOURNISSEURS
 25                        WHERE NO_FOURNISSEUR = FOUR.NO_FOURNISSEUR
 26                        AND NO_ADRESSE    = ADR.NO_ADRESSE
 27                        AND NO_PERSONNE   = CTC.NO_PERSONNE)
```

```
28              LOOP
29                 V_COORDONEES.EXTEND;
30                 V_COORDONEES(C_CRD):=R_COORDONEE(CRD.TELEPHONE,CRD.TYPE);
31                 C_CRD := C_CRD + 1;
32               END LOOP;
33             V_CONTACTS.EXTEND;
34             V_CONTACTS(C_CTC):=R_CONTACT(CTC.NOM,CTC.PRENOM,CTC.TITRE,
35                          CTC.DATE_NAISSANCE,CTC.MAIL,V_COORDONEES);
36             C_CTC := C_CTC + 1;
37           END LOOP;
38         V_ADRESSES.EXTEND;
39         V_ADRESSES(C_ADR) := R_ADRESSE(ADR.ADRESSE,ADR.VILLE,
40                  ADR.CODE_POSTAL,ADR.PROVINCE,ADR.PAYS,V_CONTACTS);
41         C_ADR := C_ADR + 1;
42       END LOOP;
43       INSERT INTO T_FOURNISSEURS VALUES (FOUR.NO_FOURNISSEUR,
44            FOUR.SOCIETE,V_ADRESSES);
45     END LOOP;
46     COMMIT;
47   END;
48   /
```

```
Procédure PL/SQL terminée avec succès.

SQL> SELECT ADRESSE,VILLE,CODE_POSTAL,PROVINCE,PAYS FROM TABLE(
  2    SELECT ADRESSES FROM T_FOURNISSEURS WHERE NO_FOURNISSEUR = 2 );

ADRESSE                          VILLE    CODE_P PROVINCE         PAYS
------------------------------   -------  ------ ---------------- ----------
67 Packard Avenue                Almere   53574  Flevopolder      Italie
67 South Coshocton Avenue        Sydney   63488  New South Wales  Australie

SQL> SELECT NOM,PRENOM,TITRE,DATE_NAISSANCE,MAIL FROM TABLE
  2   (SELECT CONTACTS FROM TABLE( SELECT ADRESSES FROM T_FOURNISSEURS
  3    WHERE NO_FOURNISSEUR = 2 ) ADRESSE WHERE PAYS = 'Italie');

NOM         PRENOM       TITRE DATE_NAISS MAIL
----------- ------------ ----- ---------- ----------------------------
Sager       Yvette       M.    13/02/1979 Yvette.Sager@SOCIETE.COM
Barron      Zandra       Mme   14/02/1955 Zandra.Barron@SOCIETE.COM
Kimball     Ralph        M.    15/06/1939 Ralph.Kimball@SOCIETE.COM
Whitehead   Benita       Mme   14/06/1952 Benita.Whitehead@SOCIETE.COM

SQL> SELECT TELEPHONE FROM TABLE(SELECT COORDONEES FROM TABLE
  2   (SELECT CONTACTS FROM TABLE( SELECT ADRESSES FROM T_FOURNISSEURS
  3        WHERE NO_FOURNISSEUR = 2 )
  4         WHERE PAYS = 'Italie')
  5          WHERE NOM = 'Kimball');

TELEPHONE
-----------------------------------------------------------------------------
229-112-7083
166-407-8056
650-238-1338
629-706-6107
```

```
513-187-5523

SQL> UPDATE TABLE
  2  (SELECT COORDONEES FROM TABLE
  3  (SELECT CONTACTS FROM TABLE( SELECT ADRESSES
  4    FROM T_FOURNISSEURS WHERE NO_FOURNISSEUR = 2 ) ADRESSE
  5     WHERE PAYS = 'Italie')   WHERE NOM = 'Kimball') TEL
  6  SET VALUE(TEL) = r_coordonee
  7    ('(39)'||REPLACE(VALUE(TEL).TELEPHONE,'-'),VALUE(TEL).TYPE);

5 lignes mises à jour.

SQL> SELECT TELEPHONE FROM TABLE(SELECT COORDONEES FROM TABLE
  2  (SELECT CONTACTS FROM TABLE( SELECT ADRESSES
  3    FROM T_FOURNISSEURS WHERE NO_FOURNISSEUR = 2 ) ADRESSE
  4     WHERE PAYS = 'Italie')   WHERE NOM = 'Kimball');

TELEPHONE
--------------------------------------------------------------------------
(39)2291127083
(39)1664078056
(39)6502381338
(39)6297066107
(39)5131875523
```

- *DBMS_OUTPUT*

- *DBMS_JOB*

- *DBMS_METADATA*

- *UTL_FILE*

# 12

# Les packages intégrés

## Objectifs

À la fin de ce module, vous serez à même d'effectuer les tâches suivantes :

- Envoyer des informations entre les blocs de la même session.
- Paramétrer le tampon de SQL*Plus.
- Créer des fichiers physiques sur le serveur, lire et écrire dedans.
- Lancer des travaux pour une exécution répétitive.
- Récupérer les descriptions des objets de la base en SQL ou XML.

## Contenu

# Les options de compilation

À partir de la version Oracle 10g, il est possible de compiler le code PL/SQL en mode « **NATIVE** ». Ainsi, dans cette version, le code est d'abord transposé en langage « **C** » et ensuite compilé. Dans le mode par défaut « **INTERPRETED** » le code est interprété et stocké dans la base, en clair ou brouillé.

Dans la version Oracle 11g, la compilation en mode « **NATIVE** » change, elle est effectuée directement sans la conversion en langage « **C** ».

Pour compiler un bloc PL/SQ stocké dans la base de données, vous devez utiliser la syntaxe suivante :

```
ALTER { FUNCTION | PACKAGE | PACKAGE BODY |
        PROCEDURE | TRIGGER | TYPE | TYPE BODY }
     nom_bloc   PLSQL_CODE_TYPE={INTERPRETED|NATIVE} ;
```

Pour choisir entre ces deux modes, il faut savoir que le mode « **NATIVE** » permet de meilleures performances pour les blocs qui utilisent beaucoup de calculs. Le mode par défaut « **INTERPRETED** » est plus efficace pour les blocs qui nécessitent beaucoup l'utilisation des ordres SQL.

```
SQL> CREATE OR REPLACE PROCEDURE simple_test (i IN SIMPLE_INTEGER)
  2  as
  3      int1       SIMPLE_INTEGER := 1;
  4      int2       SIMPLE_INTEGER := 2;
  5      v_debut    SIMPLE_INTEGER := 0;
  6      v_fin      SIMPLE_INTEGER := 0;
  7  begin
  8      v_debut    := dbms_utility.get_time;
  9      for cnt in 1 .. i
 10      loop
 11        int1 := int1 + sqrt(mod(int2 * cnt,100))*
 12                     power(power(int2,3),-2)*LN(int2) ;
 13      end loop;
 14      v_fin        := dbms_utility.get_time - v_debut ;
 15      dbms_output.put_line( 'Iterations :'||i||
 16                  ' '||to_char(v_fin,'999,999'));
 17  end;
 18  /


Procédure créée.


SQL> ALTER PROCEDURE SIMPLE_TEST COMPILE PLSQL_CODE_TYPE=INTERPRETED
  2  /


Procédure modifiée.


SQL> exec  simple_test (150000000);
Iterations :150000000   25,427


Procédure PL/SQL terminée avec succès.


SQL> ALTER PROCEDURE SIMPLE_TEST COMPILE PLSQL_CODE_TYPE= NATIVE
  2  /
```

```
Procédure modifiée.

SQL> exec  simple_test (150000000);
Iterations :150000000    22,541

Procédure PL/SQL terminée avec succès.

SQL> SELECT ROUND((1-(22541/25427))*100,2) FROM DUAL;

ROUND((1-(22541/25427))*100,2)
------------------------------
                         11,35
```

Vous pouvez modifier le mode de compilation de tous les blocs qui sont compilés dans votre session, en modifiant le paramètre « **PLSQL_CODE_TYPE** » à l'aide de la syntaxe suivante :

**ALTER SESSION SET PLSQL_CODE_TYP = {NATIVE|INTERPRETED} ;**

Il est possible de stocker un bloc dans la base de données et de brouiller le code pour qu'il ne soit plus accessible en lecture par simple interrogation de la vue « **USER_SOURCE** ». Le brouillage du texte du bloc peut être exécuté à l'aide de la procédure « **CREATE_WRAPPED** » du package « **DBMS_DDL** » comme dans l'exemple suivant :

```
SQL> CREATE OR REPLACE PROCEDURE test (i IN SIMPLE_INTEGER)
  3  as
  4      int1       SIMPLE_INTEGER := 1;
  5  begin
  6      for cnt in 1 .. i
  7      loop
  8         int1 := int1 + cnt;
  9      end loop;
 10  end;
 11  /

Procédure créée.

SQL> SELECT TEXT FROM USER_SOURCE WHERE NAME = 'TEST';

TEXT
--------------------------------------------------------------------------
PROCEDURE
test (i IN SIMPLE_INTEGER)
as
   int1       SIMPLE_INTEGER := 1;
begin
   for cnt in 1 .. i
   loop
      int1 := int1 + cnt;
   end loop;
end;

SQL> declare
  2      bloc_plsql VARCHAR2(4000) :=
  3      'CREATE OR REPLACE PROCEDURE
  4       test (i IN SIMPLE_INTEGER)
  5         as
  6             int1       SIMPLE_INTEGER := 1;
  7         begin
```

```
 8              for cnt in 1 .. i
 9              loop
10                  int1 := int1 + cnt;
11              end loop;
12          end;';
13    begin
14       dbms_ddl.create_wrapped(bloc_plsql);
15    end;
16    /
```

Procédure PL/SQL terminée avec succès.

```
SQL> SELECT TEXT FROM USER_SOURCE WHERE NAME = 'TEST';

TEXT
-------------------------------------------------------------------------
PROCEDURE
    test wrapped
a000000
b2
abcd
abcd
abcd
abcd
...
```

Une deuxième manière de brouiller les codes des blocs PL/SQL est d'utiliser dans la ligne de commande l'utilitaire « **wrap** » à l'aide de la syntaxe suivante :

**wrap iname=fichier_source [ oname=fichier_brouille.plb ]**

```
C:\>type test_source.sql
CREATE OR REPLACE PROCEDURE
test (i IN SIMPLE_INTEGER)
as
    int1  SIMPLE_INTEGER := 1;
begin
    for cnt in 1 .. i
    loop
        int1 := int1 + cnt;
    end loop;
end;
/
C:\>wrap iname=test_source.sql

...

Processing test_source.sql to test_source.plb

C:\>type test_source.plb
CREATE OR REPLACE PROCEDURE
test wrapped
a000000
a
abcd
abcd
abcd
abcd
```

```
abcd
abcd
abcd
abcd
abcd
abcd
abcd
abcd
abcd
abcd
abcd
7
98 ba
xdOtGoaGnu5wbn9YS0phEBiW1AMwg0xfLcvWfHSi2vjVSFbm4QF5d2upNafd9OZ1WJJEQ7U9
BPQCKdw/ch9efUK004bO+ct6RFFUAfSCu1FYSdyUECvhnoXLeECx/f9exrdNrQtafSoF44Tr
Z4pXBy9iZPCbx8l55XgVe26nsCV6DTDk+1eIZoE=

C:\>sqlplus stagiaire/pwd

SQL> @c:\test_source.plb

Procédure créée.

SQL> SELECT TEXT FROM USER_SOURCE WHERE NAME = 'TEST';

TEXT
------------------------------------------------------------
PROCEDURE
test wrapped
a000000
a
abcd
abcd
abcd
...
```

# La compilation conditionnelle

À partir de la version Oracle 10g, il est possible d'utiliser des options de compilation conditionnelle. Ce mode de travail est adapté aux développements qui sont déployés sur plusieurs versions de la base de données. Ainsi, vous pouvez bénéficier des nouveautés d'une version sans avoir besoin de recompiler les blocs. Il est ainsi possible d'avoir le même code pour la production et les environnements de débogage.

Il y a trois types de structures de compilation conditionnelle que vous pouvez utiliser :

- la structure des tests et de sélection du code qui va être exécuté ;
- les structures d'inspection ; ce sont des libellés prédéfinis qui permettent de contrôler les compilations ;
- la structure erreur qui vous permet de retrouver des erreurs de compilation conditionnelle pendant la préparation du code pour la compilation.

## La structure des tests

Les tests qui peuvent être utilisés dans la compilation conditionnelle ont la syntaxe suivante :

```
$IF CONDITION $THEN

    COMMANDES ;

[$ELSIF CONDITION $THEN

        COMMANDES ;[,...]]

[$ELSE

        COMMANDES ;]

$END
```

Attention, il ne faut pas finir cette structure par le caractère « ; » car vous aurez une erreur de compilation. Il s'agit des instructions destinées à la compilation non des commandes **PL/SQL**.

Pour les tests, il est possible d'utiliser le package « **DBMS_DB_VERSION** » qui vous fournit un ensemble de variables pour vérifier la version courante d'Oracle « **VERSION** » et la release courante « **RELEASE** ».

```
SQL> CREATE OR REPLACE FUNCTION test
  2    RETURN NUMBER
  3        $IF DBMS_DB_VERSION.VERSION >= 11
  4        $THEN
  5            RESULT_CACHE
  6        $END
  7  as
  8        $IF DBMS_DB_VERSION.VERSION >= 11
  9        $THEN
 10            int1      SIMPLE_INTEGER := 1;
 11        $ELSE
 12            int1      PLS_INTEGER := 1;
 13        $END
 14  begin
 15     dbms_output.put_line( 'La version d''Oracle est : '||
 16                           DBMS_DB_VERSION.VERSION||'.'||
 17                           DBMS_DB_VERSION.RELEASE);
 18     return 1;
 19  end;
 20  /

Fonction créée.

SQL> SELECT TEST FROM DUAL;

      TEST
----------
         1

1 ligne sélectionnée.

La version d'Oracle est : 11.2
```

Vous pouvez également utiliser plusieurs variables de type booléen :

```
« DBMS_DB_VERSION.VER_LE_9 », « DBMS_DB_VERSION.VER_LE_9_1 »,
« DBMS_DB_VERSION.VER_LE_9_2 », « DBMS_DB_VERSION.VER_LE_10 »,
« DBMS_DB_VERSION.VER_LE_10_1 », « DBMS_DB_VERSION.VER_LE_10_2 »,
```

« **DBMS_DB_VERSION.VER_LE_11** », « **DBMS_DB_VERSION.VER_LE_11_1** » et
« **DBMS_DB_VERSION.VER_LE_11_2** », qui sont égales à « **TRUE** » pour la version
correspondante.

## Les structures d'inspection

Il y a plusieurs libellés prédéfinis que vous pouvez utiliser pour vos tests ou pour transmettre les
informations dans le cas d'erreurs de compilation. Voici une liste de ces libellés :

### $$PLSQL_OPTIMIZE_LEVEL

La valeur du niveau actuel d'optimisation pendant la compilation. Le niveau par défaut est
2, c'est le niveau d'optimisation le plus fort ; au niveau 0 l'optimisation n'est pas effectuée.

### $$PLSQL_UNIT

Le nom du bloc de programme courant.

### $$PLSQL_LINE

Le numéro de la ligne dans le bloc du programme courant.

### $$PLSQL_WARNINGS

Le niveau des messages d'alerte pendant la compilation.

```
SQL> begin
  2      dbms_output.put_line( '$$PLSQL_OPTIMIZE_LEVEL '||
  3         $$PLSQL_OPTIMIZE_LEVEL||' $$PLSQL_UNIT '||
  4         $$PLSQL_UNIT||' $$PLSQL_LINE '||
  5         $$PLSQL_LINE||' $$PLSQL_WARNINGS '||
  6         $$PLSQL_WARNINGS);
  7  end;
  8  /
$$PLSQL_OPTIMIZE_LEVEL 2 $$PLSQL_UNIT  $$PLSQL_LINE 5 $$PLSQL_WARNINGS
DISABLE:ALL

Procédure PL/SQL terminée avec succès.

SQL> ALTER SESSION SET PLSQL_OPTIMIZE_LEVEL=3;

Session modifiée.

SQL> ALTER SESSION SET PLSQL_WARNINGS='ENABLE:ALL';

Système modifié.
```

Un paramètre spécial de votre session, qui permet de configurer des libellés personnalisés pour la
compilation conditionnelle, est « **PLSQL_CCFLAGS** ». Le paramètre permet la déclaration d'une
liste de libellés qui peuvent être utilisés dans vos blocs **PL/SQL**. Chaque libellé doit avoir un nom
comme toute variable **PL/SQL**, mais toujours préfixé par « **$$** » pour n'avoir aucune ambiguïté
avec les variables **PL/SQL**. Les valeurs par défaut de ces libellés peuvent être « **TRUE** »,
« **FALSE** », « **NULL** » ou une valeur de type « **PLS_INTEGER** ». La syntaxe de déclaration
des libellés dans le paramètre « **PLSQL_CCFLAGS** » est la suivante :

```
ALTER SESSION SET PLSQL_CCFLAGS= 'nom_libelle:valeur[,...]' ;
```

```
SQL> ALTER SESSION SET PLSQL_CCFLAGS='mode_debogage:TRUE';

Session modifiée.

SQL> begin
  2      $IF $$mode_debogage $THEN
```

```
  3            dbms_output.put_line( 'Mode débogage !');
  4        $ELSE
  5            dbms_output.put_line( 'Mode production !');
  6        $END
  7   end;
  8   /
Mode débogage !


Procédure PL/SQL terminée avec succès.

SQL> ALTER SESSION SET PLSQL_CCFLAGS='mode_debogage:FALSE';

Session modifiée.

SQL> begin
  2        $IF $$mode_debogage $THEN
  3            dbms_output.put_line( 'Mode débogage !');
  4        $ELSE
  5            dbms_output.put_line( 'Mode production !');
  6        $END
  7   end;
  8   /
Mode production !
```

## La structure erreur

Dans le cas où une ou plusieurs conditions ne sont pas remplies pour la compilation des blocs
PL/SQL, vous pouvez utilisez la structure « **$ERROR** » qui permet d'arrêter la compilation et de
renvoyer le message que vous avez saisi dans cette structure.

```
SQL> ALTER SESSION SET PLSQL_OPTIMIZE_LEVEL=3;

Session modifiée.

SQL> ALTER SESSION SET PLSQL_CCFLAGS=
  2              'mode_debogage:TRUE,niveau_max_optimisation:2';

Session modifiée.

SQL> begin
  2      $IF $$mode_debogage and
  3        $$PLSQL_OPTIMIZE_LEVEL >= $$niveau_max_optimisation
  4      $THEN
  5        $ERROR
  6          'Niveau d''optimisation trop élevé !'
  7        $END
  8      $END
  9      null;
 10   end;
 11   /
    $ERROR
    *
ERREUR à la ligne 5 :
ORA-06550: Ligne 5, colonne 6 :
PLS-00179: $ERROR: Niveau d'optimisation trop élevé !
```

   

# Les packages intégrés

Les bases de données Oracle sont livrées avec des packages spécifiques qui les aident à construire des applications. Ils permettent d'afficher ou de transmettre des informations entre les programmes, de réaliser des opérations telles que soumettre des travaux, lire et écrire dans des fichiers du système d'exploitation ou encore créer des tables ou des utilisateurs de vos bases de données.

Tous les packages intégrés appartiennent à l'utilisateur de base de données « **SYS** ». Des synonymes publics ont toutefois été définis pour chacun d'eux, signifiant qu'ils peuvent être appelés sans qu'il soit nécessaire de préfixer leur nom avec « **SYS** ». La permission « **EXECUTE** » sur les packages est nécessaire aux utilisateurs autres que « **SYS** » pour pouvoir appeler les procédures et fonctions qu'ils contiennent.

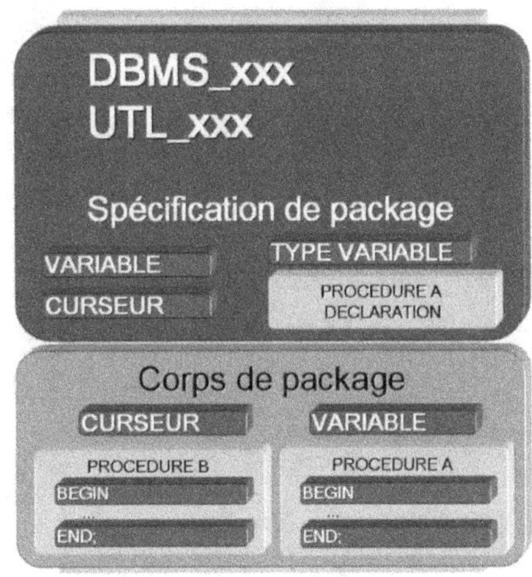


Les packages fournis par Oracle permettent de tirer directement avantage de leurs fonctionnalités lorsque l'on crée des applications, ou bien de s'en inspirer afin de créer nos propres procédures stockées. On rencontre trop souvent le cas d'applications complexes qui ne font que reconstruire des fonctions déjà présentes en standard dans ces packages.

Chacun des packages est décrit dans les sections suivantes, avec pour certains une présentation de leurs procédures et fonctions.

# DBMS_OUTPUT

Le package « **DBMS_OUTPUT** » gère les entrées et les sorties de blocs ou sous-programmes PL/SQL. Jusque-là, on a utilisé ce package pour les affichages, mais il ne contient pas de réel mécanisme de sortie ; il se contente d'implémenter une structure de données du type premier entré, premier sorti. Rappelez-vous : la commande « **SET SERVEROUTPUT ON** » de SQL*Plus configure le tampon interne. Un grand nombre de produits tiers, parmi lesquels figurent les outils de développement, sont dotés d'une option dont le rôle est de permettre l'affichage des données issues de « **DBMS_OUTPUT** ». SQL*Plus utilise cette option pour afficher automatiquement le tampon interne lorsque le traitement d'un bloc PL/SQL se termine.

Le package « **DBMS_OUTPUT** » peut être « **EXECUTE** » par n'importe quel utilisateur Oracle.

### ENABLE et DISABLE

La méthode « **ENABLE** » permet de configurer le tampon interne. La méthode « **DISABLE** » provoque la purge du contenu du tampon.

La syntaxe d'appel de ces méthodes est :

```
DBMS_OUTPUT.{ENABLE( taille_tampon) | DISABLE };
```

> **`taille_tampon`** La taille initiale du tampon interne. Par défaut, elle est de 20 000 bytes et elle n'a pas de limite. La taille maximale d'une ligne dans le tampon est limitée à 32 767 bytes.

```
SQL> SET SERVEROUTPUT OFF
SQL> BEGIN
  2     DBMS_OUTPUT.PUT_LINE( ' Vous ne verrez pas cette ligne !');
  3     DBMS_OUTPUT.DISABLE;
  4     DBMS_OUTPUT.ENABLE;
  5     DBMS_OUTPUT.PUT_LINE( ' Vous verrez cette ligne !');
  6  END;
  7  /

Procédure PL/SQL terminée avec succès.

SQL> SET SERVEROUTPUT ON
SQL> /
Vous verrez cette ligne !

Procédure PL/SQL terminée avec succès.

SQL> SET SERVEROUTPUT OFF
SQL> BEGIN
  2     DBMS_OUTPUT.ENABLE;
  3  END;
  4  /

Procédure PL/SQL terminée avec succès.

SQL> BEGIN
  2     DBMS_OUTPUT.PUT_LINE( ' Vous verrez cette ligne !');
  3  END;
  4  /

Procédure PL/SQL terminée avec succès.

SQL> /

Procédure PL/SQL terminée avec succès.

SQL> /

Procédure PL/SQL terminée avec succès.

SQL> SET SERVEROUTPUT ON
SQL> /
Vous verrez cette ligne !
Vous verrez cette ligne !
Vous verrez cette ligne !
Vous verrez cette ligne !
```

Chaque fois que le paramètre « **SET SERVEROUTPUT** » est activé, SQL*Plus affiche automatiquement le tampon interne lorsque le traitement d'un bloc PL/SQL se termine. Si le paramètre « **SET SERVEROUTPUT** » est désactivé, SQL*Plus n'affiche plus les informations du tampon interne lorsque le traitement d'un bloc PL/SQL se termine, mais ils ne sont pas pour autant perdus.

### PUT, PUT_LINE et NEW_LINE

Les méthodes « **PUT** » et « **PUT_LINE** » permettent de placer leurs arguments dans le tampon interne. La méthode « **PUT_LINE** » ajoute un caractère « **NEW_LINE** » après son argument, indiquant la fin de la ligne. Le tampon est organisé en lignes dont chacune peut comprendre un nombre maximal de 32 767 bytes. La méthode « **NEW_LINE** » place un caractère de nouvelle ligne dans le tampon, signalant la fin de la ligne.

Les arguments de « **PUT** » et « **PUT_LINE** » sont des types « **VARCHAR2** » ou « **NUMBER** ». Attention, le type « **NUMBER** » est obsolète dans la version 12c.

### GET_LINE

La méthode « **GET_LINE** » permet d'extraire une ligne à partir du tampon interne. La syntaxe d'appel de cette méthode est :

```
DBMS_OUTPUT.GET_LINE( ligne, état);
```

| | |
|---|---|
| `ligne` | L'argument servant au retour d'une ligne du tampon. La taille maximum d'une ligne dans le tampon est limitée à 32 767 bytes. Il faut prendre soin que la variable de type « **VARCHAR2** » ait une taille suffisante pour recevoir la ligne. |
| `état` | L'état indique la bonne récupération de la ligne. En cas de récupération de la ligne, état est égal à 0 ; il prend la valeur 1 lorsqu'il ne reste plus de lignes dans le tampon. |

### GET_LINES

La méthode « **GET_LINES** » permet d'extraire toutes les lignes à partir du tampon interne. La syntaxe d'appel de cette méthode est :

```
DBMS_OUTPUT.GET_LINE( lignes, nombre_lignes);
```

| | |
|---|---|
| `lignes` | Un tableau de chaînes de caractères pour recevoir les lignes du tampon. Vous pouvez utiliser le type prédéfini « **DBMSOUTPUT_LINESARRAY** » spécialement livré par Oracle. |
| `nombre_lignes` | C'est un argument de type « **IN OUT** ». L'argument indique le nombre de lignes à récupérer du tampon. Il retourne le nombre de lignes récupérées. |

```
SQL> SET SERVEROUTPUT OFF
SQL> DESC DBMSOUTPUT_LINESARRAY
 DBMSOUTPUT_LINESARRAY VARRAY(2147483647) OF VARCHAR2(32767)

SQL> BEGIN
  2      DBMS_OUTPUT.ENABLE;
  3      for i in 1..10
  4      loop
  5          DBMS_OUTPUT.PUT(i);
  6      end loop;
  7      DBMS_OUTPUT.NEW_LINE;
  8
  9      for i in 1..10
 10      loop
 11          DBMS_OUTPUT.PUT_LINE( ' Vous verrez cette ligne !');
```

```
12      end loop;
13   END;
14   /


Procédure PL/SQL terminée avec succès.


SQL> DECLARE
  2      lignes DBMSOUTPUT_LINESARRAY;
  3      nombre NUMBER := 11;
  4   BEGIN
  5      DBMS_OUTPUT.GET_LINES( lignes, nombre);
  6      DBMS_OUTPUT.DISABLE;
  7      DBMS_OUTPUT.ENABLE;
  8      for i in 1..nombre
  9      loop
 10         DBMS_OUTPUT.PUT_LINE( 'Lingne '||i||' :'||lignes(i));
 11       end loop;
 12   END;
 13   /


Procédure PL/SQL terminée avec succès.


SQL> SET SERVEROUTPUT ON
SQL> BEGIN
  2      NULL;
  3   END;
  4   /
Lingne 1 :12345678910
Lingne 2 : Vous verrez cette ligne !
Lingne 3 : Vous verrez cette ligne !
Lingne 4 : Vous verrez cette ligne !
Lingne 5 : Vous verrez cette ligne !
Lingne 6 : Vous verrez cette ligne !
Lingne 7 : Vous verrez cette ligne !
Lingne 8 : Vous verrez cette ligne !
Lingne 9 : Vous verrez cette ligne !
Lingne 10 : Vous verrez cette ligne !
Lingne 11 : Vous verrez cette ligne !
```

### Note

Le bloc final montre le fonctionnement de SQL*Plus, chaque fois que le paramètre « **SET SERVEROUTPUT** » est activé, il affiche automatiquement le tampon interne lorsque le traitement d'un bloc PL/SQL se termine.

Attention, si le « **SET SERVEROUTPUT** » est activé, on ne peut pas passer des informations entre plusieurs blocs comme dans l'exemple précédent.


# Objet Répertoire


Les objets répertoires permettent d'interfacer l'outil de programmation avec le système d'exploitation pour toutes les opérations de lecture/écriture dans les fichiers. Un objet répertoire spécifie un alias pour un répertoire sur le système de fichiers du serveur. Vous pouvez utiliser des noms de répertoires pour vous référer à des fichiers dans votre code PL/SQL.

Tous les répertoires sont créés dans un seul espace de noms et n'appartiennent à aucun schéma individuel. Lorsque vous créez un répertoire, vous recevez automatiquement les privilèges d'objet « **READ** » et « **WRITE** » sur cet objet et pouvez assigner ce privilège à d'autres utilisateurs et rôles.

Oracle ne vérifie pas si le répertoire que vous spécifiez existe réellement. Par conséquent, veillez à spécifier un répertoire valide sur votre système d'exploitation.

Vous pouvez créer un objet de type répertoire à l'aide de la syntaxe suivante :

```
CREATE DIRECTORY nom_repertoire AS repertoire;
```

| | |
|---|---|
| `nom_repertoire` | Le nom de l'objet répertoire. |
| `repertoire` | Une constante chaîne de caractères qui représente un répertoire physique sur un des disques de la machine qui héberge la base. La description du répertoire doit être conforme au système d'exploitation du serveur et elle doit être une description complète. |

```
SQL> CREATE DIRECTORY utl_exemple AS 'D:\UTL_FILE_FICHIERS';

Répertoire créé.

SQL> GRANT READ,WRITE ON DIRECTORY utl_exemple TO PUBLIC;

Autorisation de privilèges (GRANT) acceptée.
```

# Ouverture et fermeture de fichiers

Le package « **UTL_FILE** » permet de créer, lire et écrire dans des fichiers situés sur le serveur hébergeant la base. Il est alors aisé pour les clients distants de créer des fichiers contenant des données en provenance de la base ou encore de récupérer des informations situées dans des fichiers. Une autre utilisation possible consiste à insérer des balises HTML pour créer des pages Web incorporant des données de la base de données.

### FOPEN

La méthode ouvre « **FOPEN** »,  un fichier en vue d'opérations en entrée ou en sortie. Un fichier donné ne peut être ouvert que pour un type d'opération à la fois, entrée ou sortie. La syntaxe d'utilisation de cette méthode est :

```
var_fichier := UTL_FILE.FOPEN( nom_repertoire,nom_fichier
                ,mode_ouverture, taille_ligne) ;
```

| | |
|---|---|
| `nom_repertoire` | Le nom de l'objet répertoire. |
| `nom_fichier` | Le nom du fichier à ouvrir. |
| `mode_ouverture` | Le mode d'ouverture du fichier. Les valeurs acceptées sont : `'r'` ou `'rb'` Le ficher est ouvert pour la lecture du texte, `'w'` ou `'wb'` Le ficher est créé pour l'écriture du texte. `'a'` ou `'ab'` Ajout de texte à la fin du fichier. Si le fichier n'existe pas, alors il est créé comme en mode `'w'`. Le complément `'xb'` indique que le fichier est ouvert en mode binaire. |

| | |
|---|---|
| `taille_ligne` | Le nombre maximal de caractères pour chaque ligne, c'est une valeur de type « **BINARY_INTEGER** ». |
| `var_fichier` | Une variable de type « **UTL_FILE.FILE_TYPE** », utilisée dans PL/SQL pour identifier le fichier. |

### Note

Toutes les opérations de « **UTL_FILE** » requièrent l'emploi d'une variable de type « **UTL_FILE.FILE_TYPE** », utilisée dans PL/SQL pour identifier le fichier. Notez bien que toutes les variables de type « **UTL_FILE.FILE_TYPE** », sont retournées par la méthode « **FOPEN** » et passées comme arguments de type « **IN** » aux autres méthodes du package « **UTL_FILE** ».

« **FOPEN** » peut produire l'une de ces exceptions :

- « **INVALID_PATH** » Le répertoire ou le nom de fichier est non valide ou non accessible.

- « INVALID_MODE » Une chaîne non valide est spécifiée pour le mode d'ouverture du fichier.

- « INVALID_OPERATION » Le fichier n'a pu être ouvert comme demandé, les permissions de niveau système d'exploitation pouvant être mises en cause.

- « INVALID_MAXLINESIZE » La taille maximale de ligne spécifiée est trop grande ou trop petite.

## FCLOSE

La méthode « **FCLOSE** » prend en charge la fermeture d'un fichier au terme des opérations de lecture ou d'écriture, libérant les ressources utilisées par « **UTL_FILE** ». L'unique argument est une variable de type « **UTL_FILE.FILE_TYPE** ». Toutes les modifications en suspens non encore écrites dans le fichier sont traitées avant sa fermeture.

## FCLOSE_ALL

Cette méthode assure la fermeture de tous les fichiers ouverts et devrait servir de procédure de libération d'urgence lorsqu'un programme PL/SQL se termine par une exception.

## IS_OPEN

Cette méthode est une fonction booléenne qui retourne « **TRUE** » si le fichier spécifié est ouvert, « **FALSE** » sinon. L'unique argument est une variable de type « **UTL_FILE.FILE_TYPE** ».

```
SQL> CREATE OR REPLACE DIRECTORY utl_exemple AS 'D:\UTL_FILE_FICHIERS';

Répertoire créé.

SQL> GRANT READ,WRITE ON DIRECTORY utl_exemple TO PUBLIC;

Autorisation de privilèges (GRANT) acceptée.

SQL> HOST DIR D:\UTL_FILE_FICHIERS
 Le volume dans le lecteur D s'appelle D0101
 Le numéro de série du volume est 0050-009C

 Répertoire de D:\UTL_FILE_FICHIERS

08/07/2006  20:39    <REP>          .
08/07/2006  20:39    <REP>          ..
               0 fichier(s)                  0 octets
               2 Rép(s)   7 619 846 144 octets libres
```

```
SQL> DECLARE
  2      v_nom_rep   VARCHAR2(255):= 'UTL_EXEMPLE';
  3      v_nom_fic   VARCHAR2(255):= 'F_EXEMPLE.TXT';
  4      v_fichier UTL_FILE.FILE_TYPE;
  5   BEGIN
  6      v_fichier := UTL_FILE.FOPEN( v_nom_rep, v_nom_fic,'W');
  7      if UTL_FILE.IS_OPEN(v_fichier) then
  8          UTL_FILE.FCLOSE(v_fichier);
  9      end if;
 10   END;
 11   /

Procédure PL/SQL terminée avec succès.

SQL> HOST DIR D:\UTL_FILE_FICHIERS
 Le volume dans le lecteur D s'appelle D0101
 Le numéro de série du volume est 0050-009C

 Répertoire de D:\UTL_FILE_FICHIERS

08/07/2006  20:39    <REP>          .
08/07/2006  20:39    <REP>          ..
08/07/2006  20:39                 0 F_EXEMPLE.TXT
               1 fichier(s)            0 octets
               2 Rép(s)   7 619 846 144 octets libres
```

### Attention

N'utilisez pas pour l'appel de la méthode d'ouverture de fichier « **FOPEN** » pour le nom du répertoire ou le nom du fichier des constantes de chaîne de caractères, elles gèrent des erreurs d'interprétation.

# Entrées et Sorties

L'envoi de données en sortie dans un fichier peut être réalisé au moyen de cinq procédures avec un comportement très semblable à celui de leurs équivalents du package « **DBMS_OUTPUT** ». La taille maximale d'un enregistrement en sortie est comme pour le tampon limitée à 32 767 bytes (à moins qu'une valeur différente soit spécifiée avec FOPEN).

### PUT

Le rôle de la méthode « **PUT** » est d'envoyer la chaîne spécifiée vers le fichier spécifié dont l'ouverture devra avoir été effectuée en mode écriture **'w'**. Elle n'ajoute pas de caractère de changement de ligne dans le fichier.

```
UTL_FILE.PUT( var_fichier, tampon);
```

### NEW_LINE

La méthode « **NEW_LINE** » écrit un ou plusieurs caractères de terminaison de ligne dans le fichier spécifié.

```
NEW_LINE( var_fichier, lignes);
```

|  |  |
|---|---|
| `lignes` | Nombre de caractères de terminaison de ligne à générer en sortie. La valeur par défaut, 1, génère un seul caractère de changement de ligne. |

### PUT_LINE

Cette méthode envoie la chaîne spécifiée vers le fichier spécifié, dont l'ouverture doit avoir été effectuée en mode écriture `'w'`, et insère le caractère de changement de ligne spécifique à la plate-forme.

### PUTF

La méthode « `PUTF` » est semblable à « `PUT` », à la différence qu'elle autorise le formatage de la chaîne en sortie.

```
UTL_FILE.PUTF( var_fichier, format, argument1[,…]) ;
```

|  |  |
|---|---|
| `format` | Une chaîne de formatage contenant du texte normal et pouvant contenir les séquences spéciales `'%s'` et `'\n'`. |
| `argument1` | Un ensemble de maximum cinq argument optionnels possibles. Chaque argument remplace la séquence de formatage `'%s'` correspondante. Si les séquences `'%s'` sont en plus grand nombre que les arguments, une chaîne vide remplacera chaque séquence de formatage à laquelle ne correspond aucun argument. |

### FFLUSH

Les données envoyées en sortie ne sont pas écrites directement. Elles sont normalement placées dans un tampon. Lorsque ce dernier est plein, son contenu est alors directement écrit dans le fichier spécifié. La méthode « `FFLUSH` » permet de forcer l'écriture immédiate des données du tampon dans le fichier spécifié. La fermeture d'un fichier déclenche automatiquement l'écriture du tampon.

### GET_LINE

Cette méthode est utilisée pour lire des données dans un fichier. Une ligne de texte est lue dans le fichier spécifié, puis retournée dans l'argument tampon, le caractère de changement de ligne n'étant pas inclus dans la chaîne de retour.

```
UTL_FILE.PUTF( var_fichier, tampon) ;
```

La lecture d'une ligne vide retournera une chaîne vide « `NULL` ». La lecture de la dernière ligne du fichier produit l'exception « `NO_DATA_FOUND` ».

```
SQL> SET SERVEROUTPUT ON
SQL> DECLARE
  2      v_nom_rep    VARCHAR2(255):= 'UTL_EXEMPLE';
  3      v_nom_fic    VARCHAR2(255):= 'F_EXEMPLE.TXT';
  4      v_tampon     VARCHAR2(32766);
  5      v_fichier UTL_FILE.FILE_TYPE;
  6  BEGIN
  7      v_fichier := UTL_FILE.FOPEN( v_nom_rep, v_nom_fic,'W');
  8      if UTL_FILE.IS_OPEN(v_fichier) then
  9        for r_emp in ( SELECT NOM, PRENOM, FONCTION FROM EMPLOYES)
 10        loop
 11         UTL_FILE.PUTF( v_fichier, 'L''employe %s %s est %s \n',
 12                       r_emp.NOM, r_emp.PRENOM, r_emp.FONCTION);
 13        end loop;
 14        for r_cat in( SELECT NOM_CATEGORIE FROM CATEGORIES)
 15        loop
 16         UTL_FILE.PUT_LINE( v_fichier, r_cat.NOM_CATEGORIE);
```

```
17       end loop;
18       UTL_FILE.FCLOSE(v_fichier);
19     end if;
20     BEGIN
21       v_fichier := UTL_FILE.FOPEN( v_nom_rep, v_nom_fic,'R');
22       if UTL_FILE.IS_OPEN(v_fichier) then
23         loop
24           UTL_FILE.GET_LINE(v_fichier, v_tampon);
25           DBMS_OUTPUT.PUT_LINE( v_tampon);
26         end loop;
27       end if;
28     EXCEPTION
29       WHEN NO_DATA_FOUND THEN
30         DBMS_OUTPUT.PUT_LINE( 'Fin du fichier.');
31         UTL_FILE.FCLOSE(v_fichier);
32     END;
33 END;
34 /
L'employe Callahan Laura est Assistante commerciale
L'employe Buchanan Steven est Chef des ventes
L'employe Peacock Margaret est Représentant(e)
L'employe Leverling Janet est Représentant(e)
L'employe Davolio Nancy est Représentant(e)
L'employe Dodsworth Anne est Représentant(e)
L'employe King Robert est Représentant(e)
L'employe Suyama Michael est Représentant(e)
L'employe Fuller Andrew est Vice-Président
Boissons
Condiments
Desserts
Produits laitiers
Pâtes et céréales
Viandes
Produits secs
Poissons et fruits de mer
Fin du fichier.
```

Les enregistrements de la table EMPLOYES sont insérés dans le fichier ouvert pour l'écriture. L'écriture des enregistrements est effectuée avec la méthode « **PUTF** » qui permet de formater les données. Ensuite, les enregistrements de la table CATEGORIES sont insérés dans le même fichier à l'aide de la méthode « **PUT_LINE** » et le fichier est fermé. Le fichier est ouvert une nouvelle fois en lecture. La boucle va lire les lignes du fichier et la lecture de la dernière ligne du fichier produit l'exception « **NO_DATA_FOUND** ».

# DBMS_JOB

Le package « **DBMS_JOB** » permet de soumettre des travaux à une heure et une fréquence déterminée. Ainsi, son intérêt est d'automatiser les travaux exécutés au sein de la base Oracle.

### *SUBMIT*

Le placement d'un travail dans une file d'attente, autrement dit sa soumission, est réalisé au moyen de la méthode « SUBMIT », avec la syntaxe suivante :

```
DBMS_JOB.SUBMIT( travail, what, next_date, interval, analyse);
```

| | |
|---|---|
| `travail` | L'argument reçoit le numéro du travail. Chaque travail se voit assigner un numéro lors de sa création, qu'il conserve tant qu'il existe. Les numéros de travaux sont uniques dans une instance. |
| `what` | Le code PL/SQL qui constitue le travail. Il s'agit plutôt d'un appel à une procédure stockée. |
| `next_date` | La date de la prochaine exécution du travail. |
| `interval` | Il s'agit d'une fonction dont le rôle est de calculer l'heure de prochaine exécution du job et dont le résultat est soit une date ultérieure, soit « **NULL** ». |
| `analyse` | Spécifie le moment de l'analyse du code du job. L'argument booléen spécifie que l'analyse sera effectuée lors de sa soumission si « **FALSE** », la valeur par défaut. Autrement, elle ne sera effectuée que lors de sa première exécution. |

```
SQL> CREATE OR REPLACE PROCEDURE LIST_TABLES
  2  AS
  3      v_nom_rep   VARCHAR2(255):= 'UTL_EXEMPLE';
  4      v_nom_fic   VARCHAR2(255):= 'F_LOG'||
  5                      TO_CHAR(SYSDATE,'YYYYMMDDHH24MISS')||'.TXT';
  6      v_select    VARCHAR2(1000);
  7      v_lignes    NUMBER;
  8      v_fichier UTL_FILE.FILE_TYPE;
  9  BEGIN
 10      v_fichier := UTL_FILE.FOPEN( v_nom_rep, v_nom_fic,'W');
 11      if UTL_FILE.IS_OPEN(v_fichier) then
 12         for r_tab in ( SELECT TABLE_NAME FROM USER_TABLES)
 13         loop
 14           v_select := 'SELECT COUNT(*) FROM '||r_tab.TABLE_NAME;
 15           EXECUTE IMMEDIATE v_select INTO v_lignes;
 16           UTL_FILE.PUTF( v_fichier,
 17                      'La table %s a %s enregistrements \n',
 18                      r_tab.TABLE_NAME, v_lignes);
 19         end loop;
 20         UTL_FILE.FCLOSE(v_fichier);
 21      end if;
 22  END;
 23  /

Procédure créée.

SQL> DECLARE
  2      v_travail_no NUMBER;
  3  BEGIN
  4    DBMS_JOB.SUBMIT( JOB       => v_travail_no,
  5                     WHAT      => 'LIST_TABLES;',
  6                     NEXT_DATE => SYSDATE,
  7                     INTERVAL  => 'SYSDATE + 1/(24*60)');
  8    COMMIT;
  9    DBMS_OUTPUT.PUT_LINE('Le numéro du travail '||v_travail_no);
 10  END;
 11  /
Le numéro du travail 65
```

   

```
Procédure PL/SQL terminée avec succès.

SQL> HOST DIR D:\UTL_FILE_FICHIERS

...
09/07/2006  11:00              1 216  F_LOG20060709110036.TXT
09/07/2006  11:01              1 216  F_LOG20060709110141.TXT
09/07/2006  11:02              1 216  F_LOG20060709110246.TXT
09/07/2006  11:03              1 216  F_LOG20060709110351.TXT
...
```

Le travail s'exécute avec un intervalle d'une minute. Chaque minute, il crée un fichier avec la liste des tables de l'utilisateur et le nombre d'enregistrements pour chaque table.

## *Attention*

Un job, une fois soumis, sera automatiquement exécuté.

Il faut valider la transaction de mise en file de travaux par un « **COMMIT** » à la fin de la procédure du job, autrement la transaction sera automatiquement annulée à l'issue de la session.

Il est possible de visualiser les travaux en cours pour l'utilisateur en interrogeant la vue du dictionnaire de données « **USER_JOBS** ».

```
SQL> SELECT JOB, NEXT_DATE, INTERVAL, WHAT FROM USER_JOBS;

      JOB NEXT_DAT    INTERVAL                WHAT
---------- ----------  --------------------  --------------------
       65 09/07/06    SYSDATE + 1/(24*60)    LIST_TABLES;
```

## *RUN*

Cette méthode exécute un travail immédiatement. Elle nécessite un seul argument qui est le numéro du travail.

## *REMOVE*

Cette méthode élimine un travail de la file d'attente. L'unique paramètre est le numéro du travail. Si le argument « **NEXT_DATE** » d'un travail est « **NULL** », soit parce que le travail a défini cette valeur, soit parce que le paramètre « **INTERVAL** » possède aussi cette valeur, la suppression du job prendra effet au terme de son exécution.

## *BROKEN*

La méthode « **BROKEN** » marque un travail comme défaillant ou non défaillant.

## *CHANGE*

La méthode permet de modifier tout champ configurable d'un travail.

## *WHAT*

Cette méthode permet de modifier le champ « **WHAT** » d'un travail.

## *NEXT_DATE*

La méthode modifie le champ « **NEXT_DATE** » d'un travail.

## *INTERVAL*

La méthode modifie le champ « **INTERVAL** » d'un travail.

# DBMS_METADATA

Le package « **DBMS_METADATA** » permet d'extraire depuis une base de données existante la définition de ses objets.

### GET_DDL ou GET_XML

Ces deux méthodes retrouvent les descriptions des objets et les envois formatés en SQL ou XML.

```
GET_DDL ou

GET_XML( type_objet, nom, schema ) ;
```

### GET_DEPENDENT_DDL ou GET_DEPENDENT_XML

Ces deux méthodes retrouvent les descriptions des objets dépendant d'un objet de base et les envois formatés en SQL ou XML.

```
GET_DEPENDENT_DDL ou

GET_ DEPENDENT_XML( type_objet, nom, schema ) ;
```

```
SQL> SET HEAD OFF
SQL> SET LONG 1000
SQL> SET PAGES 0
SQL> SELECT DBMS_METADATA.GET_DDL('TABLE','EMPLOYES') from dual;

  CREATE TABLE "STAGIAIRE"."EMPLOYES"
   (    "NO_EMPLOYE" NUMBER(6,0) NOT NULL ENABLE,
        "REND_COMPTE" NUMBER(6,0),
        "NOM" NVARCHAR2(40) NOT NULL ENABLE,
        "PRENOM" NVARCHAR2(30) NOT NULL ENABLE,
        "FONCTION" VARCHAR2(30) NOT NULL ENABLE,
        "TITRE" VARCHAR2(5) NOT NULL ENABLE,
        "DATE_NAISSANCE" DATE NOT NULL ENABLE,
        "DATE_EMBAUCHE" DATE DEFAULT SYSDATE NOT NULL ENABLE,
        "SALAIRE" NUMBER(8,2) NOT NULL ENABLE,
        "COMMISSION" NUMBER(8,2),
         CONSTRAINT "PK_EMPLOYES" PRIMARY KEY ("NO_EMPLOYE")
  USING INDEX PCTFREE 10 INITRANS 2 MAXTRANS 255 COMPUTE STATISTICS
  STORAGE(INITIAL 65536 NEXT 1048576 MINEXTENTS 1 MAXEXTENTS 2147483645
  PCTINCREASE 0 FREELISTS 1 FREELIST GROUPS 1 BUFFER_POOL DEFAULT)
  TABLESPACE "USERS"  ENABLE,
         CONSTRAINT "FK_EMPLOYES_EMPLOYES" FOREIGN KEY ("REND_COMPTE")
          REFERENCES "STAGIAIRE"."EMPLOYES" ("NO_EMPLOYE") ENABLE
   ) PCTFREE 10 PCTUSED 40 INITRANS 1 MAXTRANS 255 NOCOMPRESS LOGGING
  STORAGE(INITIAL 65536 NEXT 1048576 MINEXTENTS 1 MAXEXTENTS 2147483

SQL> SELECT DBMS_METADATA.GET_XML('TABLE','EMPLOYES') from dual;

<?xml version="1.0"?><ROWSET><ROW>
  <TABLE_T>
 <VERS_MAJOR>1</VERS_MAJOR>
 <VERS_MINOR>1 </VERS_MINOR>
 <OBJ_NUM>52410</OBJ_NUM>
 <SCHEMA_OBJ>
  <OBJ_NUM>52410</OBJ_NUM>
```

```
<DATAOBJ_NUM>52410</DATAOBJ_NUM>
<OWNER_NUM>64</OWNER_NUM>
<OWNER_NAME>STAGIAIRE</OWNER_NAME>
<NAME>EMPLOYES</NAME>
<NAMESPACE>1</NAMESPACE>
<TYPE_NUM>2</TYPE_NUM>
<TYPE_NAME>TABLE</TYPE_NAME>
<CTIME>2006-04-20 09:30:17</CTIME>
<MTIME>2006-06-17 18:03:49</MTIME>
<STIME>2006-05-26 14:19:08</STIME>
<STATUS>1</STATUS>
<FLAGS>0</FLAGS>
<SPARE1>6</SPARE1>
<SPARE2>3</SPARE2>
</SCHEMA_OBJ>
<STORAGE>
<FILE_NUM>5</FILE_NUM>
<BLOCK_NUM>43</BLOCK_NUM>
<TYPE_NUM>5</TYPE_NUM>
<TS_NUM>5</TS_NUM>
<BLOCKS>8</BLOCKS>
<EXTENTS>1</EXTENTS>
<INIEXTS>8</INIEXTS>
<MINEXTS>1</MINEXTS>
...
```

# *Index*